数据库应用技术教程——Access 2010

主　编：黎　佳　蓝福基
副主编：曾伟渊　林　薇

厦门大学出版社 XIAMEN UNIVERSITY PRESS
国家一级出版社
全国百佳图书出版单位

图书在版编目(CIP)数据

数据库应用技术教程:Access 2010/黎佳,蓝福基主编.—厦门:厦门大学出版社,2017.12

ISBN 978-7-5615-6796-8

Ⅰ.①数… Ⅱ.①黎…②蓝… Ⅲ.①关系数据库系统-教材 Ⅳ.①TP311.138

中国版本图书馆 CIP 数据核字(2017)第 295018 号

出 版 人 蒋东明

责任编辑 眭 蔚

封面设计 蒋卓群

技术编辑 许克华

出版发行 厦门大学出版社

社 址 厦门市软件园二期望海路 39 号

邮政编码 361008

总 编 办 0592-2182177 0592-2181406(传真)

营销中心 0592-2184458 0592-2181365

网 址 http://www.xmupress.com

邮 箱 xmupress@126.com

印 刷 三明市华光印务有限公司

开本 787mm×1092mm 1/16

印张 15

字数 366 千字

印数 1～3 000 册

版次 2017 年 12 月第 1 版

印次 2017 年 12 月第 1 次印刷

定价 39.00 元

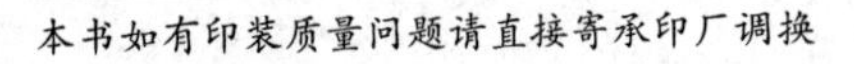
本书如有印装质量问题请直接寄承印厂调换

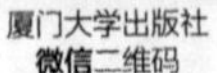
厦门大学出版社
微信二维码

厦门大学出版社
微博二维码

前　言

数据库技术是计算机数据处理与信息管理系统的核心，也是应用最广的技术之一，无论是计算机专业还是非计算机专业的大学生，掌握数据库技术都是非常必要的。本书适用于非计算机类专业学生，或是参加省级计算机二级考试(Access)的考生。

本书作者都是从事 Access 数据库教学多年的一线教师，在多年教学经验的基础上，结合历年省级计算机二级考试大纲，理顺知识脉络，精简知识内容，从培养应用型人才的目标出发，将数据库的原理与实际应用开发有机结合，增强学生的实际动手能力，培养真正满足社会需求的数据库技术人才。

本书共分为 8 章。第 1 章介绍数据库及其相关的概念；第 2 章介绍数据库和表的创建过程；第 3 章到第 6 章分别介绍了 Access 数据库对象（查询、窗体、报表、数据访问页和宏）的创建方法以及实现技术等；第 7 章讲述了 VBA 编程的相关知识；第 8 章阐述了数据库编程的相关内容。

本书第 1 章、第 3 章由蓝福基老师编写，第 2 章、第 7 章由黎佳老师编写，第 4 章、第 5 章由曾伟渊老师编写，第 6 章、第 8 章由林薇老师编写。厦门大学出版社编辑详细审阅了书稿，并提出了许多宝贵意见，在此表示衷心的感谢。

本书在编写过程中参考了许多国内外的同类教材，具体见书末参考文献，在此，我们谨向这些作者表示衷心的感谢。

由于编者水平所限，缺点和疏漏之处在所难免，恳请同行专家和广大读者批评指正。

编者

2017 年 12 月

目　录

第 1 章　数据库技术理论

大数据时代,数据以惊人的速度增长,人类每天都在跟数据打交道,如何更高效地收集、整理并使用如此庞大的数据,继而提炼出有价值的信息,帮助人们更好更迅速地解决工作与日常生活中的问题,是信息时代的技术挑战之一。数据库技术是软件技术的重要分支,发展和应用数据库技术一直以来都是计算机科学的重要领域,因此,不管是学术研究、企业管理还是日常生活,数据库技术一直以来都备受关注。

数据库技术是指通过科学、有效的方法,运用现代计算机技术对数据进行获取、处理、组织、存储和使用等一系列操作,为企业或个人提供有效、便捷、安全信息管理的软件技术。因此,了解并掌握数据库技术是信息时代人才所必备的综合技能之一,也是社会发展与进步的根本动力。

本章主要介绍数据库技术的相关理论知识。本章知识结构导航如图 1-1 所示。

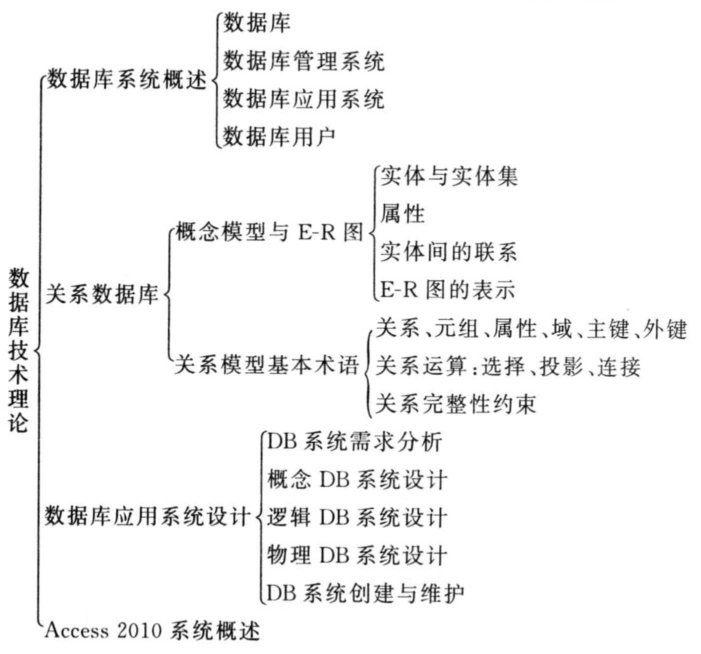

图 1-1　本章知识结构导航

1.1 数据库系统概述

1.1.1 数据库系统

数据库系统，简称 DBS(database system)，它由一整个系统组成，包括数据库、数据库管理系统、数据库应用系统和数据库用户，从具体内容上说，数据库系统是指提供数据存储、组织、处理和使用的完整软件系统。各组成部分的关系如图 1-2 所示。

图 1-2 数据库系统组成

1. 数据库

数据库从字面上可解析为存放数据的仓库，但事实上并非仓库这么简单。数据库中的数据不是杂乱无章的堆集，而是以一定结构存储在一起，且相互关联、结构化的数据集合。数据库不仅存放数据，而且存放数据与数据之间的关系。一个数据库系统中通常有多个数据库，每个库由若干张表组成。例如，要创建一个学生成绩的数据库，就要建立一个学生表、开设的课程表和学生成绩表，还要为授课教师建立一个教师表，这些表之间存在着某种关联关系。每个表具有预先定义好的结构，它们包含的是适合该结构的数据。表由记录组成，在数据库的物理组织中，表以文件形式存储。

2. 数据库管理系统

数据库管理系统(database management system)是一种操纵和管理数据库的大型软件，用于建立、使用和维护数据库，简称 DBMS。它对数据库进行统一的管理和控制，以保证数据库的安全性和完整性。用户通过 DBMS 访问数据库中的数据，数据库管理员也通过 DBMS 进行数据库的维护工作。它可使多个应用程序和用户用不同的方法在同时或不同时刻去建立、修改和询问数据库。大部分 DBMS 提供数据定义语言 DDL(data definition language)和数据操作语言 DML(data manipulation language)，供用户定义数据库的模式结构与权限约束，实现对数据的追加、删除等操作。

数据库管理系统是数据库系统的核心，是管理数据库的软件。数据库管理系统就是把用户意义下抽象的逻辑数据处理、转换成为计算机中具体的物理数据的软件。有了数据库管理系统，用户就可以在抽象意义下处理数据，而不必顾及这些数据在计算机中的布局和物理位置。其主要功能有：

(1)数据定义：DBMS 提供数据定义语言 DDL 供用户定义数据库的三级模式结构、两级映像以及完整性约束和保密限制等约束。DDL 主要用于建立、修改数据库的库结构。

DDL 所描述的库结构仅仅给出了数据库的框架，数据库的框架信息被存放在数据字典(data dictionary)中。

(2)数据操作：DBMS 提供数据操作语言 DML 供用户实现对数据的追加、删除、更新、查询等操作。

(3)数据库的运行管理：数据库的运行管理功能是 DBMS 的运行控制、管理功能，包括多用户环境下的并发控制、安全性检查和存取限制控制、完整性检查和执行、运行日志的组织管理、事务的管理和自动恢复，即保证事务的原子性。这些功能保证了数据库系统的正常运行。

(4)数据组织、存储与管理：DBMS 要分类组织、存储和管理各种数据，包括数据字典、用户数据、存取路径等，需确定以何种文件结构和存取方式在存储器上组织这些数据，如何实现数据之间的联系。数据组织和存储的基本目标是提高存储空间利用率，选择合适的存取方法提高存取效率。

(5)数据库的保护：数据库中的数据是信息社会的战略资源，所以数据的保护至关重要。DBMS 对数据库的保护通过四个方面来实现：数据库的恢复、数据库的并发控制、数据库的完整性控制、数据库的安全性控制。DBMS 的其他保护功能还有系统缓冲区的管理以及数据存储的某些自适应调节机制等。

(6)数据库的维护：这一部分包括数据库的数据载入、转换、转储，数据库的重组、重构以及性能监控等功能，这些功能分别由各个使用程序来完成。

(7)通信：DBMS 具有与操作系统的联机处理、分时系统及远程作业输入的相关接口，负责处理数据的传送。对网络环境下的数据库系统，还应该包括 DBMS 与网络中其他软件系统的通信功能以及数据库之间的互操作功能。

3. 数据库应用系统

数据库应用系统是在数据库管理系统支持下建立的计算机应用系统，简称为 DBAS。数据库应用系统由数据库系统、应用程序系统、用户组成，具体包括数据库、数据库管理系统、数据库管理员、硬件平台、软件平台、应用软件及应用界面。数据库应用系统的 7 个部分以一定的逻辑层次结构方式组成一个有机的整体，它们的结构关系是：应用系统、应用开发工具软件、数据库管理系统、操作系统、硬件。例如，以数据库为基础的财务管理系统、人事管理系统、图书管理系统等。无论是面向内部业务和管理的管理信息系统，还是面向外部，提供信息服务的开放式信息系统，从实现技术角度而言，都是以数据库为基础和核心的计算机应用系统。现在很多企业级软件都是基于数据库的，如企业资源管理计划(ERP)、客户关系管理(CRM)、办公自动化(OA)、12306 铁道部的网上订票系统等。

4. 数据库用户

数据库系统中有很多种用户，主要包括数据库管理员、系统分析员、应用程序员、终端用户。它们分别扮演不同的角色，承担不同的任务，如图 1-3 所示。

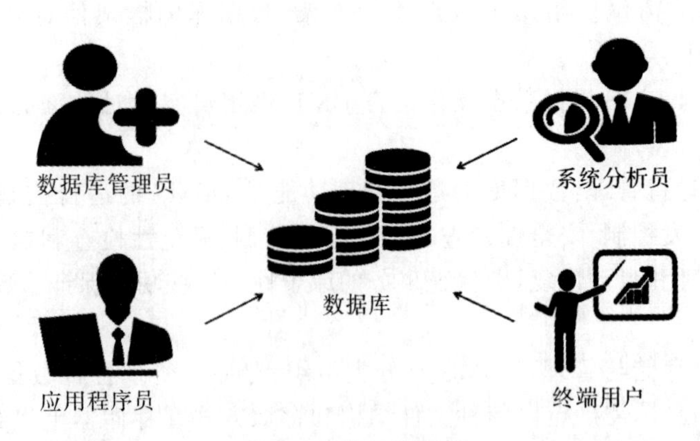

图 1-3 数据库用户

1.1.2 数据库系统的特点

1. 共享性

数据库技术的根本目标之一是要解决数据共享的问题。共享是数据库中的相关数据可为多个不同的用户所使用,这些用户中的每一个都可存取同一块数据并将它用于不同的目的。数据共享包括所有用户可同时存取数据库中的数据,也包括用户可以用各种方式通过接口使用数据库,并提供数据共享。存放于数据库中的数据的共享性包括系统内部共享性和外部共享性两种,这是数据库管理方式区别于手工管理和文件管理方式最本质的特征和优点。系统内部的共享性是指同一个(组)数据在一次处理中可以多次被调用的性能,而系统外部的共享性是指同一个(组)数据可以同时供多个用户调用。这两种共享性的原理是一致的,它使得多种作业、多种语言、多种用户可以相互覆盖地使用数据集合。内部共享性有效地降低了数据的冗余度,系统很容易进行维护和扩充,而且能够使应用程序的编写更加方便。系统外部共享性能够促进并实现信息社会化服务,可以充分发挥信息的价值。

2. 去重性

同文件系统相比,由于数据库实现了数据共享,从而避免了用户各自建立应用文件,减少了数据冗余,维护了数据的一致性。在文件系统中,为了满足一个应用程序对数据的需要,常常在不同地方重复存放同一个或同一组数据。这样一来,如果一个多处存放的数据出现错误,就必须同时修改几个地方,否则将造成数据之间的不一致性。在数据库系统中,数据不仅可以面向某个局部应用,而且可以面向整体应用,从而大大减少数据冗余,节约了存储空间,有效地避免了数据之间的不一致性。

3. 规范性

数据结构化且统一管理。在数据库中,数据按逻辑结构组织起来,而按物理结构存放在磁介质中,并且由数据库管理系统统一管理,既考虑了数据本身的特点,也考虑了数据之间以及文件之间的联系,数据的查询、检索和处理很方便。在传统的文件系统中,尽管记录内部存在某种结构,但记录之间没有联系,数据的查询、检索和处理十分烦琐、困难。实现数据的整体结构化管理是数据库的主要特征之一,也是数据库系统与文件系统的本质区别。

4. 完整性

数据的完整性是对数据库进行的一些规则限定，通过这些规则限定可以保证数据库中数据的合理性、正确性和一致性。例如，在关系数据库中，数据完整性规则包括实体完整性、参照完整性和用户定义完整性三个方面。

5. 安全性

有了对工作数据的全部管理权，数据库管理员就能确保只能通过正常的途径对数据库进行访问和存取，还能规定存取机密数据时所要执行的授权检查。对数据库中每块信息进行的各种存取（检索、修改、删除等），可建立不同的检查。

通过数据的一致性和可维护性，可确保数据的安全性和可靠性。主要包括：①安全性控制。以防止数据丢失、错误更新和越权使用。②完整性控制。保证数据的正确性、有效性和相容性。③并发控制。使在同一时间周期内，既允许对数据实现多路存取，又能防止用户之间的不正常交互作用。④故障的发现和恢复。由数据库管理系统提供一套方法，可及时发现和修复故障，从而防止数据被破坏。

6. 独立性

数据独立性是指用户应用程序与存储在数据库中数据的相互独立性。当人们利用应用程序调用数据库进行数据处理时，只涉及数据的逻辑结构，而不涉及其存储方式和物理结构。当数据的物理存储方式和结构改变时，数据库管理系统将自动处理这种改变，而应用程序不必改变。近期甚至发展到数据库的逻辑结构改变了，用户程序也可以不变。用户程序不随数据逻辑结构改变而改变的特性，可称为数据的“逻辑独立性”。数据独立性（物理的和逻辑的）是数据库的重要特征和优点，它有利于在数据库结构修改时保持应用程序的稳定性，可以大大减少应用程序员的软件开发工作量。

1.1.3 数据库系统的结构

创建数据库系统的主要目的之一是为用户提供一个数据的抽象视图，隐蔽数据的存储结构和存取方法等细节，以方便用户使用。从数据库管理系统的角度来看，数据库系统通常采用三级模式结构。数据库系统的三级模式结构是指数据库系统是由外模式、概念模式和内模式三级结构构成，如图 1-4 所示。

图 1-4　数据库系统的三级结构

1. 外模式

外模式也称用户结构，是数据库用户看到的视图模式。视图是数据库用户（包括应用方和终端用户)看见使用的局部数据的逻辑结构和特征的描述,是与某一应用有关的数据逻辑表示。视图在概念上是一个关系,用户可以像关系一样使用视图,查询视图中的记录,查看数据报表等。

2. 概念模式

概念模式也称概念结构,是使用概念数据模型为用户描述整个数据库的逻辑结构。概念模式隐藏物理存储结构的细节,主要描述实体、属性、数据类型、实体间联系、用户操作等概念。

3. 内模式

内模式也称数据结构,是数据库内部的表示,即对数据的物理结构和存储方式的描述。一个数据库只有一个数据结构。

数据库系统的三级结构是对数据的三个抽象级别,它把数据的具体组织留给 DBMS 管理,使用户能逻辑地、抽象地处理数据,从而实现数据的独立性,即当数据的结构和存储方式发生变化时,应用程序不受影响。

1.2 关系数据库

1.2.1 三个世界

获得一个数据库管理系统所支持的数据模型的过程,是一个从现实世界的事物出发,经过人们的抽象,以获得人们所需要的概念模型和数据模型的过程。信息在这一过程中经历了三个不同的世界:现实世界、概念世界和数据世界,如图 1-5 所示。

图 1-5 信息经历的三个世界

1. 现实世界

现实世界是存在于人脑之外的客观世界,事物及其相互联系就处于现实世界之中。事物可用“对象”与“性质”来描述,又有“特殊事物”和“共同事物”之分。现实世界就是人们通常所指的客观世界,事物及其联系就处在这个世界中。一个实际存在并且可以识别的事物称为个体,个体可以是一个具体的事物,如一个人、一台计算机、一个企业网络;个体也可以是一个抽象的概念,如某人的爱好与性格。

2. 概念世界

概念世界又称信息世界，是指现实世界的客观事物经人们综合分析后，在头脑中形成的印象和概念。现实世界中的个体在概念世界中称为实体。概念世界不是现实世界的简单映象，而是经过选择、命名、分类等抽象过程产生的概念模型，或者说概念模型是对信息世界的建模。

3. 数据世界

数据世界又称机器世界。因为一切信息最终都是由计算机进行处理的，所以进入计算机的信息必须是数字化的。数据模型是现实世界数据特征的抽象，用于描述一组数据的概念和定义。数据模型是数据库中数据的存储方式，是数据库系统的基础。在数据库中，数据的物理结构又称数据的存储结构，就是数据元素在计算机存储器中的表示及配置；数据的逻辑结构则是指数据元素之间的逻辑关系，它是数据在用户或程序员面前的表现形式。数据的存储结构不一定与逻辑结构一致。数据世界中，每一个实体称为记录；对应于属性的称为数据项或字段；对应于实体集的称为文件。

1.2.2 概念模型的表示方法：E-R 图

E-R 图也称实体-联系图（entity relationship diagram），它提供了表示实体、属性和联系的方法，用来描述现实世界的概念模型。

它是描述现实世界概念结构模型的有效方法，是表示概念模型的一种方式。E-R 图的表示符号参见图 1-6。

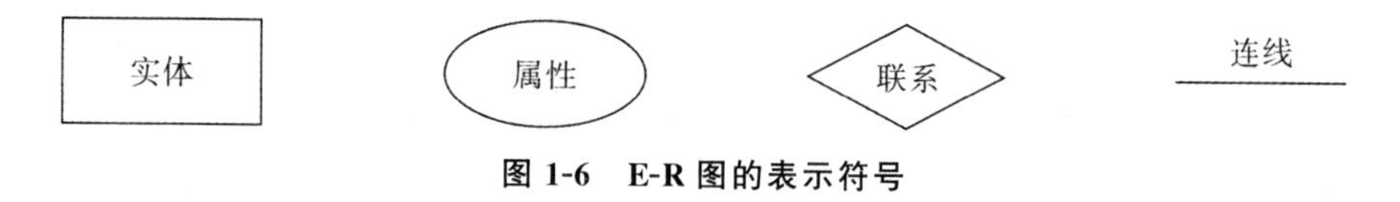

图 1-6　E-R 图的表示符号

1. 实体

一般认为，客观上可以相互区分的事物就是实体。实体可以是具体的人和物，也可以是抽象的概念与联系，关键在于一个实体能与另一个实体相区别，具有相同属性的实体具有相同的特征和性质。用实体名及属性名集合来抽象和刻画同类实体。在 E-R 图中用矩形表示，矩形框内写明实体名。

2. 属性

实体所具有的某一特性即属性，一个实体可由若干个属性来刻画。属性不能脱离实体，属性是相对实体而言的。在 E-R 图中用椭圆形表示，并用无向边将其与相应的实体连接起来，比如学生的姓名、学号、性别都是属性。

3. 联系

联系也称关系，在信息世界中反映实体内部或实体之间的关联。实体内部的联系通常是指组成实体的各属性之间的联系；实体之间的联系通常是指不同实体集之间的联系。在 E-R图中用菱形表示，菱形框内写明联系名，并用无向边分别与有关实体连接起来，同时在无向边旁标上联系的类型(1∶1,1∶N 或 M∶N)。比如,教师给学生授课存在授课关系,学生选课存在选课关系。如图 1-7、图 1-8 所示。

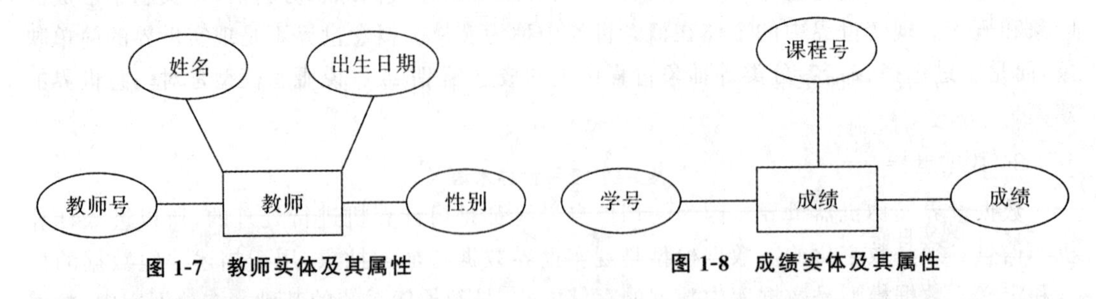

图 1-7 教师实体及其属性　　图 1-8 成绩实体及其属性

实体-联系数据模型中的联系型存在三种一般性约束:一对一约束(联系)、一对多约束(联系)和多对多约束(联系),如图 1-9 所示。它们用来描述实体集之间的数量约束,设 A、B 为两个实体集,则:

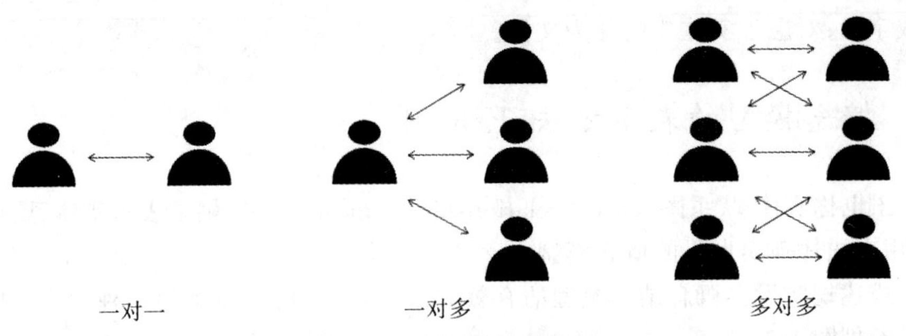

图 1-9 实体间的三种联系

(1)一对一联系(1∶1)

对于两个实体集 A 和 B,若 A 中的每一个值在 B 中至多有一个实体值与之对应,反之亦然,则称实体集 A 和 B 具有一对一的联系。一个学校只有一个正校长,而一个校长只在一个学校中任职,则学校与校长之间具有一对一联系。

(2)一对多联系(1∶N)

对于两个实体集 A 和 B,若 A 中的每一个值在 B 中有多个实体值与之对应,反之 B 中每一个实体值在 A 中至多有一个实体值与之对应,则称实体集 A 和 B 具有一对多的联系。例如,某校教师与课程之间存在一对多的联系"教",即每位教师可以教多门课程,但是每门课程只能由一位教师来教。一个专业中有若干名学生,而每个学生只在一个专业中学习,则专业与学生之间具有一对多联系。

(3)多对多联系(M∶N)

对于两个实体集 A 和 B,若 A 中每一个实体值在 B 中有多个实体值与之对应,反之亦然,则称实体集 A 与实体集 B 具有多对多联系。例如,表示学生与课程间的联系"选修"是多对多的,即一个学生可以学多门课程,而每门课程可以由多个学生来学。联系也可能有属性。例如,学生"选修"某门课程所取得的成绩,既不是学生的属性也不是课程的属性。由于"成绩"既依赖于某名特定的学生又依赖于某门特定的课程,所以它是学生与课程之间的联系"选修"的属性。如图 1-10 所示。

图 1-10　多对多联系示例

表 1-1 列出了从现实世界到数据世界有关术语的映射与对照，有助于学生理解这些概念之间的联系与区别。

表 1-1　三种世界术语

现实世界	概念世界	数据世界
组织	实体及其联系	数据库
事物类	实体集	文件
事物	实体	记录
特征	属性	字段

1.2.3　数据模型

当人们描述现实世界时，通常采用某种抽象模型来描述。广义地说，模型是对客观世界中复杂对象的抽象描述，获取模型的抽象过程称为建模。数据模型分为概念模型、层次模型、网状模型、关系模型、面向对象模型。例如，如果用数学的观点来描述现实世界，就可以建立一个数学模型；用物理学的观点来描述现实世界，就得到了一个关于它的物理模型。在数据库系统中，用数据的观点来描述现实世界，就获得了它的数据模型。

数据模型描述了在数据库中结构化和操纵数据的方法，模型的结构部分规定了数据如何被描述(例如树、表等)，模型的操纵部分规定了数据的添加、删除、显示、维护、打印、查找、选择、排序和更新等操作。从构成来看，数据结构、数据操作和数据的约束条件是数据模型的三要素。例如，常见的关系数据库模型就是由关系数据结构、关系操作集合和关系完整性约束三部分组成的。

1.2.4　关系模型的基本概念及性质

网状数据库和层次数据库已经很好地解决了数据的集中和共享问题，但是在数据独立性和抽象级别上仍有很大的欠缺。用户在对这两种数据库进行存取时，仍然需要明确数据的存储结构，指出存取路径。而后来出现的关系数据库较好地解决了这些问题。

关系数据模型是以集合论中的关系概念为基础发展起来的。在关系数据模型中无论是实体还是实体间的联系均由单一的结构类型——关系来表示。在实际的关系数据库中关系也称为表。一个关系数据库就是由若干个表组成的。关系模型是指用二维表的形式表示实体和实体间联系的数据模型。

1. 基本概念

(1)关系(relation)：一个关系对应着一个二维表，二维表就是关系名。

(2)元组(tuple):在二维表中的一行,称为一个元组。

(3)属性(attribute):在二维表中的列,称为属性。属性的个数称为关系的元或度。列的值称为属性值。

(4)(值)域(domain):属性的取值范围为(值)域。

(5)分量:每一行对应的列的属性值,即元组中的一个属性值。

(6)主键(主码):在一个关系的若干候选键(是某个关系变量的一组属性所组成的集合)中,指定其中一个用来唯一标识该关系的元组,则称这个被指定的候选键为主关键字,或简称为主键、关键字、主码。每个关系模型都需要用表中的某个属性或某几个属性的组合作为主键。例如,在学生表中,“学号”是主键。而在选修表中,主键为(学号,课程号)。如图 1-11 所示。

(7)外键(外码):关系中的某个属性虽然不是这个关系的主键,或者只是主键的一部分,但它是另外一个关系的主键时,则称为外键或者外码。

(8)参照关系与被参照关系:是指以外键相互联系的两个关系,可以相互转化。

通过“学号”公共属性实现两个表的关联

学生表

学号	姓名	性别	年龄
980101	张长小	男	18
980102	一军	男	21
980104	李红红	女	18
980111	成明	男	19
980301	周小丽	男	20

选修表

学号	课程号	成绩
980101	102	78
980101	103	90
980101	104	85
980101	105	70
980101	106	90

图 1-11　通过“学号”公共属性实现两个表的关联

对关系及其属性的描述可用下列形式表示:

关系名(属性 1,属性 2,…,属性 n)

例如,选修关系可以描述为:

选修(学号,课程号,成绩)

2. 性质

关系是元数为 K(K>=1)的元组的集合。关系是一种规范化的表格,它有以下限制:

(1)关系中的每一个属性值都是不可分解的。

(2)关系中不允许出现相同的元组。

(3)关系中不考虑元组之间的顺序。

(4)关系中各列属性值取自同一个域,因此各个分量具有相同性质。

(5)关系中属性也是无序的。

3. 关系模型支持的三种基本运算

(1)选择

从关系中找出满足给定条件的所有元组称为选择。其中的条件是以逻辑表达式给出的,值为真的元组被选出作为最后结果。这是从行的角度进行的运算,即水平方向抽取元组。经过选择运算得到的结果能形成新的关系,其关系模式不变,但其中元组的数目小于或等于原来的关系中元组的个数,它是原关系的一个子集。例如,表 1-2 就是从教师表中选取“性别”属性为“男”而组成的新关系。

表 1-2　选择运算

工号	姓名	性别	年龄	工作时间	政治面目	学历	职称	系别	系号	联系电话
95012	李小平	男	51	1991-5-19	党员	研究生	讲师	经济	P01	65976452
95013	李历宁	男	40	2001-10-29	党员	大学本科	讲师	经济	P01	65976453
96010	张爽	男	53	1987-7-8	群众	大学本科	教授	经济	P01	65976454
96011	张进明	男	36	2005-1-26	团员	大学本科	副教授	经济	P01	65976455
96014	苑平	男	54	1987-9-18	党员	研究生	教授	数学	P03	65976545
96015	陈江川	男	38	2003-9-9	党员	大学本科	讲师	数学	P03	65976546
97010	张山	男	57	1986-6-18	群众	大学本科	讲师	数学	P03	65976548

(2)投影

从关系中挑选若干属性组成的新的关系称为投影。这是从列的角度进行的运算。经过投影运算能得到一个新关系,其关系所包含的属性个数往往比原关系少,或属性的排列顺序不同。如果新关系中包含重复元组,则要删除重复元组。例如,表 1-3 就是从“教师”关系中选取部分属性而得到的新关系。

表 1-3　投影运算

工号	姓名	性别	政治面目	学历	职称
95010	张乐	女	党员	大学本科	讲师
95011	赵希明	女	群众	研究生	副教授
95012	李小平	男	党员	研究生	讲师
95013	李历宁	男	党员	大学本科	讲师
96010	张爽	男	群众	大学本科	教授
96011	张进明	男	团员	大学本科	副教授

(3)连接

连接运算是从两个或两个以上关系中选取属性间满足一定条件的元组,它的结果会组成一个新的关系。例如,表 1-4 就是将“学生”关系和“选修”关系中按“学号”条件进行连接而生成的新关系。

表 1-4　连接运算

学号	姓名	课程号	成绩
980111	成明	101	90
980101	张长小	102	78
980104	李红红	102	77
980310	马琦	102	93
980102	一军	102	88
990401	吴东	102	52

1.2.5　关系完整性

关系完整性约束是为保证数据库中数据的正确性和相容性,对关系模型提出的某种约束条件或规则。完整性通常包括域完整性、实体完整性、参照完整性和用户定义完整性,其中域完整性、实体完整性和参照完整性是关系模型必须满足的完整性约束条件。

1. 域完整性

域完整性(domain integrity)是保证数据库字段取值的合理性。

属性值应是域中的值,这是关系模式规定了的。除此之外,一个属性能否为 NULL,是由语义决定的,也是域完整性约束的主要内容。域完整性约束(domain integrity constrains)是最简单、最基本的约束。在 DBMS 中,一般都有域完整性约束检查功能。

2. 实体完整性

实体完整性(entity integrity)是指关系的主关键字不能重复也不能取"空值"。

一个关系对应现实世界中一个实体集。现实世界中的实体是可以相互区分、识别的,即它们应具有某种唯一性标识。在关系模式中,以主关键字作为唯一性标识,而主关键字中的属性(称为主属性)不能取空值,否则,表明关系模式中存在着不可标识的实体,这与现实世界的实际情况相矛盾,这样的实体就不是一个完整实体。按实体完整性规则要求,主属性不得取空值,如主关键字是多个属性的组合,则所有主属性均不得取空值。

3. 参照完整性

参照完整性(referential integrity)是定义建立关系之间联系的主关键字与外部关键字引用的约束条件。

关系数据库中通常都包含多个存在相互联系的关系,关系与关系之间的联系是通过公共属性来实现的。所谓公共属性,是指一个关系 R(称为被参照关系或目标关系)的主关键字,同时又是另一关系 K(称为参照关系)的外部关键字。如果参照关系 K 中外部关键字的取值,要么与被参照关系 R 中某元组主关键字的值相同,要么取空值,那么,在这两个关系间建立关联的主关键字和外部关键字引用,符合参照完整性规则要求。如果参照关系 K 的外部关键字也是其主关键字,那么根据实体完整性要求,主关键字不得取空值,因此,参照关系 K 外部关键字的取值实际上只能取相应被参照关系 R 中已经存在的主关键字值。

在教学管理系统数据库中,如果将选修表作为参照关系,学生表作为被参照关系,以"学号"作为两个关系进行关联的属性,则"学号"是学生关系的主关键字,是选修关系的外部关键字。选课关系通过外部关键字"学号"参照学生关系。

4. 用户定义完整性

实体完整性和参照完整性适用于任何关系型数据库系统,它主要是针对关系的主关键字和外部关键字取值必须有效而做出的约束。用户定义完整性(user defined integrity)则是根据应用环境的要求和实际的需要,对某一具体应用所涉及的数据提出约束性条件。这一约束机制一般不应由应用程序提供,而应由关系模型提供定义并检验。用户定义完整性主要包括字段有效性约束和记录有效性。

☑ 1.3　数据库应用系统设计

1.3.1　关系数据库设计概述

关系数据库是建立在关系数据库模型基础上的数据库，借助于集合代数等概念和方法来处理数据库中的数据，同时也是一个被组织成一组拥有正式描述性的表格。该形式表格的作用实质是装载数据项的特殊收集体，这些表格中的数据能以许多不同的方式被存取或重新召集而不需要重新组织数据库表格。

数据库设计(database design)是指对于一个给定的应用环境，构造最优的数据库模式，建立数据库及其应用系统，使之能够有效地存储数据，满足各种用户的应用需求(信息要求和处理要求)。在数据库领域内，常常把使用数据库的各类系统统称为数据库应用系统。

数据库应用系统的设计是指创建一个性能良好、能满足不同用户使用要求的，又能被选定的 DBMS 所接受的数据库以及基于该数据库上的应用程序。实践表明，数据库设计是一项软件工程，开发过程必须遵循系统开发的一般原理和方法。

关系数据库的设计过程可按以下步骤进行：

(1)DB 系统需求分析；

(2)概念 DB 系统设计；

(3)逻辑 DB 系统设计；

(4)物理 DB 系统设计；

(5)DB 系统创建与维护。

1.3.2　DB 系统需求分析

需求分析也称软件需求分析、系统需求分析或需求分析工程等，是开发人员经过深入细致的调研和分析，准确理解用户和项目的功能、性能、可靠性等具体要求，将用户非形式的需求表述转化为完整的需求定义，从而确定系统必须做什么的过程。

需求分析是软件计划阶段的重要活动，也是软件生存周期中的一个重要环节，该阶段是分析系统在功能上需要“实现什么”，而不是考虑如何去“实现”。需求分析的目标是把用户对待开发软件提出的“要求”或“需要”进行分析与整理，确认后形成描述完整、清晰与规范的文档，确定软件需要实现哪些功能，完成哪些工作。此外，软件的一些非功能性需求(如软件性能、可靠性、响应时间、可扩展性等)、软件设计的约束条件、运行时与其他软件的关系等也是软件需求分析的目标。

需求分析的内容是针对待开发数据库提供完整、清晰、具体的要求，确定该数据库必须实现哪些任务。具体分为功能性需求、非功能性需求与设计约束三个方面。

1.3.3 概念DB系统设计

概念DB系统设计主要是对用户要求描述的现实世界(可能是一个工厂、一个商场或者一个学校等),通过对其中诸处的分类、聚集和概括,建立抽象的概念数据模型。这个概念模型应反映现实世界各部门的信息结构、信息流动情况、信息间的互相制约关系以及各部门对信息储存、查询和加工的要求等。所建立的模型应避开数据库在计算机上的具体实现细节,用一种抽象的形式表示出来。以扩充的实体-联系模型(E-R模型)方法为例,第一步先明确现实世界各部门所含的各种实体及其属性、实体间的联系以及对信息的制约条件等,从而给出各部门内所用信息的局部描述(在数据库中称为用户的局部视图)。第二步将前面得到的多个用户的局部视图集成为一个全局视图,即用户要描述的现实世界的概念数据模型。

1.3.4 逻辑DB系统设计

逻辑DB系统设计主要工作是将现实世界的概念数据模型设计成数据库的一种逻辑模式,即适应于某种特定数据库管理系统所支持的逻辑数据模式。与此同时,可能还需为各种数据处理应用领域产生相应的逻辑子模式。这一步设计的结果就是所谓的"逻辑数据库"。

规范化是为了解决数据库中数据的插入、删除、修改异常等问题的一组规则。规范化理论是数据库逻辑设计的指南和工具,具体步骤如下:

(1)考察关系模型的函数依赖关系,确定范式等级。逐一分析各关系模式,考察是否存在部分函数依赖、传递函数依赖等,确定它们分别属于第几范式。

(2)对关系模式进行合并或分解。根据应用要求,考察这些关系模式是否合乎要求,从而确定是否要对这些模式进行合并或分解。例如,对于具有相同主码的关系模式一般可以合并;对于非BCNF的关系模式,要考察"异常弊病"是否在实际应用中产生影响,对于那些只是查询,不执行更新操作,则不必对模式进行规范化(分解)。实际应用中并不是规范化程度越高越好,有时分解带来的消除更新异常的好处与经常查询需要频繁进行自然连接所带来的效率低相比会得不偿失。对于那些需要分解的关系模式,可以用规范化方法和理论进行模式分解。最后,对产生的各关系模式进行评价、调整,确定出较合适的一组关系模式。

关系规范化理论提供了判断关系逻辑模式优劣的理论标准,帮助预测模式可能出现的问题,是产生各种模式的算法工具,因此是设计人员的有力工具。

1.3.5 物理DB系统设计

根据特定数据库管理系统所提供的多种存储结构和存取方法依赖于具体计算机结构的各项物理设计措施,对具体的应用任务选定最合适的物理存储结构(包括文件类型、索引结构和数据的存放次序与位逻辑等)、存取方法和存取路径等。这一步设计的结果就是所谓的"物理数据库"。物理设计阶段根据DBMS特点和处理的需要,进行物理存储安排,建立索引,形成数据库内模式。

1.3.6 DB 系统创建与维护

一个数据库被创建以后的工作都称作数据库维护,包括备份系统数据,恢复数据库系统,产生用户信息表,并为信息表授权,监视系统运行状况,及时处理系统错误,保证系统数据安全,周期更改用户口令等,数据库维护比数据库的创建和使用更难。数据库日常维护工作也是系统管理员的重要职责。

数据库的设计在数据库应用系统的开发中占有很重要的地位,只有设计出合理的数据库,才能为建立在数据库上的应用提供方便。数据库的设计过程是一个循环无终止的过程,随着用户需求和具体应用的变化和扩大,数据库的结构也可能随之进行重新修改设计。如图 1-12 所示,学生表数据会随新学生入学不断更新。

学生

学号	姓名	性别	年龄	入校日期	团员否	民族	简历	照片
980101	张长小	男	18	2014-09-03	☐	汉族	江西九江	itmap Image
980102	一军	男	21	2014-09-01	☑	汉族	山东曲阜	itmap Image
980104	李红红	女	18	2014-09-03	☑	维吾尔族	新疆乌鲁木齐	itmap Image
980111	成明	男	19	2014-09-02	☐	汉族	山东东营	
980301	周小丽	男	20	2014-09-01	☑	回族	山东日照	
980302	张明亮	男	18	2014-09-02	☐	汉族	北京顺义	
980303	李元	女	23	2014-09-01	☐	汉族	北京顺义	
980305	井江	女	19	2014-09-02	☑	回族	北京昌平	
980306	冯伟	女	20	2014-09-01	☐	回族	北京顺义	
980307	王朋	男	21	2014-09-02	☑	汉族	湖北武穴	
980308	丛古	女	21	2014-09-04	☑	蒙古族	北京大兴	
980309	张也	女	18	2014-09-04	☑	回族	湖北武汉	
980310	马琦	女	19	2014-09-01	☑	回族	湖北武汉	
980311	崔一南	女	21	2014-09-04	☐	汉族	北京海淀区	
980312	文清	女	20	2014-09-01	☑	汉族	安徽芜湖	
980313	田艳	女	23	2014-09-04	☐	汉族	北京东城	
980314	张佳	女	21	2014-09-01	☐	回族	江西南昌	
980315	陈铖	男	21	2015-09-03	☑	蒙古族	北京海淀区	
980316	王佳	女	19	2015-09-01	☑	维吾尔族	江西九江	
980317	叶飞	男	18	2015-09-02	☑	维吾尔族	上海	

记录: 第 1 项(共 26 项 无筛选器 搜索

图 1-12 在 Access 中创建的“学生”表数据视图

1.4 Access 2010 系统概述

Microsoft Office Access 是微软把数据库引擎的图形用户界面和软件开发工具结合在一起的一个数据库管理系统。Microsoft Access 在很多地方得到了广泛使用,例如小型企业、大公司的部门。

Access 的用途体现在两个方面:

第一,用来进行数据分析。Access 有强大的数据处理、统计分析能力,利用 Access 的查询功能,可以方便地进行各类汇总、平均等统计,并可灵活设置统计的条件。比如在统计分析上万条、十几万条记录的数据时速度快且操作方便,这一点是 Excel 无法比拟的。这一点体现在:会用 Access 提高了工作效率和工作能力。

第二,用来开发软件。Access 用来开发软件,比如生产管理、销售管理、库存管理等各类企业管理软件,其最大的优点是易学,非计算机专业的人员也能学会。低成本地满足了那些从事企业管理工作人员的管理需要,如通过软件来规范同事、下属的行为,推行其管理思想。VB、.net、C 语言等开发工具对于非计算机专业人员来说太难了,而 Access 则很容易。这一点体现在:实现了管理人员开发出软件的"梦想",从而转型为"懂管理+会编程"的复合型人才。

Access 2010 将数据库引擎的图形界面和软件开发工具结合在一起,具有简单易用的显著特点。Access 使用非常简单,甚至非计算机专业的人(尤其是那些中小企业基层管理人员)经过简单的学习,就可以使用它存储和管理数据,可以开发出非常实用的小型信息管理系统,故而 Access 在中小企业管理和互联网小型网站中得到了广泛的应用。

Access 2010 是 Microsoft 公司最新推出的 Access 版本,是微软办公软件包 Office 2010 的一部分。Access 2010 是一个面向对象的、采用事件驱动的新型关系型数据库。这样说可能有些抽象,但是相信用户经过后面的学习,就会对什么是面向对象、什么是事件驱动有更深刻的理解。

Access 2010 提供了表生成器、查询生成器、宏生成器、报表设计器等许多可视化的操作工具,以及数据库向导、表向导、查询向导、窗体向导、报表向导等多种向导,可以使用户很方便地构建一个功能完善的数据库系统。Access 还为开发者提供了 Visual Basic for Application(VBA)编程功能,使高级用户可以开发功能更加完善的数据库系统。

Access 2010 还可以通过 ODBC 与 Oracle、Sybase、FoxPro 等其他数据库相连,实现数据的交换和共享。并且,作为 Office 办公软件包中的一员,Access 还可以与 Word、Outlook、Excel 等其他软件进行数据交互和共享。此外,Access 2010 还提供了丰富的内置函数,以帮助数据库开发人员开发出功能更加完善、操作更加简便的数据库系统。

1.4.1 Access 2010 的新特点

具体来说,有如下特点:

1. 方便快捷的可视化工具

为了方便使用,Access 2010 采用了与 Office 2010 统一的界面,很容易使用和掌握。

2. 单一的数据库文件

Access 2010 将所有数据库对象封装在一个单一的文件中(扩展名为.accdb),使得数据库的迁移、备份等操作非常简便。

3. 支持面向对象

Access 2010 支持面向对象的开发方式,将数据库管理的各种功能封装在表、查询、窗体等各类对象中,通过对象的属性和方法来完成数据库的操作管理,极大地简化了用户的开发工作。

4. 集成 OLE 特性

利用 OLE(对象的连接和嵌入)特性,可以在 Access 数据表中存储和处理位图、声音、视频等多媒体信息，甚至可以嵌入 Excel 表格、Word 文档等第三方应用程序对象。

5. 连接网络数据库

Access 不仅是一个桌面数据库管理系统，还可以选择 Access 作为前端开发工具，用来开发 SQL Server 网络数据库应用程序，即 Access 项目(扩展名为.adp)。

6. 功能强大的编程语言

使用宏和 VBA 编程语言，可以高效地开发出功能强大且相当专业的数据库应用程序。

7. Web 数据库

在 Access 2010 中，可以创建 Web 数据库，将其发布到启用 Access Services 的 SharePoint 2010 网站上，这样就可以在 Web 浏览器中访问和使用数据库了。

8. 数据宏

数据宏与大型数据库的“触发器”相似，用户可以将宏直接附加到特定事件上，这样可以在更新数据时自动执行一些操作。

与先前其他版本相比，Access 2010 也有一些新的特点：提供主题工具实现专业设计；智能创建向导，提高创建对象效率；用户界面更加全面美观等。

1.4.2 Access 2010 的主界面

最新的 Access 2010 是 Microsoft 公司力推的、运行于新一代操作系统 Windows 7 上的数据库。可以看出，Access 2010 相对于旧版本的 Access 2003，界面发生了相当大的变化，但是与 Access 2007 非常类似。

Access 2010 采用了一种全新的用户界面，这种用户界面是 Microsoft 公司重新设计的，可以帮助用户提高工作效率。

一个全新的 Access 2010 界面，如果用户是从 Windows 的“开始”菜单或桌面快捷方式启动 Access 2010，那么启动后的界面如图 1-13 所示。从图中可以看到，在启动界面显示了“可用模板”，这就是用户打开 Access 2010 以后所看到的第一项变化。在 Backstage 视图的中间窗格中是各种数据库模板。选择“样本模板”选项，可以显示当前 Access 2010 系统中所有的样本模板。

Access 2010 提供的每个模板都是一个完整的应用程序，具有预先建立好的表、窗体、报表、查询、宏和表关系等。如果模板设计满足需要，则通过模板建立数据库以后，便可以立即利用数据库开始工作；否则，用户可以模板为基础，对所建立的数据库进行修改，创建符合特定需求的数据库。

1. 功能区

新界面使用称为“功能区”的标准区域来替代 Access 早期版本中的多层菜单和工具栏，如图 1-14 所示。“功能区”以选项卡的形式，将各种相关的功能组合在一起，包括四大部分：开始、创建、外部数据、数据库工具。使用 Access 2010 的“功能区”，可以更快地查找相关命令组。例如，如果要创建一个新的窗体，可以在“创建”选项卡下找到各种创建窗体的方式，如图 1-15 所示。

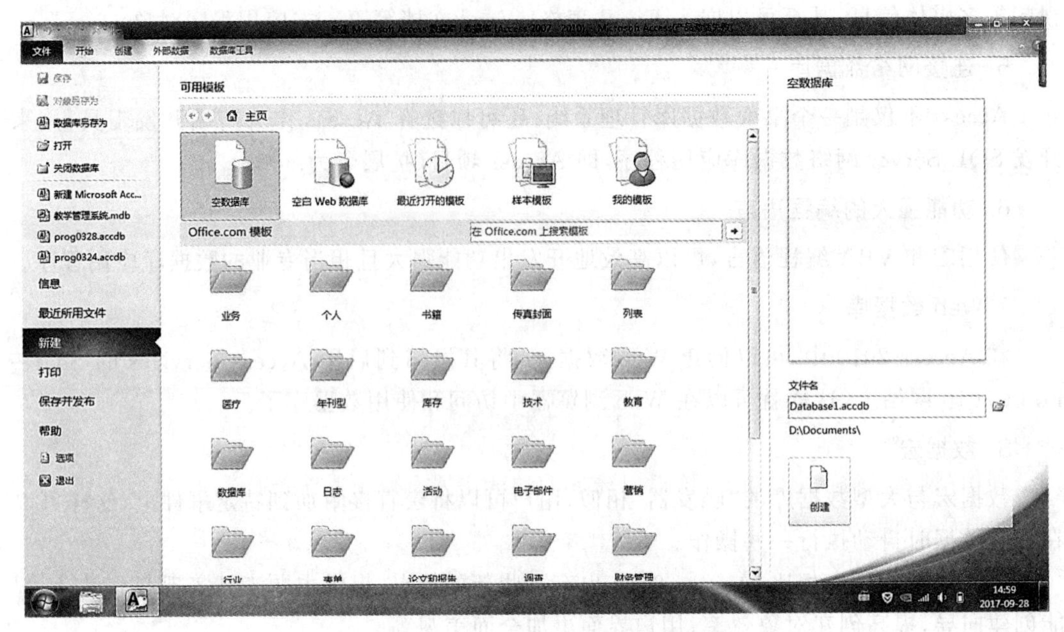

图 1-13 Access 2010 的 Backstage 视图

同时，使用这种选项卡式的“功能区”，可以使各种命令的位置与用户界面更为接近，使各种功能按钮不再深深嵌入菜单中，从而大大方便了用户的使用。

在 Access 2010 的“功能区”中有 4 个选项卡，分别为“开始”“创建”“外部数据”和“数据库工具”，称为 Access 2010 的命令选项卡。

在每个选项卡下，都有不同的操作工具。例如，在“开始”选项卡下，有“视图”组、“字体”组等，用户可以通过这些组中的工具，对数据库中的数据库对象进行设置。下面分别对其进行介绍。

2.“开始”选项卡

图 1-14 是“开始”选项卡下的一些工具组。

图 1-14 “开始”选项卡

利用“开始”选项卡下的工具，可以完成的功能主要有以下几个方面：

(1)选择不同的视图。

(2)从剪贴板复制和粘贴。

(3)设置当前的字体格式。

(4)设置当前的字体对齐方式。

(5)对备注字段应用 RTF 格式。

(6)操作数据记录(刷新、新建、保存、删除、汇总、拼写检查等)。

(7)对记录进行排序和筛选。

(8)查找记录。

3.“创建”选项卡

图 1-15 是“创建”选项卡下的工具组。用户可以利用该选项卡下的工具，创建数据表、窗体和查询等各种数据库对象。

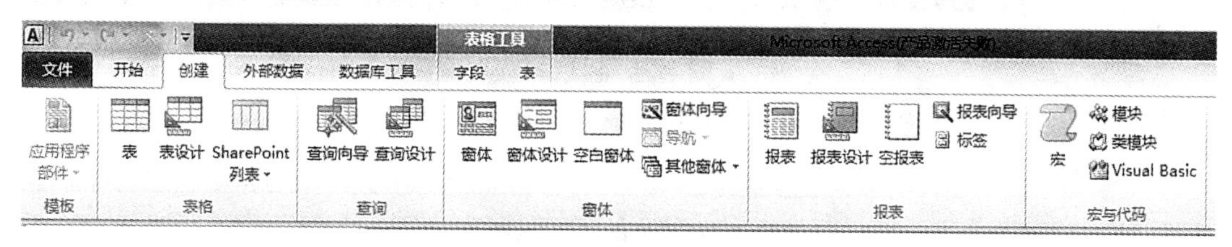

图 1-15　“创建”选项卡

利用“创建”选项卡下的工具，可以完成的功能主要有以下几个方面：

(1)插入新的空白表。

(2)使用表模板创建新表。

(3)在资源网站上创建列表，在链接至新创建的列表的当前数据库中创建表。

(4)在设计视图中创建新的空白表。

(5)基于活动表或查询创建新窗体。

(6)创建新的数据透视表或图表。

(7)基于活动表或查询创建新报表。

(8)创建新的查询、宏、模块或类模块。

4.“数据库工具”选项卡

在“数据库工具”选项卡下，有如图 1-16 所示的各种工具组。用户可以利用该选项卡下的各种工具进行数据库 VBA、表关系的设置等。

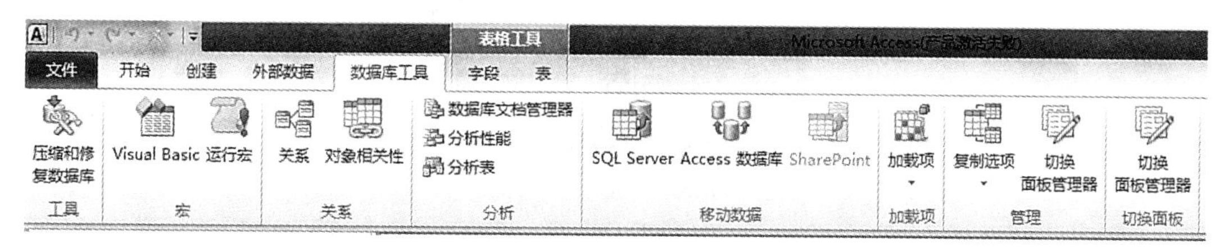

图 1-16　“数据库工具”选项卡

利用“数据库工具”选项卡下的工具，可以完成的功能主要有以下几个方面：

(1)启动 Visual Basic 编辑器或运行宏。

(2)创建和查看表关系。

(3)显示/隐藏对象相关性或属性工作表。

(4)运行数据库文档或分析性能。

(5)将数据移至 Microsoft SQL Server 或 Access(仅限于表)数据库。

(6)运行链接表管理器。

(7)管理 Access 加载项。

(8)创建或编辑 VBA 模块。

5."外部数据"选项卡

在"外部数据"选项卡下,有如图1-17所示的工具组,用户可以利用该工具组中的数据库工具,导入和导出各种数据。

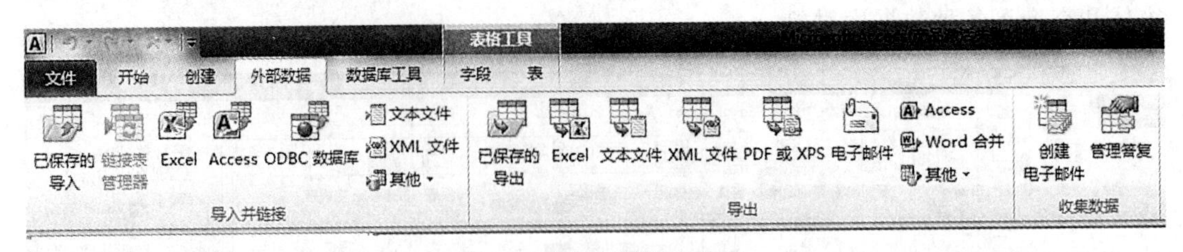

图1-17 "外部数据"选项卡

利用"外部数据"选项卡下的工具,可以完成的功能主要有以下几个方面:

(1)导入或链接到外部数据。

(2)导出数据。

(3)通过电子邮件收集和更新数据。

(4)使用联机 SharePoint 列表。

(5)将部分或全部数据库移至新的或现有的 SharePoint 网站。

6. 导航窗格

导航窗格区域位于窗口左侧,用以显示当前数据库中的各种数据库对象。导航窗格取代了早期版本中的数据库窗口,单击导航窗格右上方的小箭头,即可弹出"浏览类别"菜单,可以在该菜单中选择查看对象的方式,如图1-18所示。

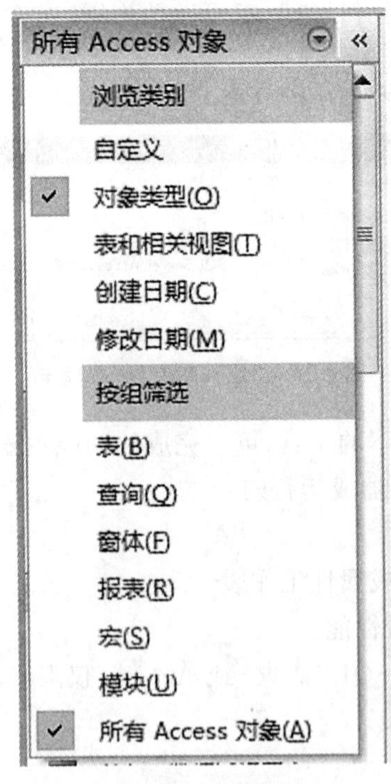

图1-18 导航窗格

7. 选项卡式文档

在 Access 2010 中，默认将表、查询、窗体、报表和宏等数据库对象都显示为选项卡式文档，如图 1-19 所示。

图 1-19　选项卡式文档

8. 状态栏

“状态栏”位于窗口底部，用于显示状态信息，如帮助用户查找状态消息、属性提示、进度指示等。状态栏中还包含用于切换视图的按钮。

9. 获得 Access 帮助

在使用 Access 2010 时，有任何疑问，都可以单击 F1 或单击功能区右上角的问号图标来获取帮助，如图 1-20 所示。

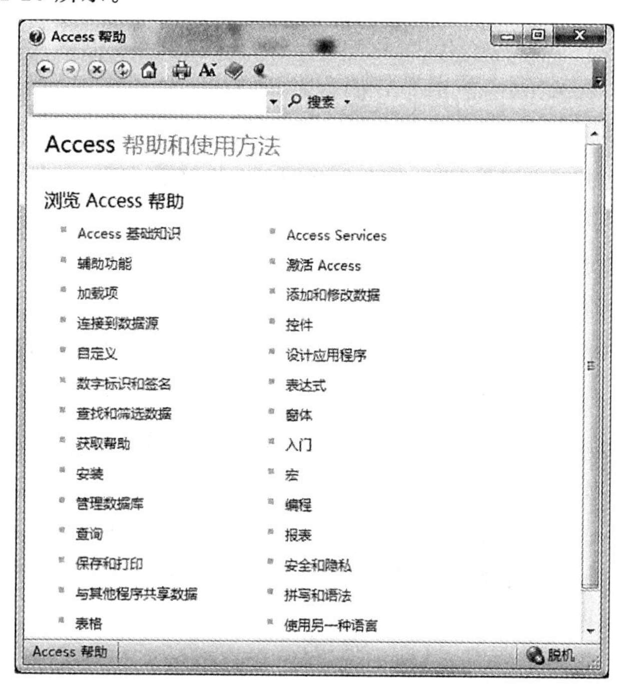

图 1-20　Access 帮助窗口

1.4.3 Access 的数据库对象

我们经常说数据库对象，那么数据库对象到底是什么呢？一些用户一直认为 Access 只是一个能够简单存储数据的容器，而前面提到 Access 数据库能完成很多功能，那么这些功能是依靠数据库中的什么结构来实现的呢？

在这一节中将介绍 Access 数据库的六大数据对象。可以说，Access 的主要功能就是通过这六大数据对象来完成的。

1. “表”对象

表是数据库中最基本的组成单位。建立和规划数据库，首先要做的就是建立各种数据表。数据表是数据库中存储数据的唯一单位，它将各种信息分门别类地存放在各种数据表中。表在我们的生活和工作中也是非常重要的，它最大的特点就是能够按照主题分类，使各种信息一目了然，如图 1-21 所示的教师表。

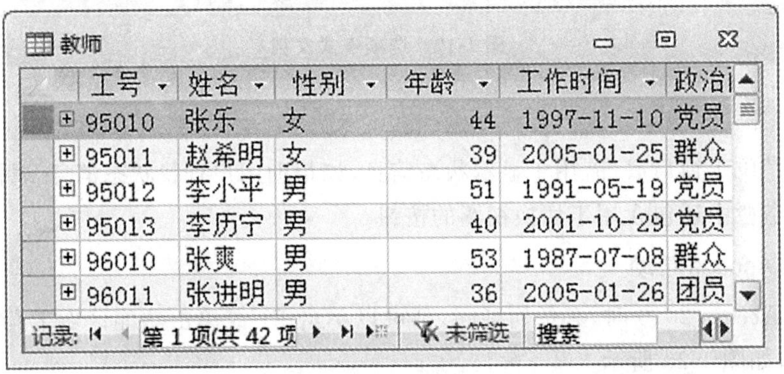

教师

工号	姓名	性别	年龄	工作时间	政治
95010	张乐	女	44	1997-11-10	党员
95011	赵希明	女	39	2005-01-25	群众
95012	李小平	男	51	1991-05-19	党员
95013	李历宁	男	40	2001-10-29	党员
96010	张爽	男	53	1987-07-08	群众
96011	张进明	男	36	2005-01-26	团员

记录: 第 1 项(共 42 项 未筛选 搜索

图 1-21 “表”对象

虽然表存储的内容各不相同，但是它们都有共同的表结构。表的第一行为标题行，标题行的每个标题称为字段。下面行为表中的具体数据，每一行的数据称为一条记录。该表在外观上与 Excel 表格相似，因为二者都是以行和列存储数据的。这样，就可以很容易将 Excel 表格导入数据库表中。

表中的每一行数据是一条记录，用来存储各条信息。每一条记录包含一个或多个字段，字段对应表中的列。例如，可能有一个名为“教师”的表，其中每一条记录(行)都包含不同教师的信息，每一字段(列)都包含不同类型的信息(如姓名、年龄和工作时间等)。

2. “查询”对象

查询是数据库中应用最多的对象之一，可执行很多不同的功能。最常用的功能是从表中检索特定的数据。要查看的数据通常分布在多个表中，通过查询可以将多个不同表中的数据检索出来，并在一个数据表中显示这些数据。而且，由于用户通常不需要一次看到所有的记录，而只是查看某些符合条件的特定记录，因此用户可以在查询中添加查询条件，以筛选出有用的数据。如图 1-22 所示。

数据库中查询的设计通常是在“查询设计器”中完成的。

查询姓氏为李的老师

工号	姓名	性别	年龄	工作时间
98016	李红	女	44	1998-04-29
99021	李丹	男	48	1994-06-18
95012	李小平	男	51	1991-05-19
95013	李历宁	男	40	2001-10-29
96013	李燕	女	49	1992-06-25
98010	李小东	女	55	1986-01-27

记录: 第 1 项(共 10 项　无筛选器　搜索

图 1-22　“查询”对象

3.“窗体”对象

窗体有时称为“数据输入屏幕”。窗体是用来处理数据的界面，通常包含一些可执行命令的按钮。窗体不仅提供了一种简单易用的处理数据的格式，而且还可以向窗体中添加一些功能元素，如命令按钮等。用户可以对按钮进行编程来确定在窗体中显示哪些数据，打开其他窗体或报表或者执行其他各种任务。如图 1-23 所示。

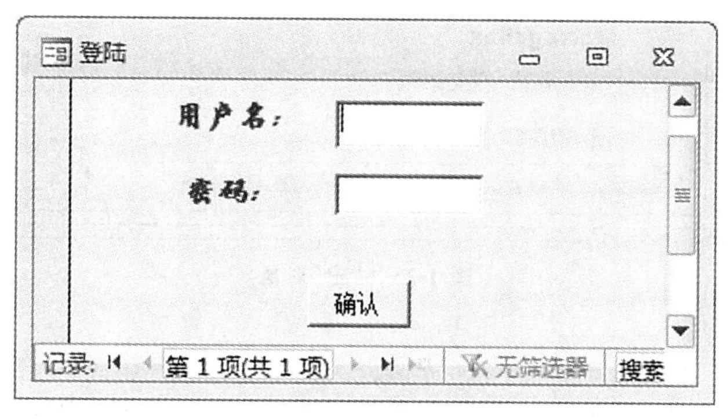

图 1-23　“窗体”对象

4.“报表”对象

如果要对数据库中的数据进行打印，使用报表是最简单且有效的方法。报表主要用来打印或者显示，因此一个报表通常可以回答一个特定问题，如“今年每个客户的订单情况怎样”或者“我们的客户分布在哪些城市”。

在设计报表的过程中，可以根据该报表要回答的问题，设置每个报表的分组显示，从而以最容易阅读的方式来显示信息。如图 1-24 所示。

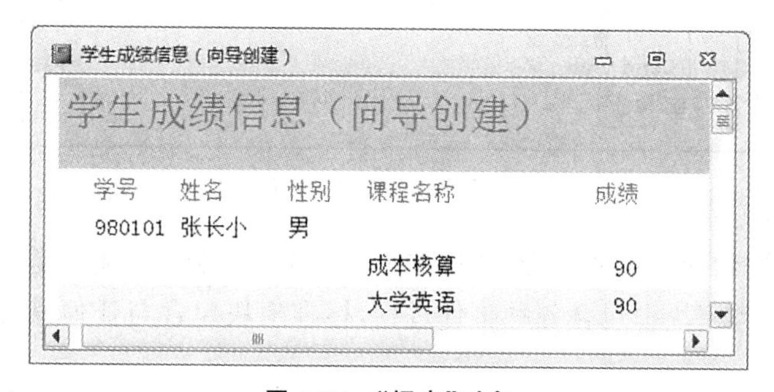

图 1-24　“报表”对象

运用报表,还可以创建标签。将标签报表打印出来以后,就可以将报表裁成一个个小的标签,贴在货物或者物品上,用于对该物品进行标识。

5."宏"对象

可以将宏看作是一种简化的编程语言。利用宏,用户不必编写任何代码,就可以实现一定的交互功能,比如弹出对话框、单击按钮打开窗体等。通过宏,可以实现的功能有以下几项:

(1)打开/关闭数据表、窗体,打印报表和执行查询。

(2)弹出提示信息框,显示警告。

(3)实现数据的输入和输出。

(4)在数据库启动时执行操作。

(5)筛选查找数据记录。

宏的设计一般是在"宏生成器"中完成的。如图 1-25 所示。

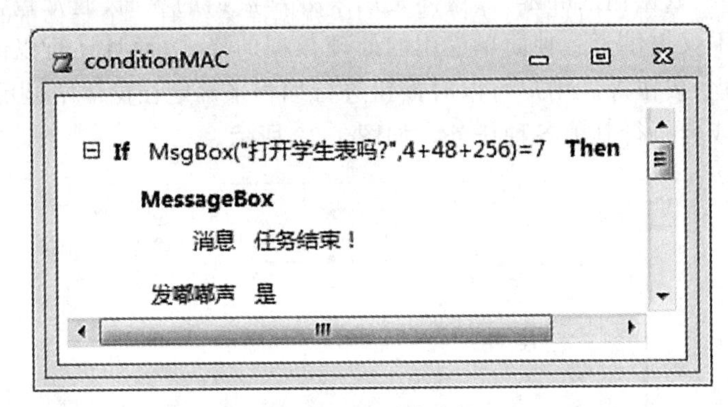

图 1-25 "宏"对象

6."模块"对象

不仅可以通过从宏操作列表中以选择的方式在 Access 中创建宏,还可以用 VBA 编程语言编写过程模块。如图 1-26 所示。

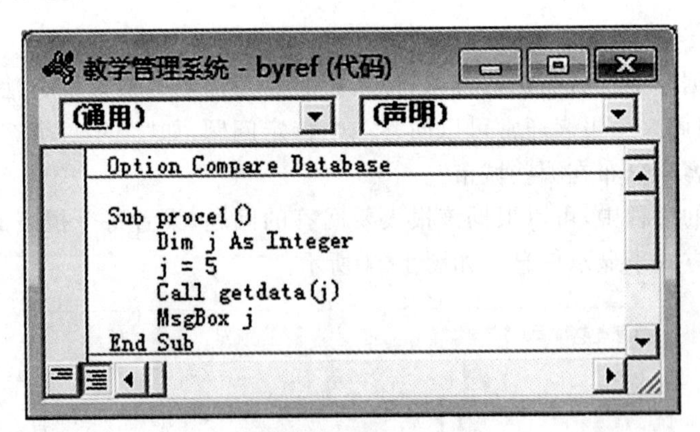

图 1-26 "模块"对象

模块是声明、语句和过程的集合,它们作为一个单元存储在一起。模块可以分为类模块和标准模块两类。类模块中包含各种事件过程,标准模块包含与任何其他特定对象无关的常规过程。

值得说明的是，在新版 Access 2010 中，不再支持数据访问页对象。如果希望在 Web 上部署数据输入窗体并在 Access 中存储所生成的数据，则需要将数据库部署到 Microsoft Windows SharePoint Services 3.0 服务器上，使用 Windows SharePoint Services 所提供的工具实现所要求的目标。

☑ 本章小结

数据库技术已经成为信息基础设施的核心技术和重要基础。本章主要介绍了数据库技术、数据库系统、关系模型（概念模型 E-R 图）、关系数据库等基础理论知识，为后续章节的学习打下基础。在章节的最后一部分还介绍了 Access 2010 系统，包括版本特点、系统主界面、Access 数据库对象等，让读者对 Access 2010 数据库系统有一个整体的直观认识。

第 2 章　数据库与表

利用 Access 2010 进行数据管理,首先需创建数据库。只有在建立数据库的基础上,才能根据需要创建表、查询、窗体、报表、宏和模块等数据对象。为了更好地介绍数据库及后续其他对象的创建方法,这里以“教学管理系统”为例,后续的章节将都依据此数据库依次展开介绍。

本章知识结构导航如图 2-1 所示。

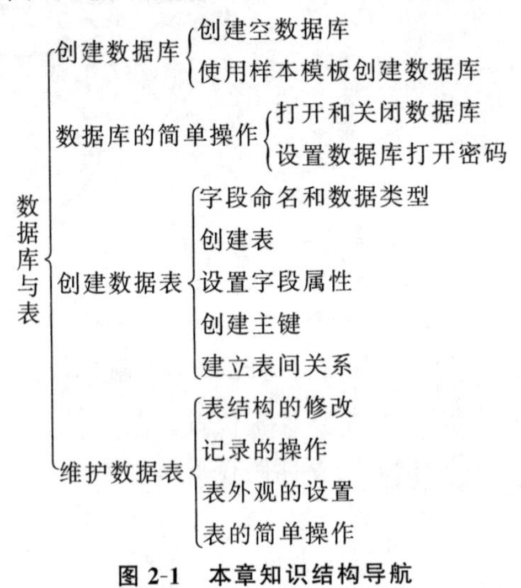

图 2-1　本章知识结构导航

2.1　创建数据库

Access 2010 提供了 3 种创建数据库的方法:创建空数据库、使用样本模板创建数据库以及创建空白 Web 数据库。本节主要介绍前两种方法的创建过程。

2.1.1　创建空数据库

例 2-1　创建“教学管理系统”空数据库。

创建步骤如下:

(1)首先启动 Access 2010 应用程序,进入如图 2-2 所示界面,在界面中间区域单击“可用模板”列表中的“空数据库”。

(2)在右下侧的“文件名”框中,给出一个默认的文件名“Database1. accdb”,把它修改为

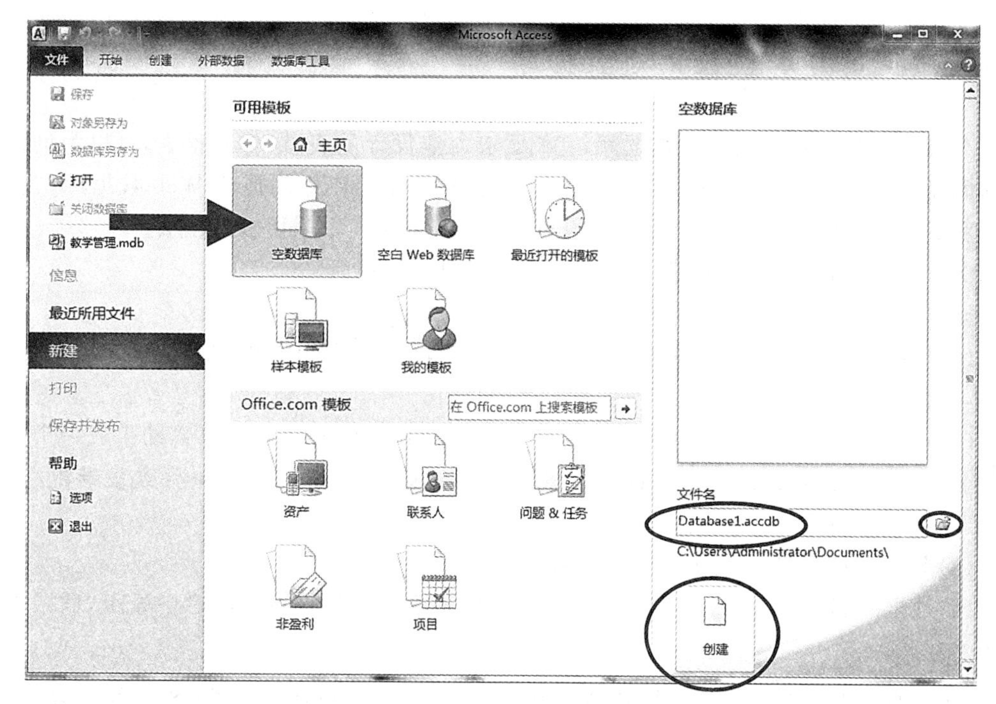

图 2-2　新建数据库

“教学管理系统.accdb”。其中“.accdb”为 Access 2010 数据库文件的扩展名。

(3)单击最右侧的“浏览”按钮，在打开的“文件新建数据库”对话框中，可以选择数据库的保存位置，或不单击按钮，选择默认保存位置。

(4)单击“创建”按钮，这样在指定的存储路径下就创建了一个名为“教学管理系统”的空白数据库。

(5)新创建的“教学管理系统”数据库会自动打开，如图 2-3 所示。在空数据库中同时自动创建一个名为“表 1”的数据表。

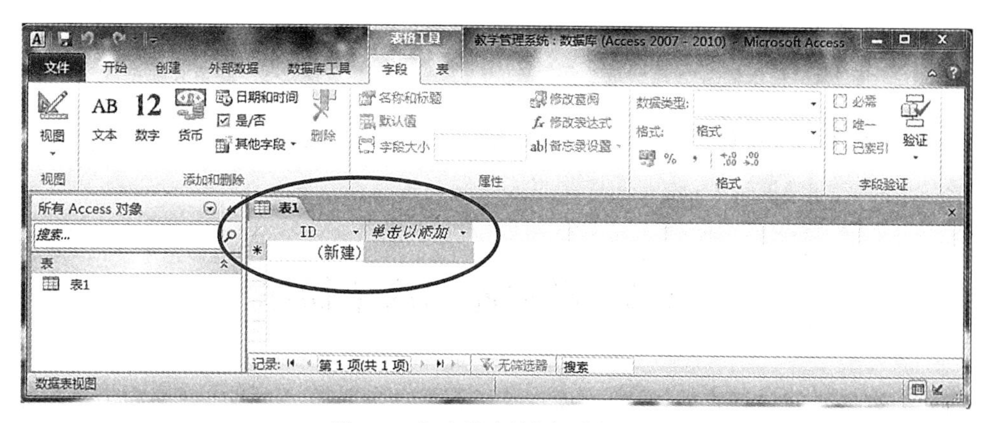

图 2-3　自动创建的“表 1”数据表

2.1.2 使用样本模板创建数据库

Access模板是预先设计的数据库,它们含有专业设计的表、窗体和报表,可以为创建新数据库提供极大的便利。Access 2010提供了很多模板,如“慈善捐赠Web数据库”“教职员”“罗斯文”“联系人Web数据库”等,也可以从office.com下载更多的模板。

例2-2 利用样本模板创建“联系人Web数据库”数据库。

操作步骤如下:

(1)启动Access 2010应用程序,进入如图2-2所示的界面中,单击“可用模板”列表中的“样本模板”。

(2)在显示的“样本模板”列表中选中“联系人Web数据库”,则系统自动生成一个默认文件名为“联系人Web数据库.accdb”的文档,保存位置默认为Window系统安装的“我的文档”,如图2-4所示。

(3)单击“创建”按钮,开始创建数据库。

(4)数据库创建完成后,自动打开“联系人Web数据库”,并在标题栏中显示“联系人”,如图2-5所示。

图2-4 样本模板创建数据库　　　　图2-5 联系人数据库

注意:在图2-5这个窗口中,还提供了配置数据库和使用数据库教程的链接。如果计算机已经联网,则单击▶按钮,就可以播放相关教程。

2.2 数据库的简单操作

当一个数据库创建好之后,我们可以对其进行一些简单操作,比如打开和关闭数据库,设置数据库打开密码等。

2.2.1 打开和关闭数据库

1. 打开数据库

例 2-3　打开例 2-1 中创建的“教学管理系统”数据库。

操作步骤如下：

(1)启动 Access 2010 应用程序，选择“文件”→“打开”，弹出“打开”对话框。

(2)在“打开”对话框中找到“教学管理系统”数据库，然后单击“打开”按钮便以默认的方式打开数据库。如果想以其他方式打开数据库，则单击“打开”按钮右端的下拉按钮，在下拉列表中选择相应的打开方式，如图 2-6 所示。

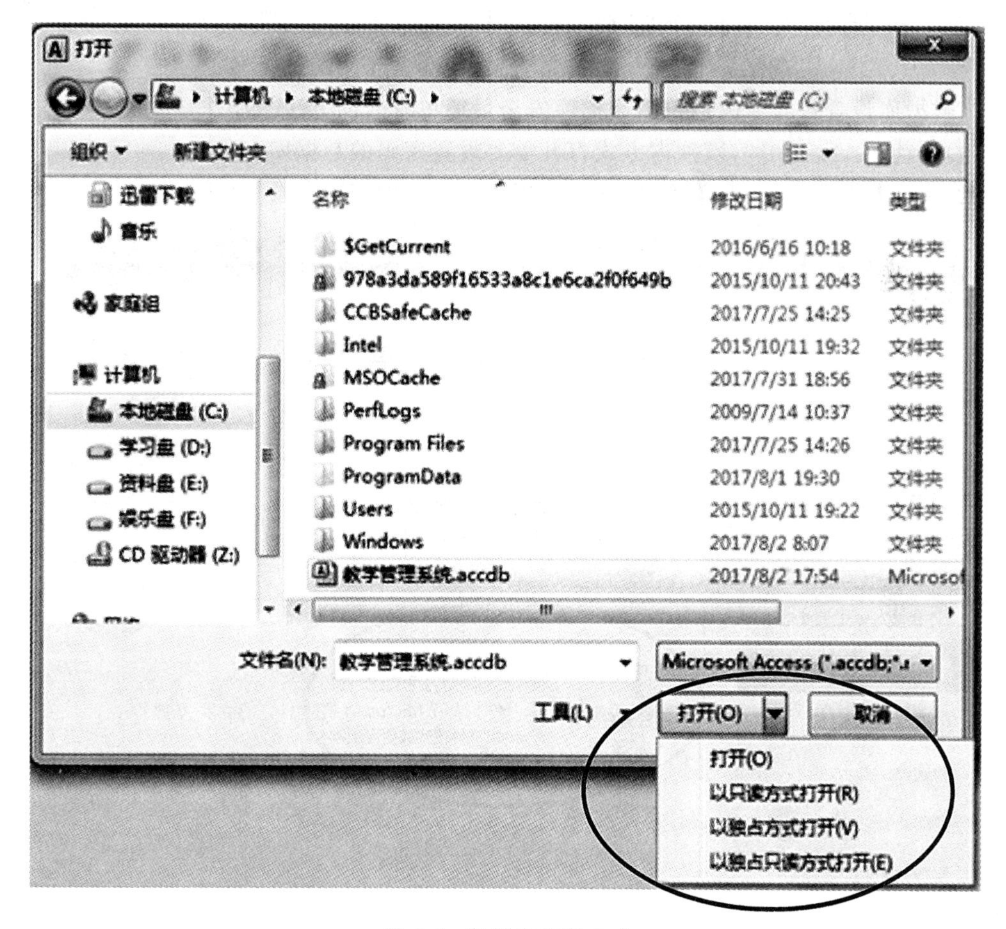

图 2-6　数据库打开方式

当然，还有一种打开数据库的快捷方法，找到要打开的数据库，然后直接双击即可。

在 Access 2010 中，打开数据库的方式有 4 种。

①打开。这是默认的打开方式，以共享的方式打开数据库。即其他用户也可以同时打开和使用这个数据库文件。

②以只读方式打开。顾名思义，以这种方式打开的数据库文件只能查看，不能对数据库进行修改。

③以独占方式打开。这种打开方式要求在同一时刻只允许一个用户打开数据库文件，其他用户需等此用户关闭后，才可打开这个数据库文件。

④以独占只读方式打开。可以防止其他用户同时访问这个数据库文件，且不可以对数据库进行修改。

2. 关闭数据库

单击数据库窗口右上角的“关闭”按钮，或在 Access 2010 主窗口选择“文件”→“关闭”菜单命令。

2.2.2 设置数据库打开密码

为数据库设置打开密码是保障数据库安全最简单有效的方法。操作步骤如下：

(1)启动 Access 2010，以独占方式打开需要设置密码的数据库文件。

(2)选择“文件”选项卡，单击“信息”→“用密码进行加密”，如图 2-7 所示。

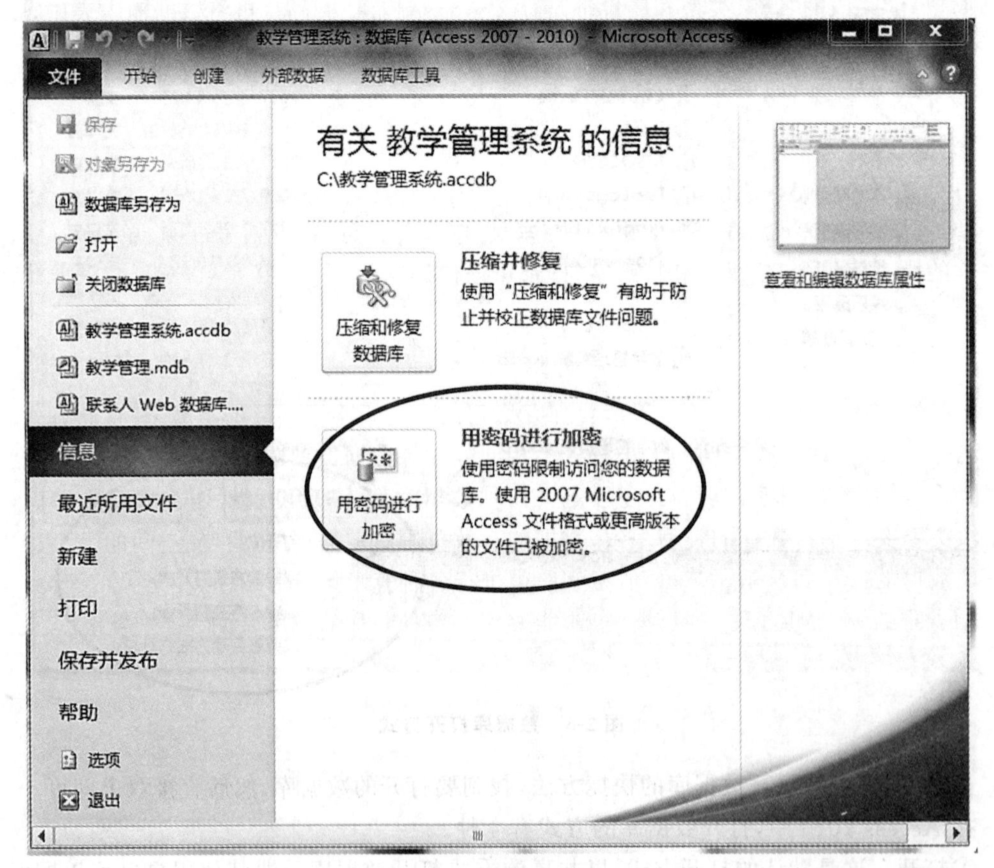

图 2-7 数据库加密

(3)在弹出来的"设置数据库密码"框中输入并确认密码,单击"确定"即可。

注意:打开设置了密码的数据库时,会要求用户输入密码,只有输入正确的密码后才能打开数据库。

2.3 创建数据表

建立了数据库后,需要在数据库中首先创建表。只有创建了表,才能建立查询、窗体和报表等其他数据库对象。数据表是 Access 数据库中最重要和最基本的对象。本节首先介绍表的一些基本概念,然后重点阐述创建表的方法和过程,最后讲解如何设置表间联系以及对表的编辑。

2.3.1 字段命名和数据类型

在 Access 2010 中,表由表结构和数据两部分组成。建立表结构就是确定表中包括哪些字段,每个字段的名称、类型和属性都是什么。表结构建立好后,再将数据输入表中,就完成了表的创建。

1. 字段命名规定

字段名即表中的列名,Access 对字段名称的命名有如下规定:

(1)字段名称最长 64 个字符。

(2)字段名称中不允许使用的字符有:惊叹号(!)、句点(。)、方括号([])、单引号('),除此之外的所有字符(包括汉字和特殊字符)都可以使用。

(3)字段名称不能以空格开头。

2. 字段数据类型

字段的数据类型决定了该字段所要保存数据的类型。不同的数据类型,其存储方式、数据范围、占用计算机内存空间的大小都各不相同。如果数据类型选取不合适,则会使数据库效率降低,并且容易引起错误。为字段定义何种数据类型,一般可以从两个方面来考虑:一是字段类型要与输入数据的类型一致,数据的有效范围决定数据所需存储空间的大小;二是要考虑数据的操作和显示,如对数值型字段可进行各种算术运算等。

Access 2010 提供了 12 种数据类型,能够满足各种各样的应用。如表 2-1 所示。

表 2-1 字段常用数据类型

数据类型	可存储的数据	字段长度	备注
文本	文字、数字型字符	最多存储 255 个字符	英文和中文都被认为是 1 个字符
备注	文字、数字型字符	最多存储 65535 个字符	一般用于保存较长的文本
数字	字节	1 字节,可保存 0～255 的整数	默认为双精度数
	整数	2 字节,可保存 −32768～32767 的整数	
	长整数	4 字节,可保存 −2147483648～2147483647 的整数	
	单精度数	4 字节,可保存 -3.4×10^{38}～3.4×10^{38} 且最多具有 7 位有效数字的浮点数	
	双精度数	8 字节,可保存 -1.797×10^{308}～1.797×10^{308} 且最多具有 15 位有效数字的浮点数	
日期/时间	日期/时间值	8 字节	
货币	货币值或用于数学计算的数值数据	8 字节	Access 会自动显示人民币符号和逗号,并添加两位小数到货币字段
自动编号	缺省初值为 1,自动以 1 递增,不随记录删除变化	4 字节	如果删除了表格中含有自动编号字段的一个记录,Access 并不会为表格自动编号字段重新编号
是/否	布尔型,取值 true、false、on、off、yes、no,−1 表示真值,0 表示假值	1 位	
OLE 对象	用来链接或嵌入 OLE 对象,如文字、声音、图像、表格等	最大为 1 G 字节	
超链接	存放超链接地址,如网址、电子邮件	最大为 2048×3 个字符	字段大小不定
附件	存储其他应用程序所创建的文件	压缩后最大可存储 2 GB	是二进制文件的首选数据类型
计算	存储根据同一表中的其他字段计算而来的结果值	8 字节	计算时不能引用其他表中的字段
查阅向导	从列表框或组合框中选择的文本或数值	4 字节	

2.3.2 创建表

Access 2010 提供了多种方法来创建表，常用的有使用数据表视图创建表、使用“表设计”视图创建表、导入外部数据创建表等。本节重点介绍前两种创建方法，并结合“教学管理系统”数据库中表的建立，介绍表建立的过程。

1. 使用数据表视图创建表

例 2-4　使用数据表视图，在“教学管理系统”数据库中建立“教师”表，表结构如表 2-2 所示。

表 2-2　“教师”表结构

字段名称	工号	姓名	性别	年龄	工作时间	政治面貌	学历	职称	系别	联系电话
类型	文本	文本	文本	数字	日期/时间	文本	文本	文本	文本	文本
大小	5	4	1			2	5	5	2	8

步骤如下：

(1)打开“教学管理系统”数据库。

(2)在功能区上的“创建”选项卡的“表格”组中，单击“表”按钮，如图 2-8 所示。这时系统将创建一个默认名为“表 1”的新表，并以“数据表视图”打开它。如图 2-9 所示。

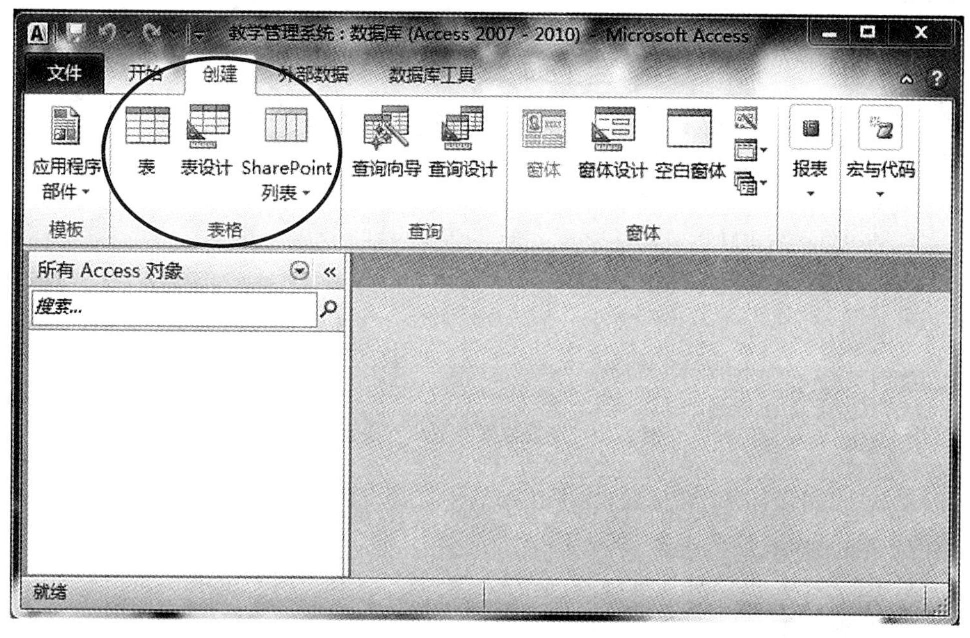

图 2-8　使用数据表视图创建表

(3)选中 ID 字段，在“字段”选项卡的“属性”组中，单击“名称和标题”按钮，如图 2-9 所示。打开“输入字段属性”对话框，在“名称”文本框中，输入“工号”，单击“确定”按钮。

(4)选中“工号”字段列，在“字段”选项卡的“格式”组中，把“数据类型”设置为“文本”，在

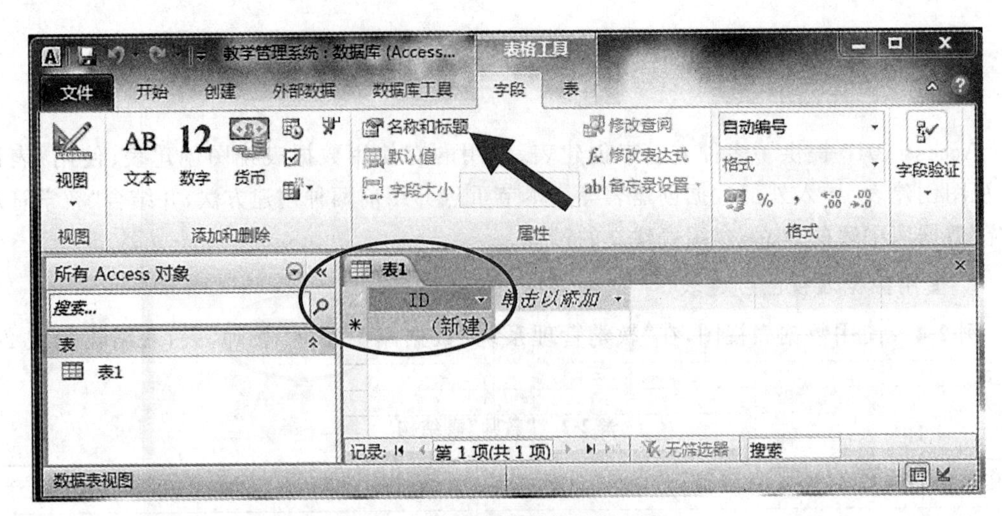

图 2-9 使用数据表视图打开表

“字段”选项卡的“属性”组中，把“字段大小”设置为“5”。如图 2-10 所示。

注意：ID 字段是 Access 2010 自带的，其默认数据类型为“自动编号”，添加新字段时既可以像上述步骤一样进行修改，也可以直接删掉。若删掉，则添加“工号”字段的步骤将按(5)(6)操作。

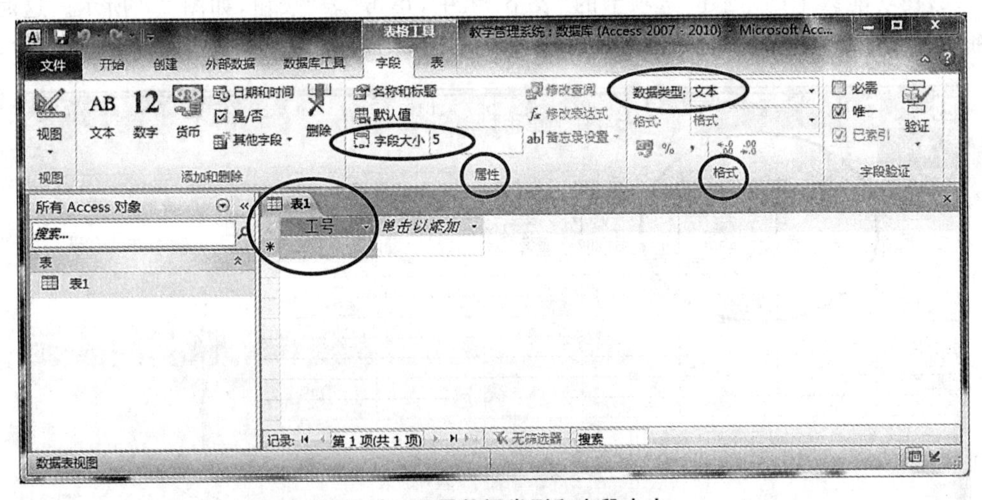

图 2-10 设置数据类型和字段大小

(5)单击“单击以添加”列标题，在下拉列表中选择“文本”，如图 2-11 所示，则添加一个文本型的字段，字段名称默认为“字段 1”。

(6)双击“字段 1”可以对其重命名，命名为“姓名”，并在“字段”选项卡的“属性”组中将“字段大小”修改为 4。

(7)使用同样的方法，按表 2-2 教师表结构依次定义表的其他字段。

(8)单击工具栏中的“保存” 按钮，在弹出的“另存为”对话框中，输入表名“教师”，单击“确定”按钮，完成“教师”表的创建，如图 2-12 所示。

使用数据表视图创建表对于字段的属性设置有一定的局限性，如不能设置数字型字

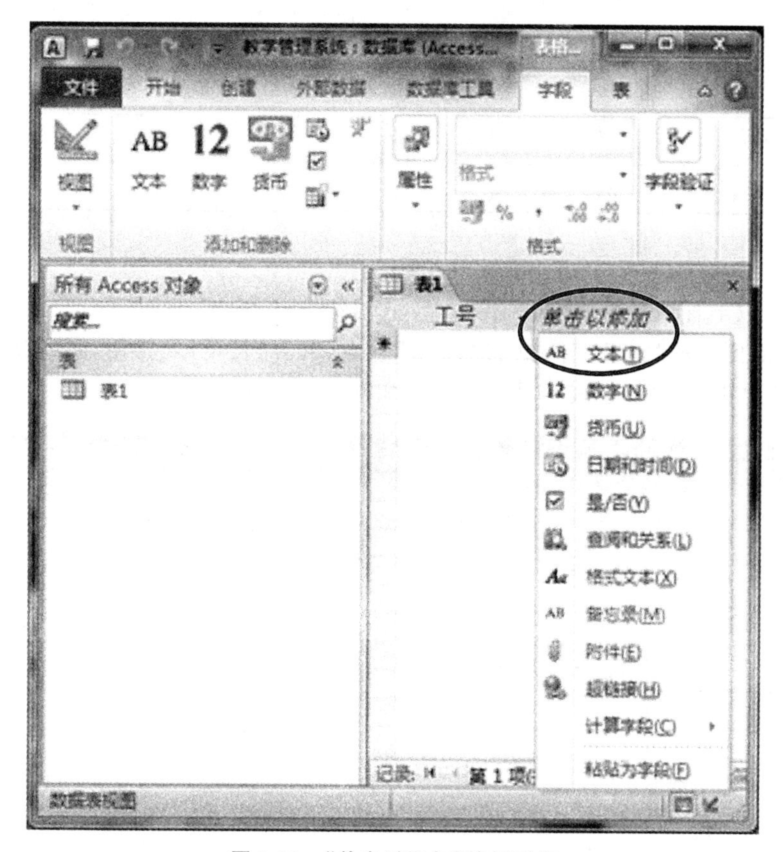

图 2-11 “单击以添加”按钮列表

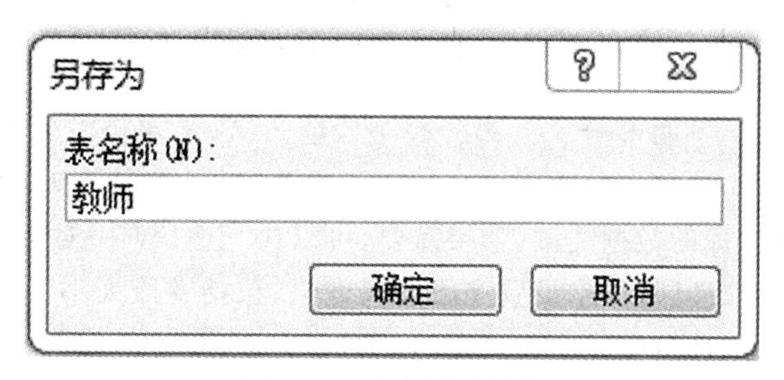

图 2-12 保存“教师”表

段的字段大小是整型还是长整型等。因此，还需要在设计视图中对表结构做进一步的设置。

2. 使用设计视图创建表

例 2-5 使用设计视图，在“教学管理系统”数据库中建立“课程”表，表结构如表 2-3 所示。

表 2-3 “课程”表结构

字段名称	课程号	课程名称	课程类别	学分
类型	文本	文本	文本	数字
大小	3	10	5	单精度型

步骤如下：

(1)打开“教学管理系统”数据库。

(2)在功能区上的“创建”选项卡的“表格”组中，单击“表设计”按钮，系统将创建一个默认名为“表 1”的新表，并显示表的设计视图。如图 2-13 所示。

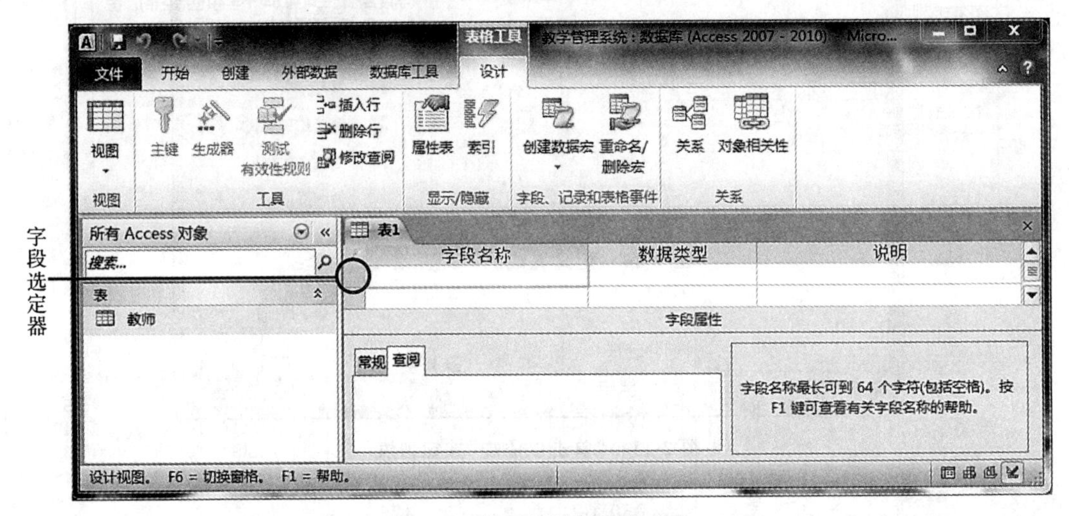

图 2-13 使用设计视图创建表

表设计视图分为上下两部分。上部分是字段输入区，从左至右分别为“字段选定器”、“字段名称”列、“数据类型”列和“说明”列。“字段名称”列用来定义新建字段的名称，“数据类型”列用来定义该字段的数据类型，如果需要，可以在“说明”列中对字段进行必要的说明。

下半部分是字段属性区，用来设置字段的属性值，包括字段大小、格式、输入掩码、有效性规则等。定义字段属性可实现输入数据的限制和验证，或控制数据在数据表视图中的显示格式等。

(3)按照表 2-3 中“课程”表结构的内容，在“字段名称”列中输入各个字段名称，在“数据类型”列中选择相应的数据类型，并按要求设置相应的字段大小。

(4)定义完全部字段后，单击“保存”按钮，以“课程”为名称保存表。系统会弹出一个“尚未定义主键”的对话框，这里直接选择“否”。当全部字段定义后，设计视图中的表结构如图 2-14 所示。

按照上述建表方式，在“教学管理系统”数据库中，依次创建“课程”表、“选修”表、“授课”表、“学生”表和“教师”表，如图 2-15 所示。这些表是后续学习内容中创建其他数据库对象的依据。

注意：在图 2-15 中，各个表中的数据添加方式可详见例 2-12。

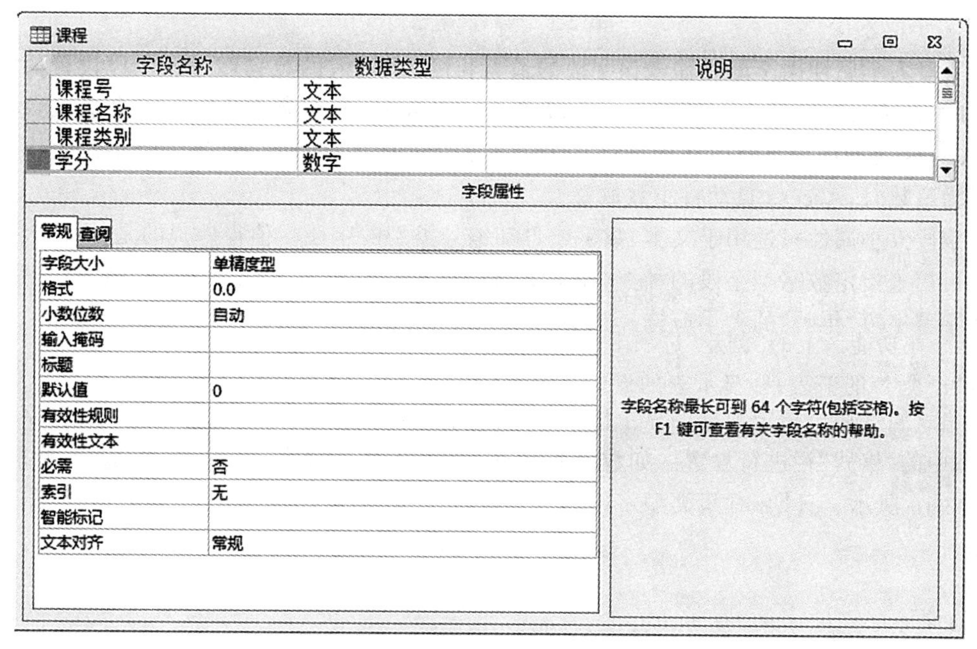

课程

字段名称	数据类型	说明
课程号	文本	
课程名称	文本	
课程类别	文本	
学分	数字	

字段属性

常规　查阅

字段大小	单精度型
格式	0.0
小数位数	自动
输入掩码	
标题	
默认值	0
有效性规则	
有效性文本	
必需	否
索引	无
智能标记	
文本对齐	常规

字段名称最长可到 64 个字符(包括空格)。按 F1 键可查看有关字段名称的帮助。

图 2-14　定义完成的“课程”表

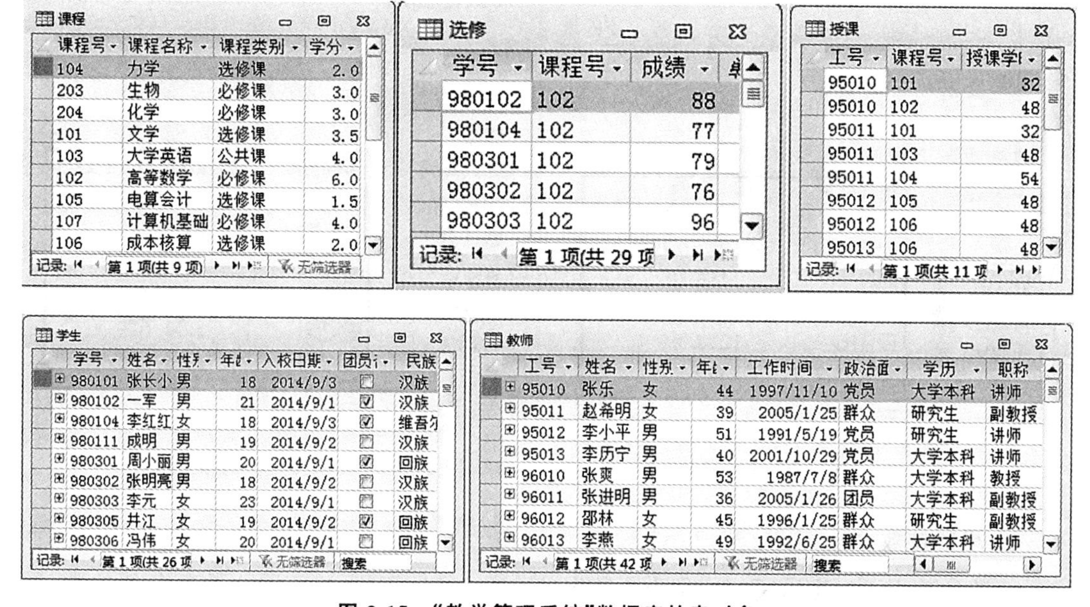

课程

课程号	课程名称	课程类别	学分
104	力学	选修课	2.0
203	生物	必修课	3.0
204	化学	必修课	3.0
101	文学	选修课	3.5
103	大学英语	公共课	4.0
102	高等数学	必修课	6.0
105	电算会计	选修课	1.5
107	计算机基础	必修课	4.0
106	成本核算	选修课	2.0

记录: 第 1 项(共 9 项)　无筛选器

选修

学号	课程号	成绩
980102	102	88
980104	102	77
980301	102	79
980302	102	76
980303	102	96

记录: 第 1 项(共 29 项

授课

工号	课程号	授课学时
95010	101	32
95010	102	48
95011	101	32
95011	103	48
95011	104	54
95012	105	48
95012	106	48
95013	106	48

记录: 第 1 项(共 11 项

学生

学号	姓名	性别	年龄	入校日期	团员否	民族
980101	张长小	男	18	2014/9/3	☐	汉族
980102	一军	男	21	2014/9/1	☑	汉族
980104	李红红	女	18	2014/9/3	☑	维吾尔
980111	成明	男	19	2014/9/2	☐	汉族
980301	周小丽	男	20	2014/9/1	☑	回族
980302	张明亮	男	18	2014/9/2	☐	汉族
980303	李元	女	23	2014/9/1	☐	汉族
980305	井江	女	19	2014/9/2	☑	回族
980306	冯伟	女	20	2014/9/1	☐	回族

记录: 第 1 项(共 26 项　无筛选器　搜索

教师

工号	姓名	性别	年龄	工作时间	政治面目	学历	职称
95010	张乐	女	44	1997/11/10	党员	大学本科	讲师
95011	赵希明	女	39	2005/1/25	群众	研究生	副教授
95012	李小平	男	51	1991/5/19	党员	研究生	讲师
95013	李历宁	男	40	2001/10/29	党员	大学本科	讲师
96010	张爽	男	53	1987/7/8	群众	大学本科	教授
96011	张进明	男	36	2005/1/26	团员	大学本科	副教授
96012	邵林	女	45	1996/1/25	群众	研究生	副教授
96013	李燕	女	49	1992/6/25	群众	大学本科	讲师

记录: 第 1 项(共 42 项　无筛选器　搜索

图 2-15　“教学管理系统”数据库的表对象

2.3.3　设置字段属性

在 Access 中，每一个字段都有一系列的属性描述，字段属性决定了如何存储、处理和显示该字段的数据。常见的属性有以下几种：

1. 字段大小

字段大小属性用于限制输入该字段的最大长度，当输入的数据超过该字段设置的字段大小时，系统将拒绝接收。如果文本字段中已经有数据，那么减小字段大小会造成数据丢失，Access 将截去超出新限制的字符。如果在数字字段中包含小数，那么将字段大小属性设置为整数时，Access 自动将小数取整。

字段大小属性只适用于文本、数字或自动编号类型的字段。值得一提的是，字段大小属性还可用来指定数字型字段的种类（如字节、整型、单精度类型等）。如教师的年龄是整数，则数字型字段“年龄”的大小应选择整型。

2. 格式

格式属性用于指定数据的显示格式，不会影响数据的存储方式。用户可以通过“字段属性”框中的“格式”栏进行设置。如数字型字段的格式有常规数字、货币、欧元、固定、标准等，如图 2-16 所示。日期/时间类型字段的格式有常规日期、长日期、中日期等格式，如图 2-17 所示。

图 2-16 “数字”的格式属性

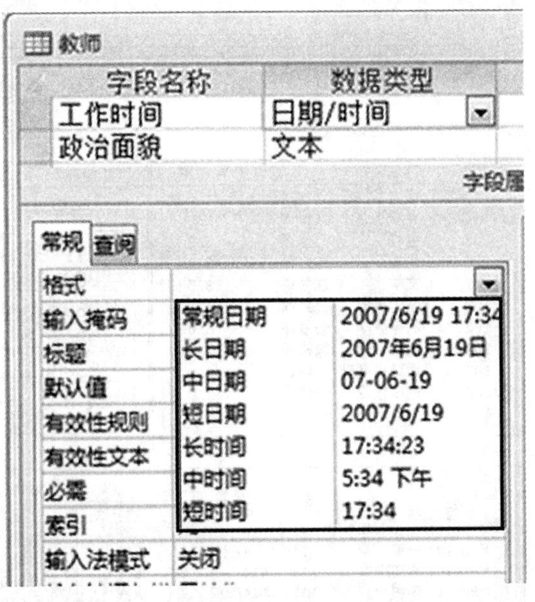

图 2-17 “日期/时间”的格式属性

3. 小数位数

小数位数用于指定数字型或货币型数据的小数位数。定义数字的小数部分的位数，默认值是“自动”。单击“小数位数”单元格，打开其下拉列表，就可以选择不同的小数位数。

4. 输入掩码

输入掩码用于定义数据的输入格式或希望检查输入时的错误。它主要适用于文本、数字、日期/时间、货币等数据类型的字段。

设置掩码时可以在“输入掩码”单元格中直接定义，也可以单击与“输入掩码”单元格相邻的掩码生成器按钮，在“输入掩码向导”对话框中选择不同的掩码格式。如图 2-18 所示。

输入掩码由字面字符（如空格、点、括号等）和决定输入数值类型的特殊字符组成。表

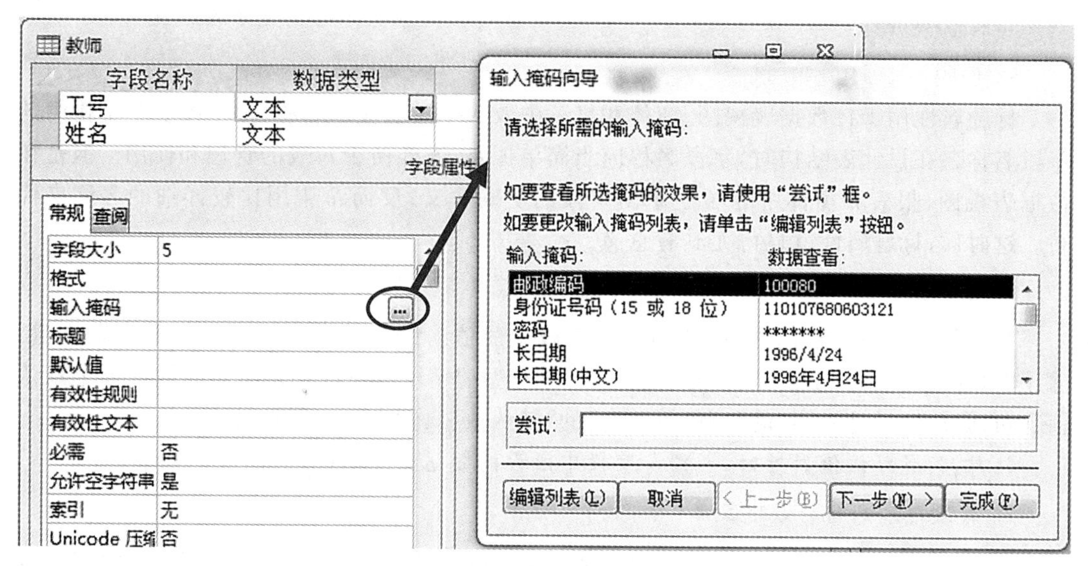

图 2-18　“输入掩码”对话框

2-4 所示为可用于定义输入掩码的字符。

表 2-4　用于定义输入掩码的字符

字符	含义
0	必须输入数字(0～9)
9	可以选择输入数字(0～9)或空格
#	可以选择输入数字(0～9)或空格(允许添入加号和减号)
L	必须输入字母(A～Z)
?	可以选择输入字母(A～Z)
A	必须输入字母或数字
a	可以选择输入字母或数字
&	必须输入任意一个字符或空格
C	可以选择输入任意一个字符或空格
. : ; － /	分别为小数点占位符及千位、日期与时间的分隔符等
<	将所有字符转换为小写
>	将所有字符转换为大写
!	使输入掩码从右到左显示，默认是从左到右显示。
\	使接下来的字符以原义字符显示(例如，\A 只显示为 A)

例 2-6　为“教师”表的“工号”字段定义“输入掩码”属性。

“工号”是全数字文本型字段，位数固定，共 5 位数字且是必须输入的，所以在“工号”的“输入掩码”属性栏输入：00000，以确保必须输入 5 位数字字符。

注意：如果为某字段定义了输入掩码属性，同时又设置了它的格式属性，则在添加或编辑数据时，Access将使用输入掩码，而“格式”设置则在数据显示时优先于输入掩码。

5. 标题

标题属性用于在数据表视图、窗体和报表中取代字段的显示名称，但不改变表结构中的字段名称。在设计表结构时，字段名称应当简单扼要，这样便于对表的管理和使用。但是在数据表视图、报表和窗体中为了表示出字段的明确含义，反而希望用比较详细的名称来代替。这时候，标题属性就显得尤其有意义。

6. 默认值

默认值是指添加新记录时，自动加入字段中的值。设置默认值可以减少数据输入量。除了“自动编号”和“OLE对象”类型以外，其他类型的字段都可以在定义表时设置一个默认值。可通过在“设计视图”的“字段属性”框的“默认值”属性中输入默认的值。

注意：设置默认值属性时，必须与字段中所设的数据类型相匹配，否则会出现错误。

7. 有效性规则与有效性文本

“有效性规则”是Access中另一个非常有用的属性，它用来检查字段的输入值是否符合要求。设置了有效性规则后，当用户输入的数据违反了有效性规则就会弹出有效性文本中设置的提示信息。

一般情况下，“有效性文本”只能与“有效性规则”属性配套使用。表2-5给出了一些设置示例。

表2-5　字段有效性规则与有效性文本设置示例

有效性规则设置	有效性文本设置
＜＞0	请输入一个非0值
＞＝0 and ＜＝100	输入成绩值在0到100之间
(Date()－[入校日期]/365)	用当前时间计算校龄
＞＝＃2010-1-1＃ and ＜＝＃2010-12-31＃	日期必须是在2010年内
"男" or "女"	性别只能输入男或者女

注意：日期/时间类型的常量表示要用“＃”作为标识符。

例2-7　对“教师”表的“年龄”字段设置有效性规则，限定该字段值只能输入10到200之间的值，否则提示“输入数据不合法！”。

步骤如下：

(1)打开“教学管理系统”数据库，右击“教师”表，在弹出来的下拉列表中，单击“设计视图”。

(2)选择年龄字段，在设计视图的“字段属性”区的“有效性规则”属性单元格中输入：＞＝10 And ＜＝150。

当然，有效性规则的设置也可以由“表达式生成器”生成。具体方法是，单击“有效性规则”单元格最右侧的“表达式生成器”按钮，启动“表达式生成器”对话框，如图2-19所示，输入有效性规则的表达式，单击“确定”按钮即可。

(3)在“有效性文本”属性单元格中输入：输入数据不合法！(提示信息不需要加入引号。)

(4)输入完成后的“年龄”属性栏如图 2-20 所示,保存当前设置。

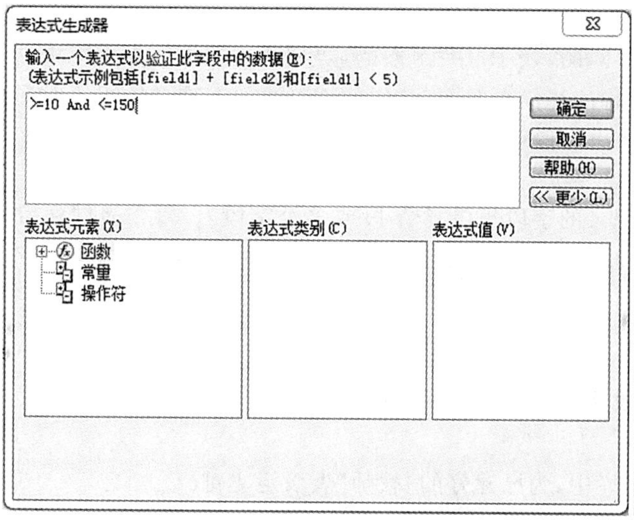

图 2-19　“表达式生成器”中设置有效性规则 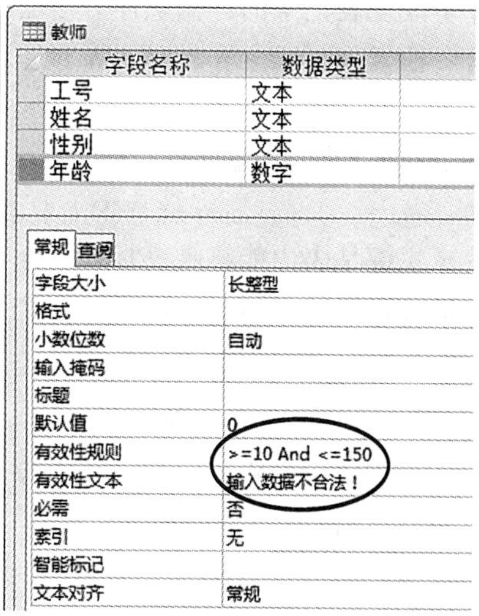　　图 2-20　设置“年龄”的有效性规则和文本

在向“教师”表输入数据时,当“年龄”字段输入的值不符合“有效性规则”,系统会自动给予提示,如图 2-21 所示。

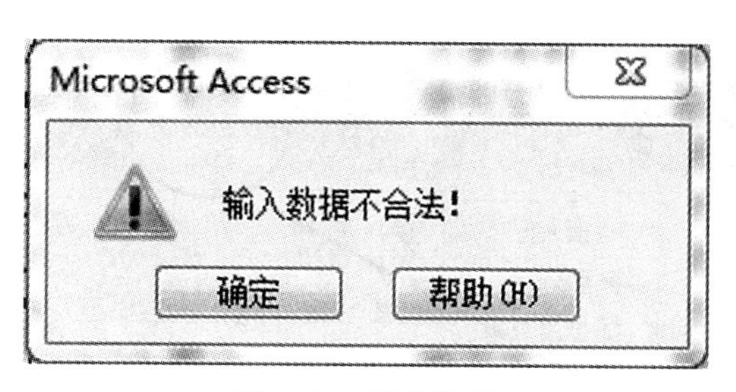

图 2-21　错误提示

8. 新值属性

用于指定在表中添加新记录时,“自动编号”类型字段的递增方式。

9. 索引

索引类似于目录,通过目录直接定位所要查找内容的页码,可以非常快速地找到所查内容的位置,非常方便。在 Access 2010 中,可以对文本、备注、数字、货币、日期/时间、自动编号、是/否和超链接等类型的字段进行索引设置。根据经验,通常对经常搜索的字段、查询中的连接字段、排序字段建立索引,可以提高这些操作的速度。

Access 提供了 3 个索引选项,分别是:“无”,表示本字段无索引;“有(有重复)”,表示本字段有索引,且各记录中的数据可以重复;“有(无重复)”,表示本字段有索引,且各记录中的数据不允许重复。如,对于教师表来说,工号可以唯一确定一条教师记录,但年龄可能有多个教师相同,则“工号”字段可设置为“有(无重复)”的索引,而“年龄”字段只能设置为“有(有重复)”的索引。

在 Access 中,可以为一个字段建立索引,也可以将多个字段组合起来建立索引。如果有多个索引，则可将其中的一个设置为主索引，记录将按主索引的升序或降序显示，但索引并不改变表记录的存储顺序。

注意：在 Access 2010 中，不能对“附件”和“OLE 对象”类型的字段使用索引。

2.3.4 创建主键

主键是表中能够唯一标识一条记录的字段集(1 个字段或多个字段)。每张表创建后都应该设定主键(特殊情况除外)，用它唯一标识表中的每一行数据。在 Access 2010 中，设置表的主键有 3 种方法。

1. 单字段主键设置

单字段主键指的是仅由 1 个字段构成主键。如“教师”表的主键是“工号”，“课程”表的主键是“课程号”。

例 2-8 在“教学管理系统”数据库中，为已建好的“教师”表设定主键。

操作步骤如下：

(1)打开“教学管理系统”数据库。

(2)右击“教师”表，在弹出来的下拉列表中，单击“设计视图”。打开如图 2-22 所示的界面。

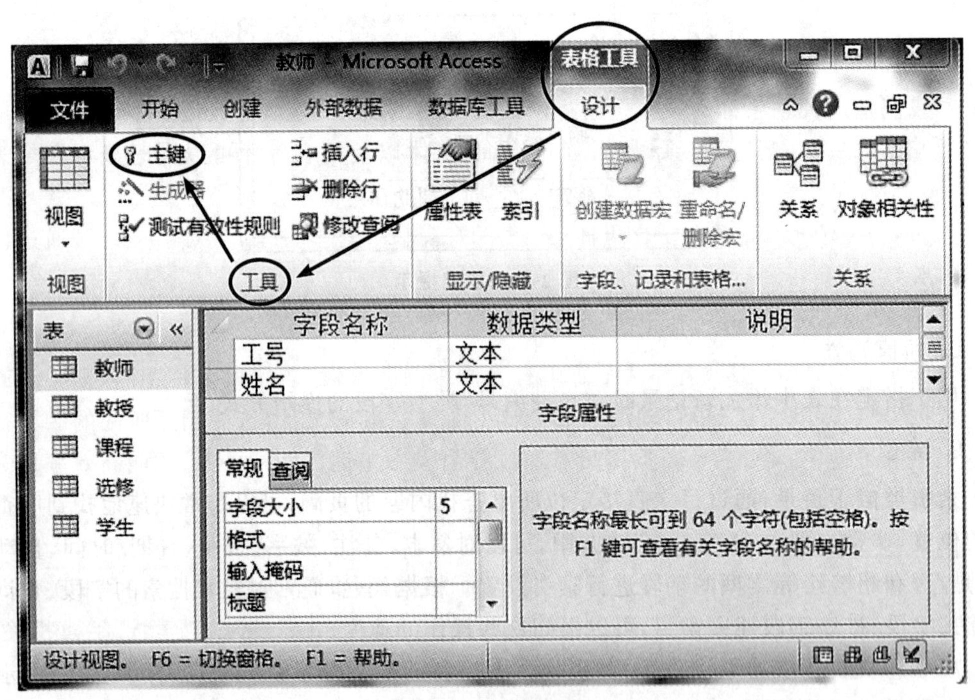

图 2-22 设置“主键”

(3)选定“工号”字段，直接单击表格“设计”选项卡“工具”选项组中的“主键”按钮，单击“保存”即可。

2. 多字段主键设置

多字段主键指的是由两个或两个以上的字段组合成主键。如“授课”表的主键是“工号＋课程号”的组合,“选修”表的主键是“学号＋课程号”的组合。

例 2-9 在“教学管理系统”数据库中,为已建好的“授课”表设定主键。

操作步骤如下:

(1)打开“教学管理系统”数据库,以设计视图方式打开“授课”表。

(2)按住 Ctrl 键,依次选定“工号＋课程号”字段,单击表格“设计”选项卡“工具”选项组中的“主键”按钮,单击“保存”即可。

2. 自动编号类型字段主键设置

Access 将自动编号类型字段默认定义为主键,无需设置。使用数据表视图创建表时,系统自动生成一个自动编号的“ID”字段,并把它默认为新表的主键。使用设计视图创建表时,如果在保存新表之前没有设置主键,则此时 Microsoft Access 将询问是否创建主键,在例 2-5 中我们单击了“否”。若单击“是”,则系统将为新表创建一个“自动编号”字段作为主键。

注意:要取消已经设置的主键,只需按照设置主键的方法再操作一次即可。

2.3.5 建立表间关系

一个数据库中可以存放多张表格,但这些表格不是独立存在的,它们之间存在着相互的联系。我们把这种联系称为关系。通过定义表之间的关系,可以将数据库中各个表中的信息联系起来。只有定义了关系以后,创建查询、窗体以及报表等才可以同时显示多个表的信息。

Access 中表间的关系主要有两种:一对一关系和一对多关系,多对多关系可通过两个一对多关系实现。

1. 关系的建立

在两个表间建立关系,需要两个表中有名称相同的字段(若字段名称不同,则必须有相同的数据类型,除非主键是“自动编号”类型)。而且一般情况下,这些相互匹配的字段往往是各表中的关键字。Access 数据库只有通过各个表中主键之间的关系,才能高效率地完成各种数据库的强大功能。

例 2-10 在“教学管理系统”数据库中,建立各表之间的关系。

首先分析各个表之间的内在联系。如“教师”表与“授课”表通过“工号”字段相关联,“授课”表与“课程”表通过“课程号”字段相关联,“学生”表与“选修”表通过“学号”字段相关联,“选修”表与“课程”表通过“课程号”相关联。

具体操作步骤如下:

(1)打开“教学管理系统”数据库,关闭当前所有打开的表(不能在已打开的表之间创建或修改关系)。

(2)在“数据库工具”选项卡中,单击“关系”选项组中的“关系”按钮,打开关系布局窗口(这时界面呈现“设计”选项卡下的“工具”和“关系”组,如图 2-23 所示。对表关系的一系列操作都是通过这两个组中的功能按钮来实现的）。

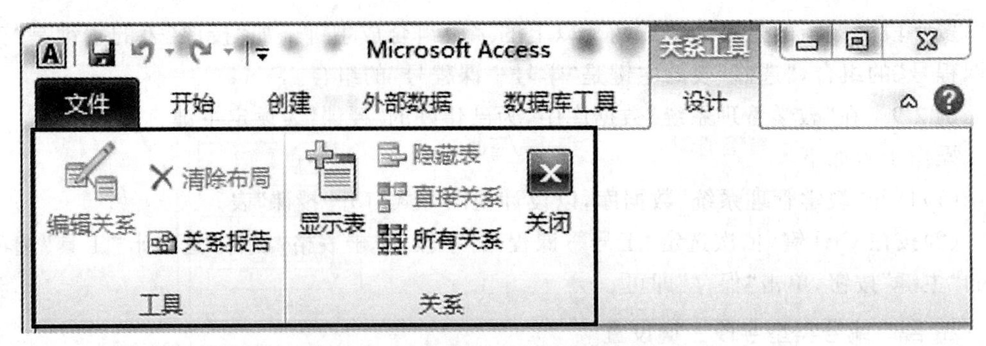

图 2-23 “工具”和“关系”组功能按钮

其中，“编辑关系”命令：可对表关系进行修改，可以进行实施参照完整性、设置连接类型、新建表关系等操作；

“清除布局”命令：系统将清除窗口中的布局。

“关系报告”命令：在这里可以进行关系打印、页面布局等操作。

“显示表”命令：显示当前数据库的所有表，用以添加到关系布局窗口中。

“隐藏表”命令：在“关系”窗口中隐藏该表。

“直接关系”命令：可以显示与窗口中的表有直接关系的表。如在窗口中只显示了“教师”表，那么当单击该按钮后，会显示隐藏的“授课”表、“课程”表等。

“所有关系”命令：显示该数据库中的所有表关系。

(3)在打开的“显示表”对话框中（如果没有弹出“显示表”对话框，可以在关系布局窗口中右击鼠标，选择快捷菜单中的“显示表”命令打开该对话框），选择“表”选项卡，分别双击“教师”表、“授课”表、“课程”表、“选修”表、“学生”表，将其添加到“关系”窗口中。如图 2-24 所示。

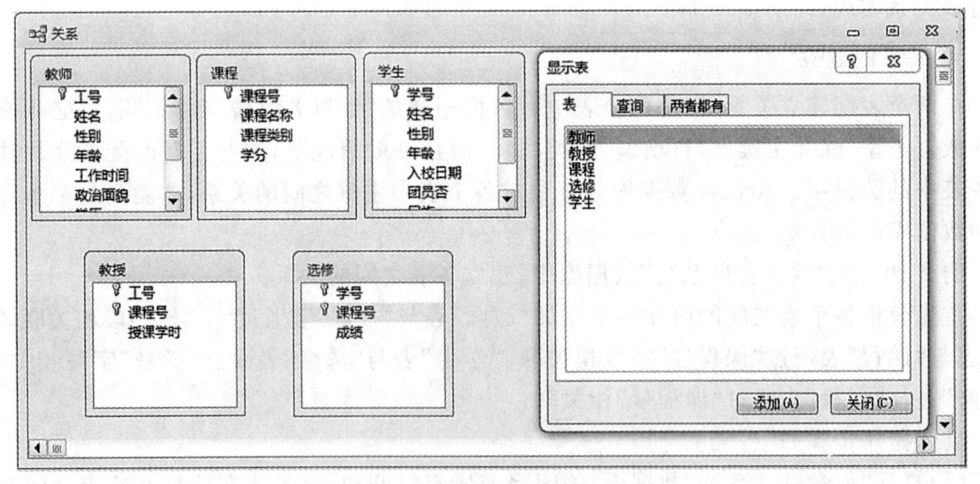

图 2-24 关系布局窗口中添加表

(4)关闭“显示表”窗口，并依次选取表，将它们拖动到合适的地方并调整布局。

(5)创建关系。在“关系”窗口中，选定“教师”表中的“工号”字段，然后按下鼠标左键并拖动到“授课”表中的“工号”字段上，松开鼠标。此时屏幕显示如图 2-25 所示的“编辑关系”对话框。

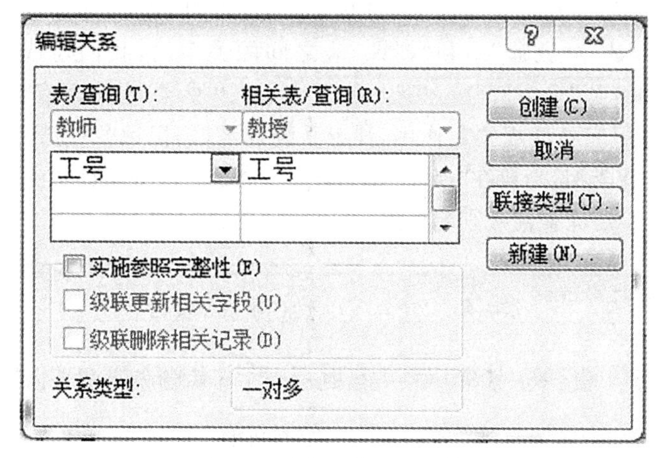

图 2-25　“编辑关系”对话框

(6)根据需要设置关系选项。如可以选择“实施参照完整性”选项，然后单击“创建”按钮，则建立了“教师”表和“授课”表之间的关系。此时在两张表的关联字段之间会出现一条连线，并在连线的两端分别标注了“1”和“∞”，表明两张表之间建立了一对多联系。

(7)重复以上步骤，依次定义各表之间的关系，结果如图 2-26 所示。

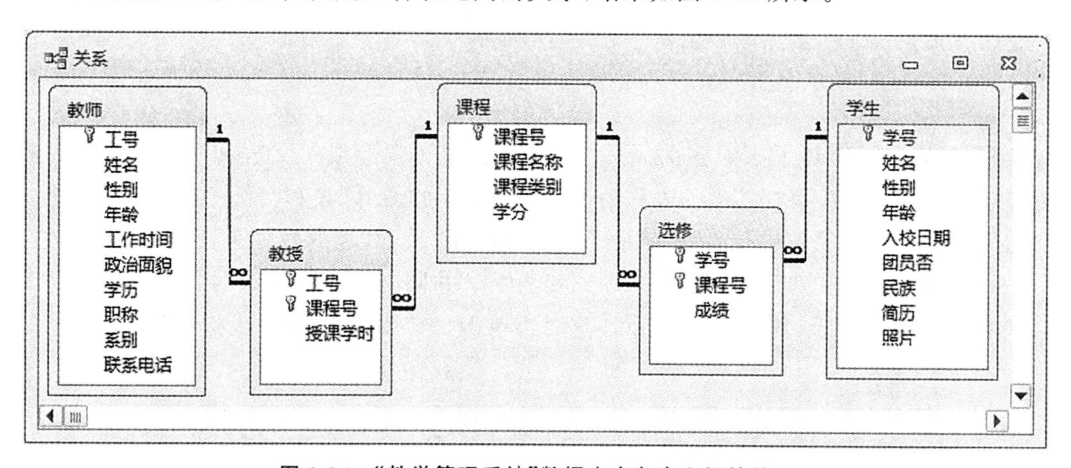

图 2-26　“教学管理系统”数据库中各表之间的关系

(8)单击工具栏中的“保存”按钮，保存表之间的关系，单击“关闭”按钮，关闭“关系”窗口。

注意：如果在创建关联关系时未实施参照完整性，则在表间的连线上不会出现“1”和“∞”。如果要修改关联关系，双击相应的关联关系连接线即可弹出“编辑关系”对话框进行修改。

2. 实施参照完整性

参照完整性是对相关联的两张表之间的约束。当更新、删除、插入一张表中的数据时，通过参照引用相互关联的另一张表中的数据，来检验对表的数据操作是否正确。

在Access数据库中实施参照完整性后会产生以下作用：①不能在相关表的外键字段中输入不存在于主表主键中的值。②如果在相关表中存在匹配的记录，不能从主表中删除这个记录。③如果某个记录有相关的记录，则不能在主表中更改主键值。

例如，在例2-10建立"教师"表和"授课"表之间的关系时，我们勾选了"实施参照完整性"选项，则当要在"教师"表中删除一条记录时，由于在"授课"表中保存着该教师记录的多项授课记录，这时参照完整性规则起作用，弹出系统提示框，提示"不能删除或改变该记录"，如图2-27所示。与此类似，当要在"授课"表中输入一条新记录时，如果在"教师"表中不存在该教师的工号，这时参照完整性规则起作用，弹出系统提示框，提示"不能添加或修改记录"。

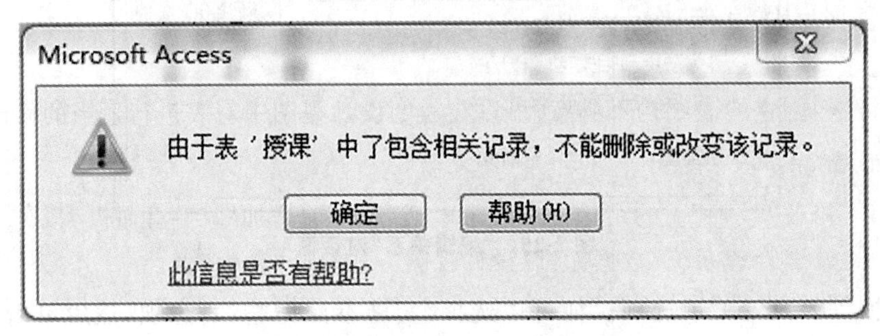

图2-27　删除记录时参照完整性提示

值得一提的是，如果设置了"级联更新相关字段"复选框，在主表中更改主键值，将自动更新所有相关记录中的匹配值。如果设置了"级联删除相关记录"复选框，删除主表中的记录，将删除任何相关表中的相关记录。

3. 建立父子表

当两张表之间创建了一对多关系后，这两张表之间就形成了父表和子表的关系。将"一"端的表称为父表，将"多"端的表称为子表。例如，为"教师"表和"授课"表创建一对多关系后，"教师"表就是父表，"授课"表就是子表。可以在"教师"表的数据表视图中，单击教师工号95010记录左侧的"+"按钮，"+"即刻变为"-"并同时显示出子表"授课"表中工号为95010的所有授课记录，如图2-28所示。这时再单击"-"按钮，可将子表折叠。

教师

工号	姓名	性别	年龄	工作时间	政治面	学历
95010	张乐	女	44	1997/11/10	党员	大学本科

课程号	授课学时	单击以添加
101	32	
102	48	
*		

工号	姓名	性别	年龄	工作时间	政治面	学历
95011	赵希明	女	39	2005/1/25	群众	研究生
95012	李小平	男	51	1991/5/19	党员	研究生
95013	李历宁	男	40	2001/10/29	党员	大学本科
96010	张爽	男	53	1987/7/8	群众	大学本科
96011	张进明	男	36	2005/1/26	团员	大学本科

记录：第1项(共2项)　无筛选器　搜索

图2-28　"教师"表展开的子表"授课"表

2.4　维护数据表

要使一个数据库能够真实反映事物的特征和需求的变化，则它的结构和记录就需要及时修改更新。因此，对表的编辑工作就显得尤为有意义。在这一小节中，将介绍如何修改表的结构、对表及表中记录的操作方法以及对表外观的设置。

2.4.1　表结构的修改

如果对已经创建的表结构不满意，可以在表的设计视图中对表进行适当的修改。

1. 添加/删除字段

例 2-11　修改“教师”表的结构，在“联系电话”字段前增加“家庭住址”字段。

(1)打开“教学管理系统”数据库，以设计视图方式打开“教师”表。

(2)选中“联系电话”字段行，然后单击功能区“表格工具/设计”选项卡下“工具”组中的“插入行”按钮，在插入空白行中，字段名称列下输入字段名“家庭住址”，同时定义数据类型为“备注”类型，如图 2-29 所示。

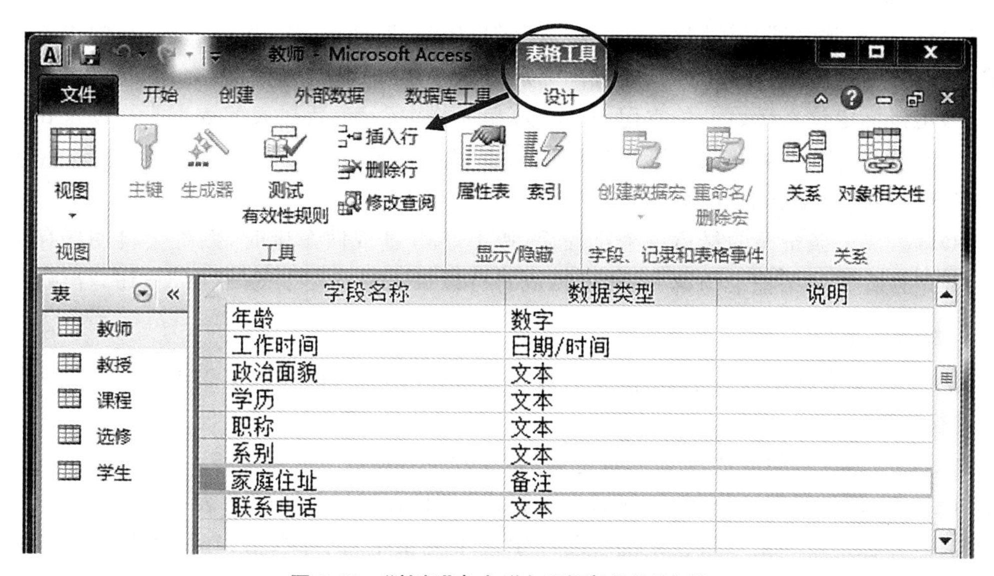

图 2-29　“教师”表中增加“家庭住址”字段

(3)完成对表中字段的修改后，单击工具栏上的“保存”按钮即可。

添加字段还有一种更快捷的方法是将鼠标指向要插入的位置，单击右键，在快捷菜单中选择“插入行”。

删除字段的步骤和添加字段类似，直接在设计视图中选中需要删除的字段，单击右键，在快捷菜单中选择“删除行”即可。

2. 更改/移动字段

更改字段主要是指更改字段的名称。字段名称的修改不会影响数据类型,字段的属性也不会发生变化。当然数据类型、字段属性也可以进行修改,其操作同创建字段时一样。在设计视图中选择需要修改的字段,然后输入新的名称。或者在数据表视图中,选择要修改的字段,鼠标右击,在属性菜单中选择“重命名字段”。

移动字段比较简单,直接在设计视图中,单击要移动字段左侧的字段选定块,然后拖动鼠标到要移动的位置上放开,字段就被移动到新的位置上了。

注意:表是数据库的基础,对表结构的修改,会对整个数据库产生较大的影响。因此,对表结构的修改应该慎重,最好事先备份。

2.4.2 记录的操作

确定表结构后,就可以打开表的“数据表视图”对表中的记录进行添加、删除、修改、排序、筛选等操作。

1. 添加记录

例 2-12 向“教师”表中添加新记录。

操作步骤如下:

(1)打开“教学管理系统”数据库,在“表”对象中找到“教师”表,鼠标右击,在弹出的快捷菜单中,选择“打开”命令(以“数据表视图”方式打开“教师”表)。

(2)用鼠标定位在最后一条空记录“工号”单元格中(一个新建表的数据表视图仅在表的顶端显示表的字段名称,并在其下面显示一条空记录),输入所需要的记录,此时,Access 自动在其下方新增一条新的空白记录。

(3)输入完一条记录的最后一个字段后,按下 Tab 键或回车键时,系统会自动保存本条记录,并定位在下一条记录的第一个字段,或者可以单击工具栏中的“保存”按钮,存储记录。

2. 修改记录

表中的记录数据输入完毕后,需要对数据进行修改时,可以在数据表视图中直接对记录数据进行修改。

例 2-13 修改“学生”表中第一条记录的“照片”字段。

(1)打开“教学管理系统”数据库,以“数据表视图”方式打开“学生”表。

(2)使光标定位在第一条记录的“照片”字段单元格中,鼠标右击,在弹出的快捷菜单中选择“插入对象”。

(3)在弹出的对话框中选择“由文件创建”选项,如图 2-30 所示。单击“浏览”,在选定的目录中选择需要的图片,单击“确定”按钮,即修改了“照片”字段的值。

3. 删除记录

在数据表视图中,单击要删除记录的“记录选定器”(记录行最左侧的区域,如图 2-31 所示),选定要删除的记录,单击“开始”选项卡上“记录”选项组中的“删除”按钮或按 Delete 键,在确认删除对话框中单击“是”按钮,即删除所选定的记录。

注意:如果两表间建立了参照完整性,则当删除父表中与子表中存在匹配的记录时,不

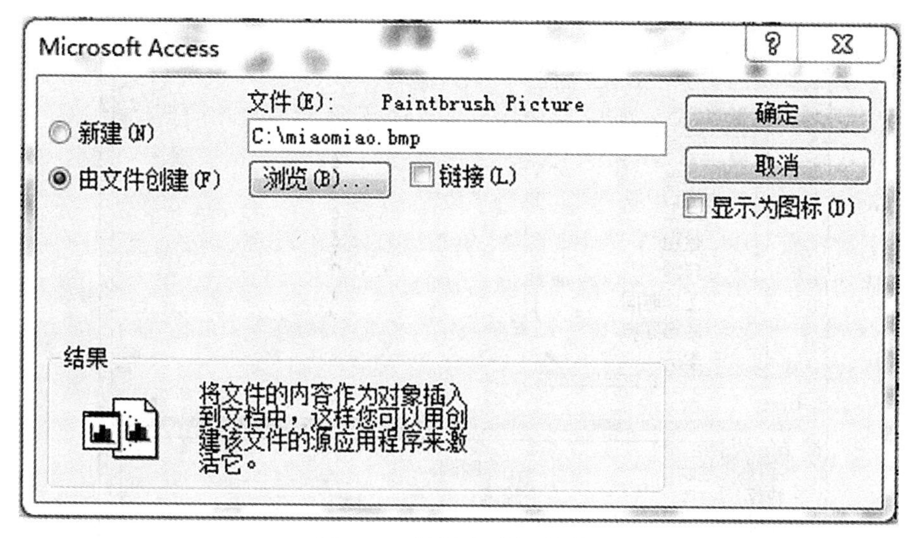

图 2-30　“插入”对象对话框

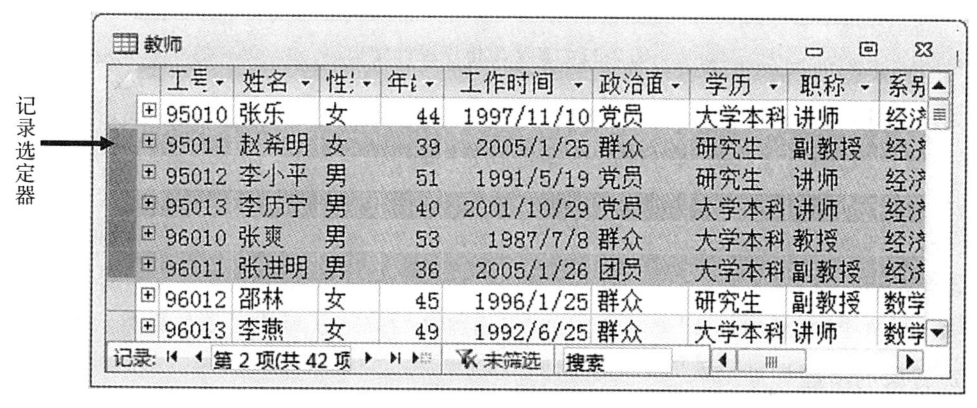

工号	姓名	性别	年龄	工作时间	政治面	学历	职称	系别
95010	张乐	女	44	1997/11/10	党员	大学本科	讲师	经济
95011	赵希明	女	39	2005/1/25	群众	研究生	副教授	经济
95012	李小平	男	51	1991/5/19	党员	研究生	讲师	经济
95013	李历宁	男	40	2001/10/29	党员	大学本科	讲师	经济
96010	张爽	男	53	1987/7/8	群众	大学本科	教授	经济
96011	张进明	男	36	2005/1/26	团员	大学本科	副教授	经济
96012	邵林	女	45	1996/1/25	群众	研究生	副教授	数学
96013	李燕	女	49	1992/6/25	群众	大学本科	讲师	数学

图 2-31　记录选定器

能从父表中删除该记录，系统会弹出提示框，提示“不能删除或改变记录”。

4. 记录的排序

在 Access 2010 中，用户可以根据需要按表中的一个或多个字段的值，对整张表中的全部记录按升序或降序重新排列记录的次序。

(1)单字段排序

在“数据表视图”中，选定要排序的字段，单击“开始”选项卡上的“排序和筛选”选项组中的“升序”或“降序”按钮，就可以实现单个字段的排序。

(2)多字段排序

例 2-14　在“教师”表中，先按“性别”升序排序，再按“工作时间”降序排序。

操作步骤如下：

(1)用“数据表视图”打开“教师”表，选择“开始”选项卡→“排序和筛选”功能组，单击“高级”下拉列表→“高级筛选/排序”命令，打开排序筛选设计窗口。窗口的上半部分显示了“教师”表的字段列表，下半部分是设计风格，如图 2-32 所示。

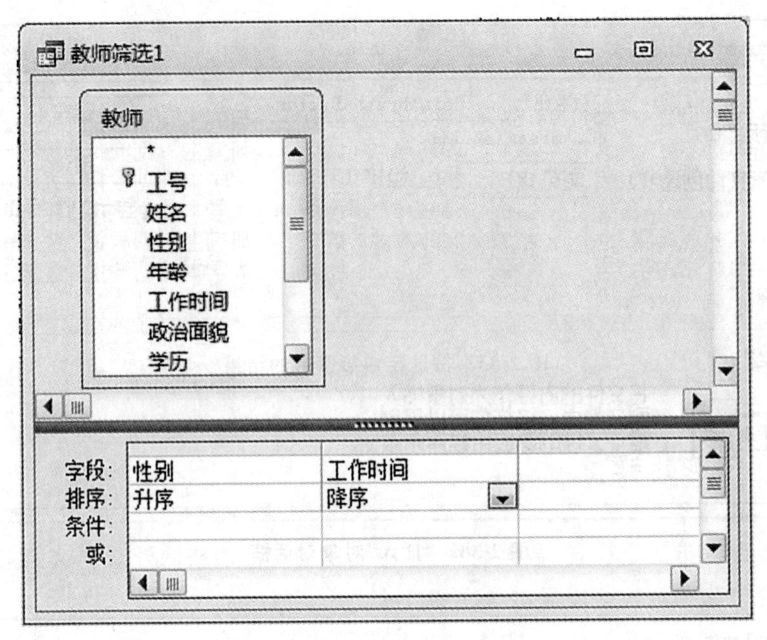

图 2-32　多字段排序设计窗口

(2)在排序筛选设计窗口的设计网格中,“字段”行第 1 列选择“性别”字段,排序方式选“升序”;第 2 列选择“工作时间”字段,排序方式选“降序”。

(3)单击“开始”选项卡→“排序和筛选”功能组,单击“高级”下拉列表→“应用筛选/排序”命令,可观察排序结果。

注意:关闭“教师”表时,可选择是否将排序结果与表一起保存。若要取消排序,可以单击“开始”选项卡“排序和筛选”功能组中的“取消排序”按钮,从而恢复表的原始状态。

5. 记录的筛选

记录的筛选是将符合筛选条件的记录显示出来,而其他记录被暂时隐藏起来,方便用户查看。它是实现表中数据查找的一种操作。Access 2010 提供了多种筛选方法,如按选定内容筛选、使用筛选器筛选、按窗体筛选等。

例 2-15　在“教师”表中筛选出职称是“副教授”的所有记录。

操作步骤如下:

(1)在“教学管理系统”数据库中,用“数据表视图”打开“教师”表。

(2)单击“职称”字段中任意一个职称为“副教授”的单元格。

(3)在“开始”选项卡的“排序和筛选”功能组中,单击“选择”按钮,在弹出的下拉菜单中,单击“等于‘副教授’”命令,完成筛选。结果如图 2-33 所示。

注意:可以通过“开始”选项卡“排序和筛选”选项组中的“切换筛选”命令来取消,从而恢复表的原貌。

教师

工号	姓名	性别	年龄	工作时间	政治面目	学历	职称	系别	联
96017	郭新	女	53	1989/6/25	群众	研究生	副教授	经济	6
98016	李红	女	44	1998/4/29	团员	研究生	副教授	经济	6
99021	李丹	男	48	1994/6/18	团员	大学本科	副教授	经济	6
99022	王霞	女	46	1996/6/18	群众	大学本科	副教授	经济	6
95011	赵希明	女	39	2005/1/25	群众	研究生	副教授	经济	6
96011	张进明	男	36	2005/1/26	团员	大学本科	副教授	经济	6

记录: 第 1 项(共 16 项　已筛选　搜索

图 2-33　按选定内容筛选的结果

2.4.3　表外观的设置

表的外观设置指的是设置"数据表视图"中显示的二维表格的外观。这里主要介绍数据表格式的设置方法和调整字段显示次序的方法。

1. 设置数据表格式

设置数据表格式是指设置单元格效果、网格线和背景色等。

例 2-16　将"选修"表数据表视图的单元格效果设置为"凹陷",背景色为"浅灰 2"。

操作步骤如下:

(1)以"数据表视图"方式打开"选修"表。

(2)单击"开始"选项卡"文本格式"选项组右下角的"　"按钮,打开"设置数据表格式"对话框,如图 2-34 所示。

(3)在对话框中将"单元格效果"设置为"凹陷",背景色在下拉列表中根据说明信息选择"浅灰 2",单击"确定"按钮,效果如图 2-35 所示。

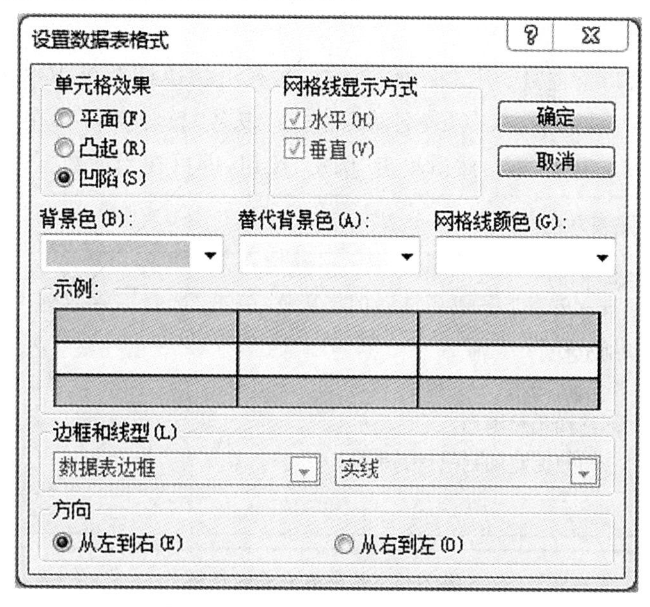

图 2-34　"设置数据表格式"对话框

选修

学号	课程号	成绩
980102	102	88
980104	102	77
980301	102	79
980302	102	76
980303	102	96
980305	102	69
980306	104	85
980306	105	77
980307	105	63
980307	106	79

记录: 第 1 项(共 29 项 无筛选器

图 2-35 选修表的“凹陷”效果

2. 调整字段的显示次序

在数据表视图中打开表时，用户可以重新设置字段的显示次序来满足不同的查看要求。

例 2-17 交换“选修”表中“学号”和“课程号”字段的位置。

(1)以“数据表视图”方式打开“选修”表，单击字段名称“学号”，选定“学号”列。

(2)把鼠标放在字段名称“学号”上，按下左键并拖动到“课程号”字段之后的位置即可。

2.4.4 表的简单操作

1. 复制表

例 2-18 将“教师”表进行复制，得到“教师备份”表对象。

(1)打开“教学管理系统”数据库，在“表”对象中右击“教师”表，在弹出的快捷菜单中，选择“复制”命令。

(2)在数据库窗口空白处，用鼠标单击右键，在弹出的快捷菜单中选择“粘贴”命令。在弹出的“粘贴表方式”对话框中，在“表名称”栏输入表名“教师备份”，在“粘贴选项”中选择“结构和数据”，如图 2-36 所示。然后单击“确定”按钮，即可在当前数据库中完成复制操作。

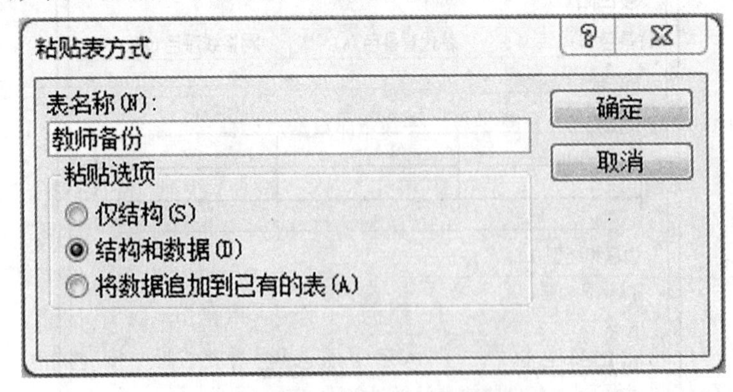

图 2-36 粘贴表方式对话框

2. 重命名和删除表

这两种简单的操作都可通过直接单击“表”对象，找到要重命名或删除的表，然后右键单击，在弹出的快捷菜单中，选择“重命名”/“删除”命令选项即可。

3. 导入/导出表

用户可以将 Excel 电子表格、文本文件或 XML 文件中的数据导入 Access 2010 数据库中。

例 2-19　将“授课表.xlsx”Excel 电子表格文件记录的数据导入“教学管理系统”数据库的“授课”表对象中。

（1）打开“教学管理系统”数据库（此时不能打开任何表）。

（2）在“外部数据”选项卡上的“导入并链接”功能组中，单击“Excel”按钮，弹出“获取外部数据-Excel 电子表格”对话框，如图 2-37 所示。

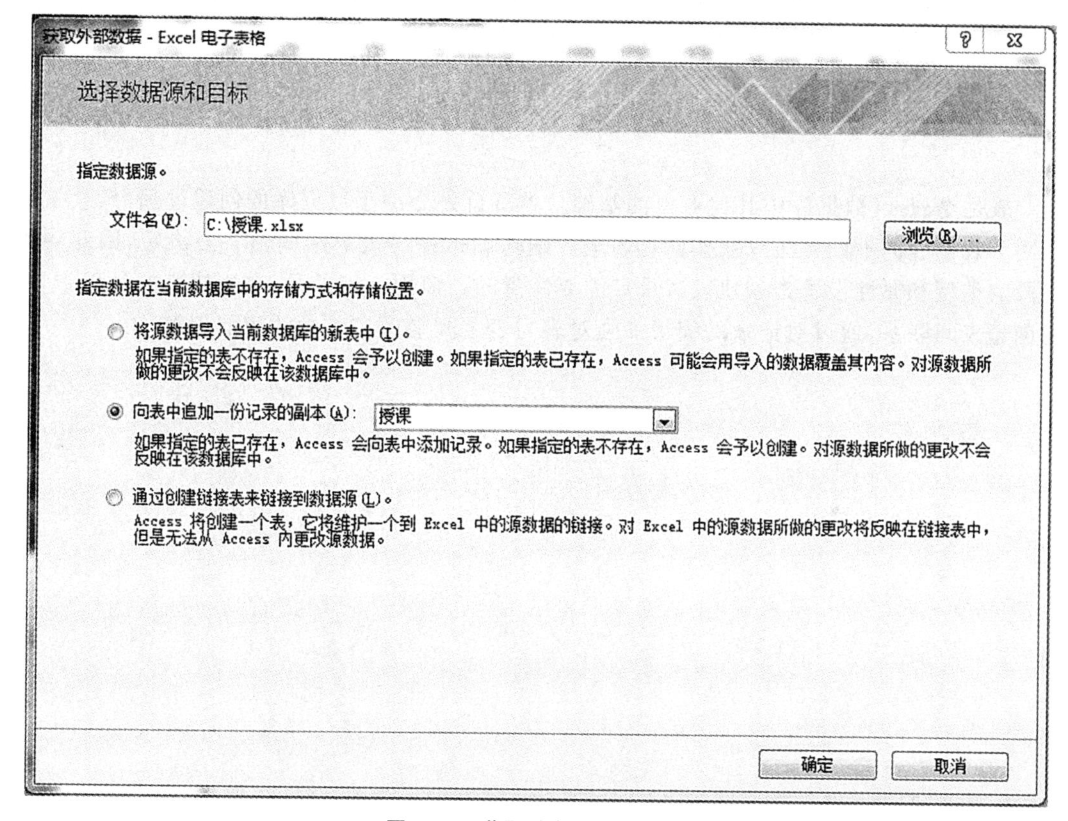

图 2-37　获取外部数据对话框

（3）选择数据源和目标。在对话框中单击“浏览”按钮，找到“授课.xlsx”文件，选中“向表中追加一份记录的副本”单选按钮，并在其右侧下拉列表框中选定“授课”表，单击“确定”按钮。

（4）选择合适的工作表或区域。选中“授课”工作表，单击“下一步”按钮。

（5）确定第一行是否包含列标题。默认选中该选项，单击“下一步”按钮。

（6）指定将全部数据导入“授课”表中，单击“完成”。

(7)不用保存导入步骤,直接单击“关闭”按钮完成“授课”表的导入操作。

注意:“授课”表的主键字段“工号+课程号”不允许有重复值或空值,因此,违反了这一原则的相关记录不会被导入。

表的导出功能是将 Access 2010 数据表中的记录导出,以 Excel 电子表格、文本文件或 Word 文件格式存储在磁盘上。

例 2-20 导出“教学管理系统”数据库中“教师”表的记录数据,并以 Excel 电子表格形式存储在磁盘上。

(1)以“数据表视图”方式打开“教师”表。

(2)在“外部数据”选项卡上的“导出”功能组中,单击“Excel”按钮,弹出“导出-Excel 电子表格”对话框。

(3)在对话框中指定文件名和文件格式,设置文件保存位置,单击“确定”按钮。

(4)不用保存导出步骤,直接单击“关闭”按钮完成“教师”表的导出操作。

☑ 本章小结

表是 Access 数据库中其他对象的基础。本章首先介绍了数据库的创建过程,然后重点介绍了表创建的不同方法以及如何对表进行编辑和维护。表的结构由字段决定,因此明确字段的类型和属性设置是创建表时重点需要注意的。值得一提的是,在创建表的过程中,还需创建表间联系,通过对记录的编辑加强对表与表之间参照完整性约束的理解。

第3章　查询

查询是数据中最重要和最常见的应用,它作为 Access 数据库中的一个重要对象,可以让用户根据指定条件对数据库进行检索,将查询到的数据组成一个集合,这个集合中的字段可能来自一个表,也可能来自多个不同的表,这个集合就称为查询。在 Access 数据库中,查询可以用来生成窗体、报表,甚至是生成其他查询的基础。

本章主要讲述查询的相关操作。本章知识结构导航如图 3-1 所示。

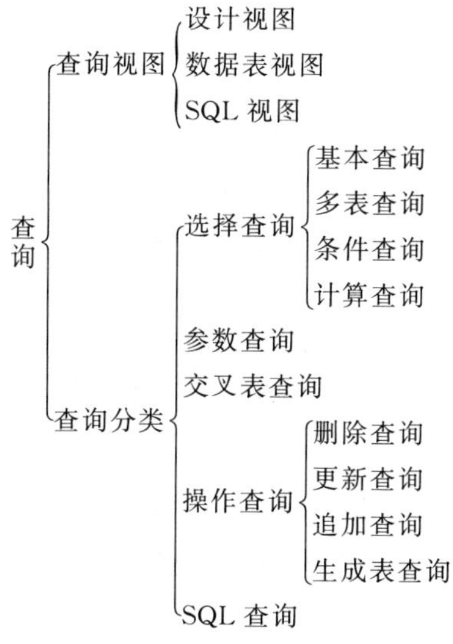

图 3-1　本章知识结构导航

3.1　查询的基本概念

3.1.1　查询的概念与作用

查询是 Access 2010 数据库的主要对象,是 Access 2010 数据库的核心操作之一。查询是根据一定的条件,从一个或多个表中提取数据并进行加工处理,返回一个新的数据集合。从表面上看,查询似乎是建立了一个新表,但是,查询只是一张"虚表",是动态的数据集合。

因此,我们把根据指定的条件对表或其他查询进行检索,找出符合条件的记录构成一个新的数据集合,以方便对数据进行查看和分析,称为查询。查询与表一样都是数据库的一个对象。

利用查询可以实现数据的统计分析与计算等操作，同时，查询结果也可以作为其他查询、窗体、报表的数据源。

查询主要有以下几个方面的功能：

(1)选择字段：选择表中的部分字段生成所需的表或多个数据集。

(2)选择记录：根据指定的条件查找所需的记录，并显示查找的记录。

(3)编辑记录：添加记录、修改记录和删除记录(更新查询、删除查询)。

(4)实现计算：查询满足条件的记录，还可以在建立查询过程中进行各种计算。如计算平均成绩、年龄等。

(5)建立新表：操作查询中的生成表查询可以建立新表。

(6)为窗体和报表提供数据：可以作为建立报表和查询的数据源。

3.1.2 查询的种类

1. 选择查询

选择查询是根据指定的条件，从一个或多个表中获取数据并显示结果。它可以对记录进行分组，并且对分组的记录进行求和、计数、求平均值及其他类型的计算。可通过“查询设计视图”或“查询向导”创建。选择查询产生的结果是一个动态的记录集，不会改变源数据表中的数据。

选择查询包括基本查询、多表查询、条件查询、计算查询等。选择查询主要用于浏览、检索、统计数据库中的数据，并最终以动态数据库表的形式显示查询结果。

2. 参数查询

参数查询是一种特殊的选择查询，即根据用户输入的参数作为查询的条件，输入不同的参数，将得到不同的结果。执行参数查询时，将会显示一个对话框，以提示输入参数信息。参数查询可作为窗体和报表的基础。通过“查询设计视图”创建，因为它是一种以询问方式存在的动态查询模式，因此在执行时会显示一个对话框，要求用户输入参数，系统根据所输入的参数找出符合条件的记录。图 3-2 所示就是一个参数查询。

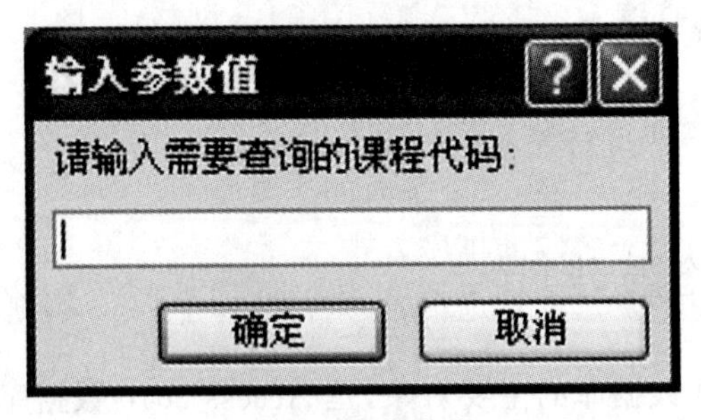

图 3-2 参数查询

3. 交叉表查询

交叉表查询是对基表或查询中的数据进行计算和重构，以方便分析数据。它能够汇总数字型字段的值，将汇总计算的结果显示在行与列交叉的单元格中。通过“交叉查询”向导创建。交叉表查询显示来源于表中某个字段的汇总值，并将它们分组，一组行在数据表的左侧，一组列在数据表的上部。

4. 操作查询

查询除了按指定的条件从数据源中检索记录外，还可以对检索的记录进行编辑操作。操作查询可以分为：删除查询，从一个或多个表中删除一组符合条件的记录；更新查询，对一个或多个表中的一组符合条件的记录进行批量修改某字段的值；追加查询，将一个或多个表中的一组符合条件的记录添加到另一个表的末尾；生成表查询，将查询的结果转存为新表。通过"查询设计视图"创建。操作查询是在一个记录中更改许多记录的查询，查询后的结果不是动态集合，而是转换后的表。

5. SQL 查询

SQL(structure query language)是一种用于数据库的结构化查询语言，许多数据库管理系统都支持该种语言。SQL 查询是指用户通过使用 SQL 语句创建的查询。一个 Access 查询对象实质上是一条 SQL 语句，而 Access 提供的查询设计视图实质上是为我们提供了一个编写相应 SQL 语句的可视化工具。所谓的 SQL 查询就是通过 SQL 语言来创建的查询。

在查询设计视图中创建任何一个查询时，系统都将在后台构建等效的 SQL 语句。大多数查询功能也都可以直接使用 SQL 语句来实现。但有一些无法在查询设计视图中创建的 SQL 查询称为"SQL 特定查询"。

3.1.3　查询视图

1. 设计视图

设计视图即为查询设计器，通过该视图可以创建除 SQL 之外的各种类型的查询。主要用来设计查询的设计窗口，如添加查询表、指定查询字段、设置排序和查询条件等。

查询设计窗口分为上下两部分："字段列表"区（数据源）和"设计网格"区（字段、表、排序、显示、条件、或），上半部分是数据源窗口，用于显示查询所涉及的数据源，可以是数据表或查询；下半部分是查询定义窗口，也称为 QBE 网格，如图 3-3 所示。主要包括以下内容：

（1）字段：查询结果中所显示的字段。

（2）表：查询的数据源，即查询结果中字段的来源。

（3）排序：查询结果中相应字段的排序方式。

（4）显示：当相应字段的复选框被选中时，则在结构中显示，否则不显示。

（5）条件：即查询条件，同一行中的多个准则之间是逻辑"与"的关系。

（6）或：查询条件，表示多个条件之间的"或"关系。

2. 数据表视图

数据表视图可以查看查询的生成结果，以数据表的形式显示查询结果。如图 3-4 所示。

3. SQL 视图

SQL 视图是查看和编辑 SQL 语句的窗口，用于查看和编辑用查询设计器创建的查询

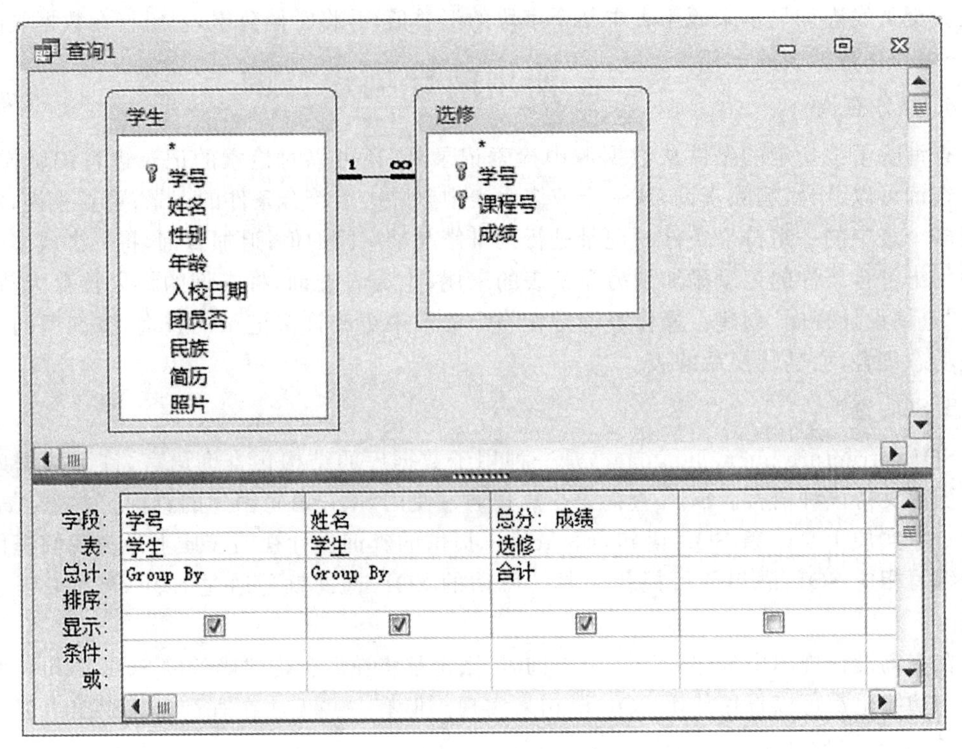

图 3-3 查询设计视图的布局

查询1

学号	姓名	总分
980101	张长小	413
980102	一军	435
980104	李红红	452
980111	成明	420
980306	冯伟	162
980307	王朋	142
980310	马琦	172
980312	文清	107
980317	叶飞	138
980401	任伟	158
990401	吴东	149

记录: 第 12 项(共 12 项) 无筛选器 搜索

图 3-4 数据表视图

所产生的 SQL 语句。SQL 视图用于显示当前查询的 SQL 语句或用于创建 SQL 查询的窗口。其实,建立查询的操作,实质上就是生成 SQL 语句的过程。如图 3-5 所示。

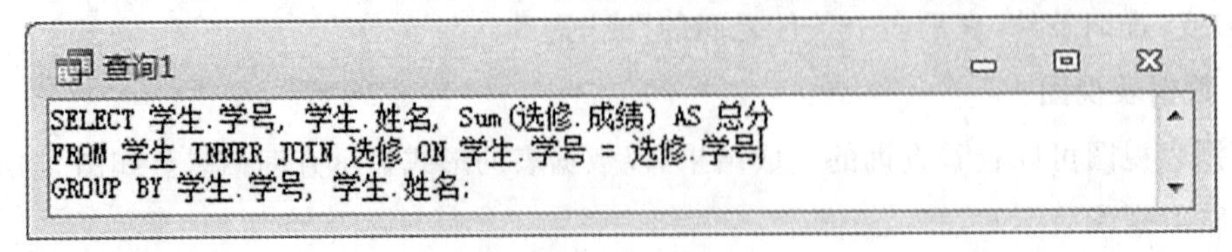

图 3-5 SQL 视图

☑ 3.2　使用向导创建查询

Access 提供了 4 种向导方式创建简单的选择查询，分别是“简单查询向导”“交叉表查询向导”“查找重复项查询向导”和“查找不匹配项查询向导”，以帮助用户从一个或多个表或查询指定的字段中检索数据。

3.2.1　简单查询向导

在 Access 中可以利用简单查询向导创建查询，可以在一个或多个表（或其他查询）指定的字段中检索数据。另外，通过向导也可以对一组记录或全部记录进行汇总统计运算。

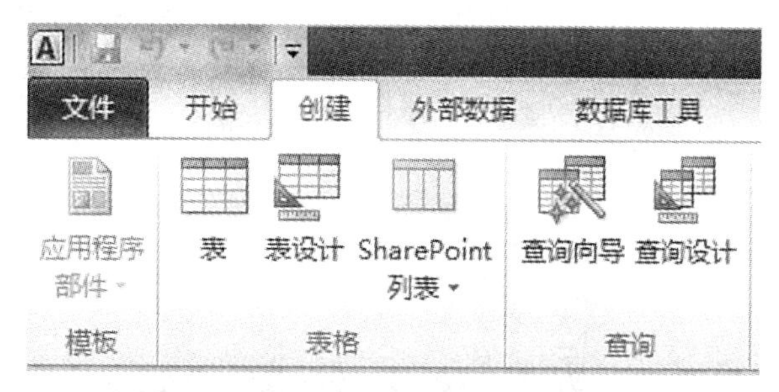

图 3-6　“创建”选项

例 3-1　使用“简单查询向导”查询“教学管理系统”数据库中的部分学生基本信息，结果需显示学号、姓名、性别、入校日期、民族。

(1) 打开“教学管理系统”数据库，在“创建”选项卡中单击“查询向导”按钮（图 3-6）。

(2) 在“新建查询”对话框提供的 4 种查询向导方法中，选择“简单查询向导”选项（图 3-7），单击“确定”按钮。

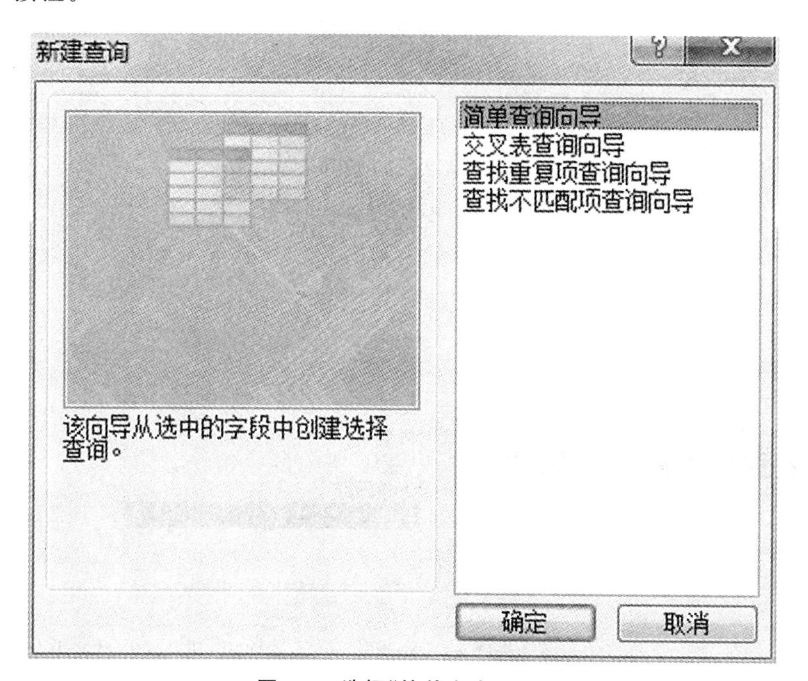

图 3-7　选择“简单查询向导”

(3)根据系统的引导选择参数或输入相应的信息。

①选择数据源(表或查询)及字段:选择“学生”表中的“学号”“姓名”“性别”“入校日期”“民族”字段。

②选择明细查询或汇总查询(根据需求来选择)。

明细查询:显示每条记录的每个字段(根据需求来选择)。

汇总查询:对数值字段进行汇总统计(根据需求来选择)。

如图 3-8、图 3-9 所示。

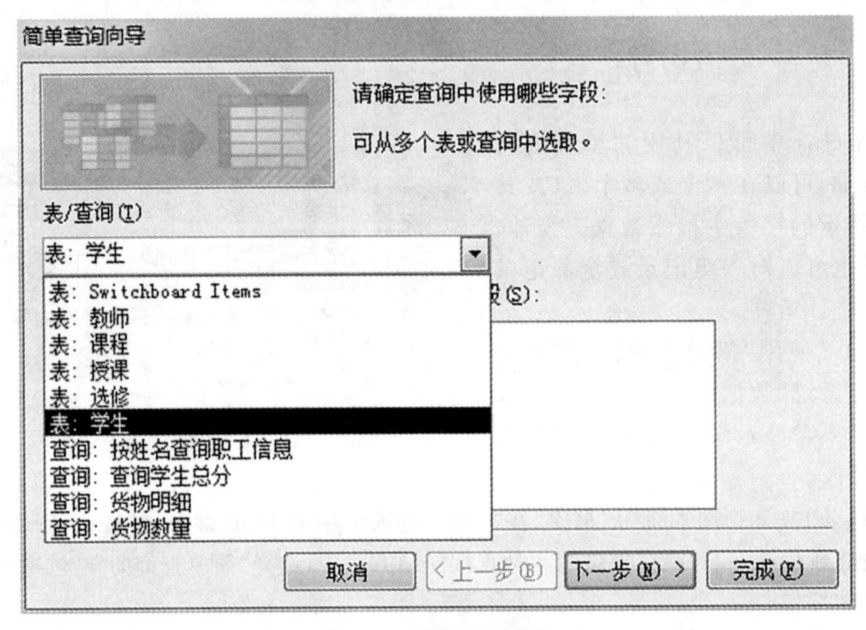

图 3-8　选择“数据源”

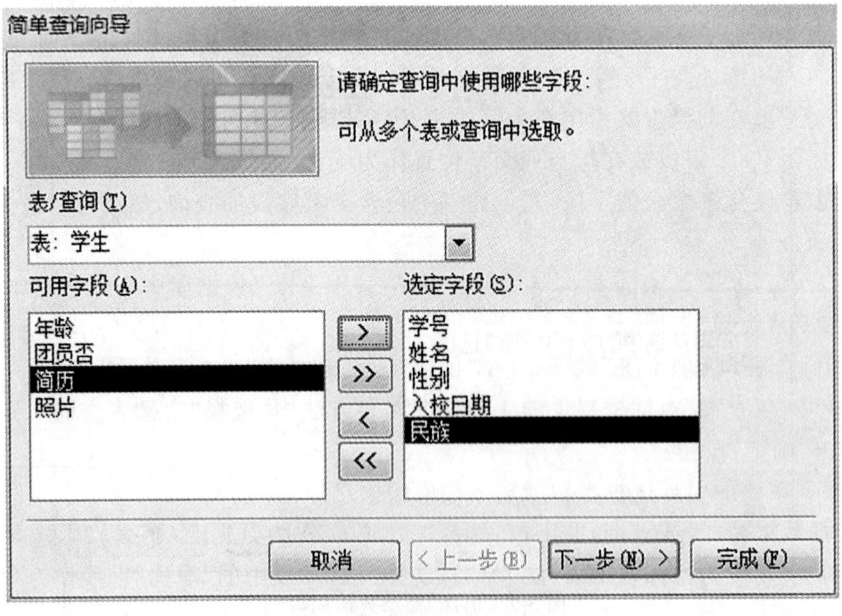

简单查询向导

请确定查询中使用哪些字段:

可从多个表或查询中选取。

表/查询(T)

表: 学生

可用字段(A):

年龄
团员否
简历
照片

选定字段(S):

学号
姓名
性别
入校日期
民族

>
>>
<
<<

取消　< 上一步(B)　下一步(N) >　完成(F)

图 3-9　选择需要的“字段”

(4)单击“完成”按钮就可以得到查询结果了，如图 3-10 所示。为查询文件命名为“例 3-1 学生信息查询”。

例3-1 学生信息查询

学号	姓名	性别	入校日期	民族
980101	张长小	男	2014/9/3	汉族
980102	一军	男	2014/9/1	汉族
980104	李红红	女	2014/9/3	维吾尔族
980111	成明	男	2014/9/2	汉族
980301	周小丽	男	2014/9/1	回族
980302	张明亮	男	2014/9/2	汉族
980303	李元	女	2014/9/1	汉族
980305	井江	女	2014/9/2	回族
980306	冯伟	女	2014/9/1	回族
980307	王朋	男	2014/9/2	汉族
980308	丛古	女	2014/9/4	蒙古族
980309	张也	女	2014/9/4	回族
980310	马琦	女	2014/9/1	回族
980311	崔一南	女	2014/9/4	汉族
980312	文清	女	2014/9/1	汉族
980313	田艳	女	2014/9/4	汉族
980314	张佳	女	2014/9/1	回族
980315	陈铖	男	2015/9/3	蒙古族

记录: 第 26 项(共 26 项)　无筛选器　搜索

图 3-10　显示查询结果

例 3-1 查询对应的 SQL 语句：

SELECT 学生.学号，学生.姓名，学生.性别，学生.入校日期，学生.民族
FROM 学生；

3.2.2　交叉表查询向导

交叉表查询是一种从水平和垂直两个方向对数据表进行分组统计的查询方法，用计算的形式返回表的统计数字。交叉表的数据源可以是基本表也可以是查询。

建立交叉表查询至少要指定 3 个字段，一个字段用来分组作为行标题，一个字段用来分组作为列标题，一个字段放在行与列交叉位置作为统计项(统计项只能有 1 个)。

交叉表若包含多个表的字段，先创建一个包含全部字段的查询，然后再用这个查询建立交叉表查询。

例 3-2　使用“交叉表查询向导”统计“教学管理系统”数据库中各系教师职称分布情况。数据源为“教师”表。

(1)打开“教学管理系统”数据库，在“创建”选项卡中单击“查询向导”。

(2)在“新建查询”对话框提供的 4 种查询向导方法中，选择“交叉表查询向导”选项(图 3-11)，单击“确定”按钮。

(3)根据系统的引导选择参数或输入相应的信息。

①选择数据源(表或查询)及字段：选择“教师”表作为数据源(图 3-12)，选择“教师”表中的“系别”字段作为行标题字段(图 3-13)，选择“教师”表中的“职称”字段作为列标题字段(图 3-14)。

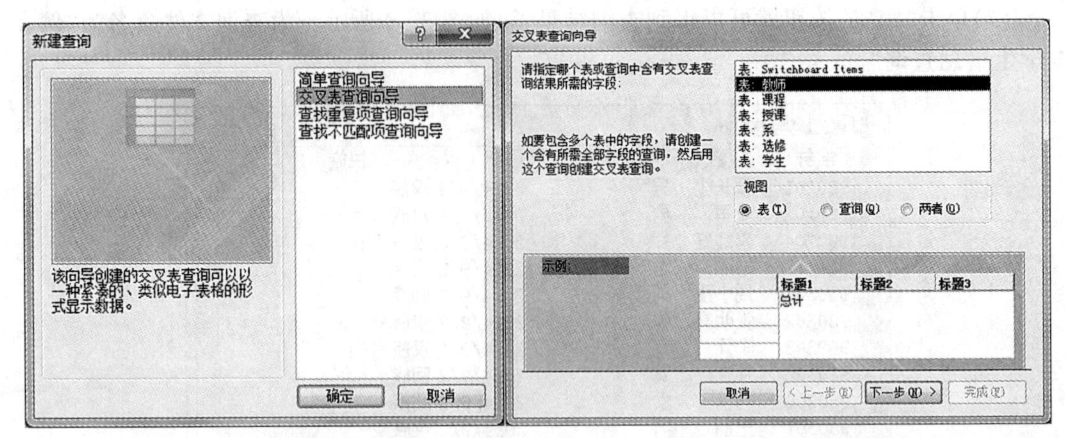

图 3-11　选择“交叉表查询向导”　　　　图 3-12　选择“数据源”

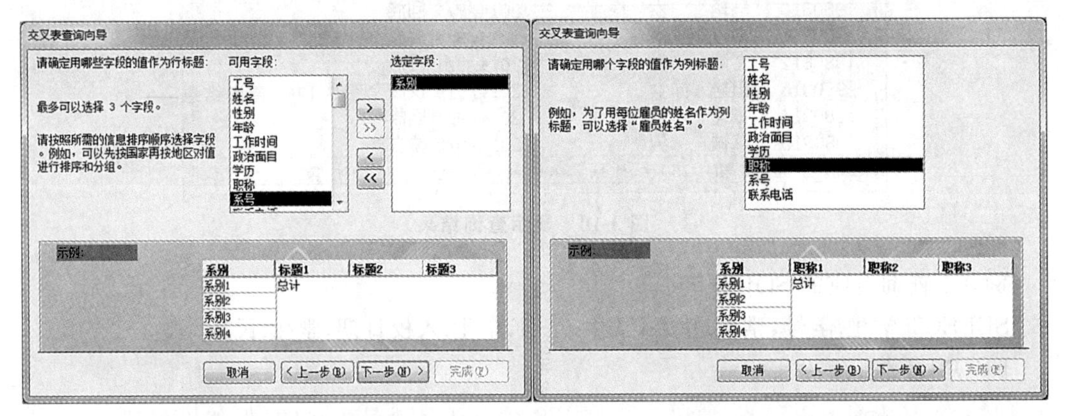

图 3-13　选择“行标题”　　　　图 3-14　选择“列标题”

②在字段列表框中选择“工号”作为行列交叉的点统计项，在“函数”列表中选择“Count(计数)”函数项(图 3-15)。

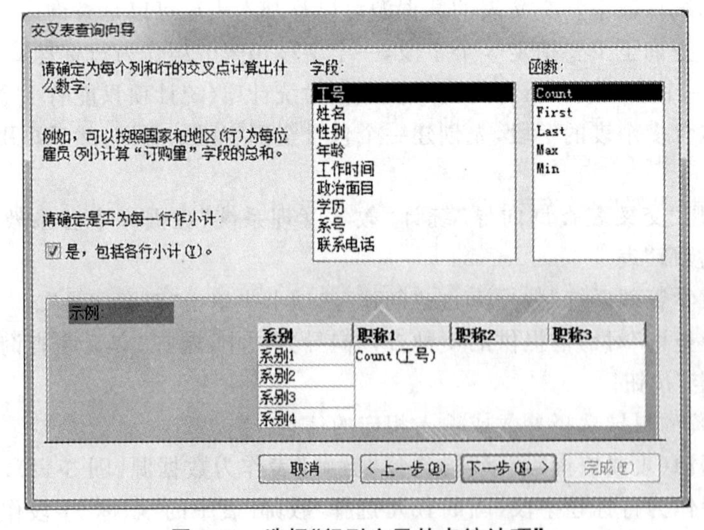

图 3-15　选择“行列交叉的点统计项”

(4)在“请指定查询的名称”文本框中输入查询的文件名“例3-2各系教师职称统计交叉表”(图3-16),然后单击“完成”按钮,就可以得到交叉表查询结果了。

从交叉表查询结果可以看出各系职称分布情况,如图3-17所示。

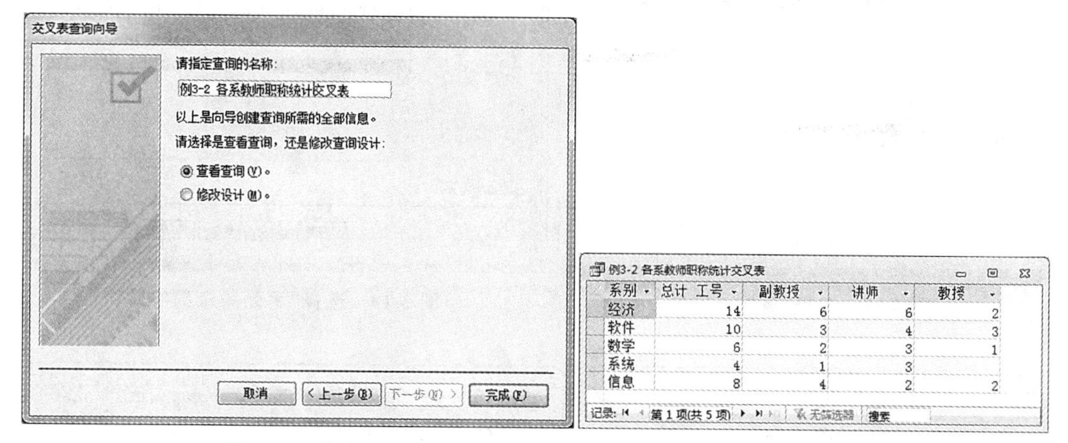

系别	总计 工号	副教授	讲师	教授
经济	14	6	6	2
软件	10	3	4	3
数学	6	2	3	1
系统	4	1	3	
信息	8	4	2	2

图3-16　命名保存　　　　**图3-17　查询结果**

例3-2查询对应的SQL语句:

```
TRANSFORM Count(教师.[工号]) AS 工号之计数
SELECT 教师.[系别],Count(教师.[工号]) AS[总计工号]
FROM 教师
GROUP BY 教师.[系别]
PIVOT 教师.[职称];
```

TRANSFORM…PIVOT语句的说明:TRANSFORM是可选的,但如果包括它,则应为SQL字符串中的第一个语句。PIVOT用于创建查询结果集中列标题的字段或表达式。

3.2.3　其他向导查询的使用

1. 查找重复项查询向导

根据“重复项查询向导”创建的查询结果,可以确定在表中是否有重复的记录,或确定记录在表中是否共享相同的值。

例3-3　在“教学管理系统”数据库的“教师”表中,利用向导查找“系别”字段中的重复值。

(1)打开“教学管理系统”数据库,在“创建”选项卡中单击“查询向导”。

(2)在“新建查询”对话框提供的4种查询向导方法中,选择“重复项查询向导”选项,单击“确定”按钮。

(3)在弹出的“重复项查询向导”对话框中,选择具有重复字段值的“教师”表作为数据源,选择“系别”作为“重复值字段”,如图3-18所示。

(4)选择“工号”“姓名”作为“另外的查询字段”,如图3-19所示。

(5)在“请指定查询的名称”文本框中输入查询的文件名“例3-3查找同系别老师的重复

项”,如图 3-20 所示,然后单击“完成”按钮,查询结果如图 3-21 所示。

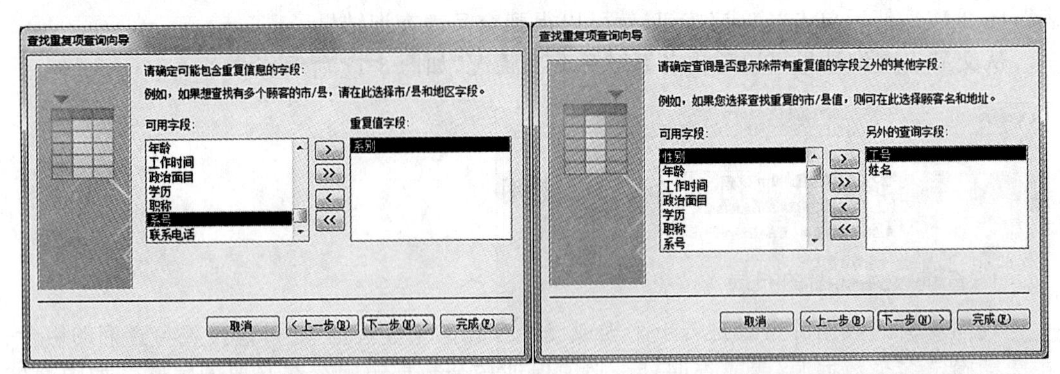

图 3-18　选择“重复值字段”　　图 3-19　选择“另外的查询字段”

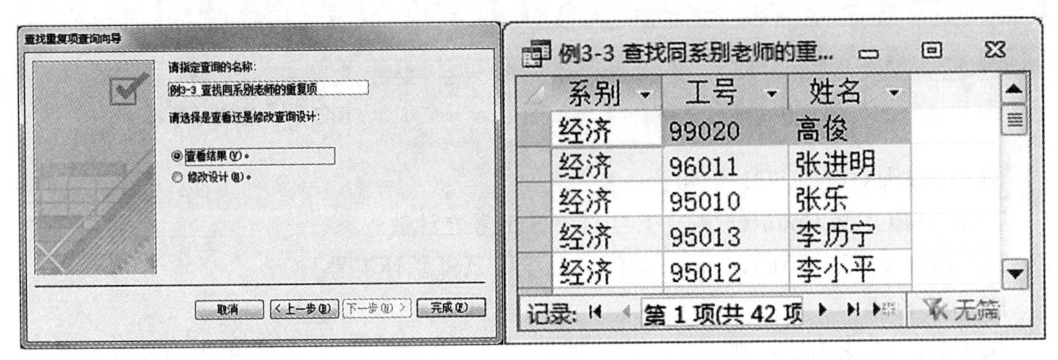

图 3-20　查询文件的命名　　图 3-21　查询结果

例 3-3 查询对应的 SQL 语句:

SELECT 教师.[系别],教师.[工号],教师.[姓名]

FROM 教师

WHERE(((教师.[系别]) In (SELECT [系别] FROM [教师] As Tmp GROUP BY [系别] HAVING

Count(*)>1)))

ORDER BY 教师.[系别];

2. 查找不匹配项查询向导

查找不匹配项查询的作用是在一个表中找出另一个表中所没有的相关记录。在具有一对多关系的两个数据表中,对于“一”方的表中的每一条记录,在“多”方的表中可能有一条或多条甚至没有记录与之对应,使用不匹配项查询向导,就可以查找出那些在“多”方中没有对应记录的“一”方数据表中的记录。

☑ 3.3　使用"设计视图"创建查询

3.3.1　查询设计视图的布局与使用

1. 查询设计视图的布局

查询对象的数据源可以是若干个表或已经存在的某些查询，还可以是表与查询的组合。在选择确定多个数据源(表或查询)后，必须保证各个数据源间存在必要的关联。如图 3-22 所示。

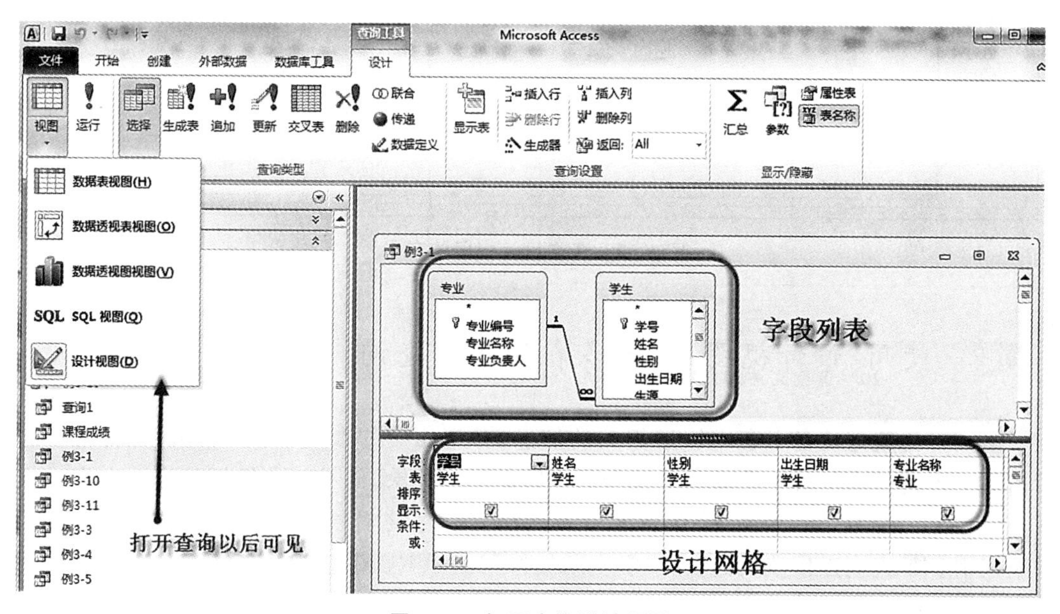

图 3-22　打开查询设计视图

查询设计器窗口由两部分组成，上半部分是数据源窗口，用于显示查询所涉及的数据源，可以是数据表或查询。下半部分是查询定义窗口，也称为 QBE 网格，设计网格的每一列都对应着要显示的查询结果中的一个字段，网格的行标题表明字段的属性设置及要求，如图 3-23 所示。主要包括以下内容：

(1)字段：查询结果中所显示的字段。

(2)表：查询的数据源，即查询结果中字段的来源。

(3)排序：查询结果中相应字段的排序方式。

(4)显示：当相应字段的复选框被选中时，则在结构中显示，否则不显示。

(5)条件：即查询条件，同一行中的多个准则之间是逻辑"与"的关系。

(6)或：查询条件，表示多个条件之间的"或"关系。

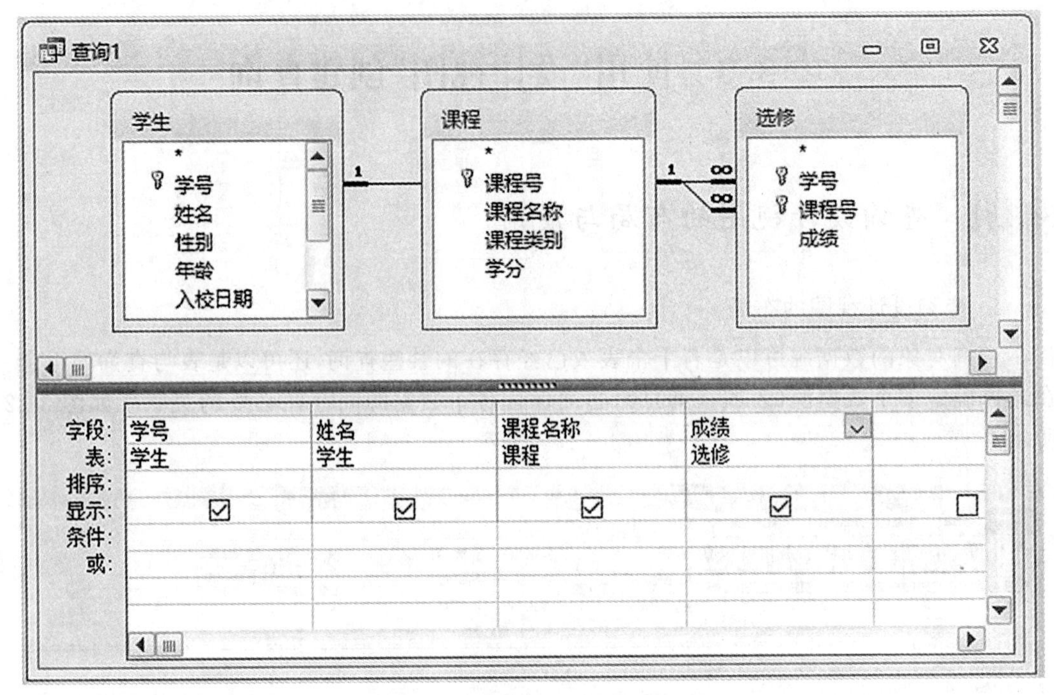

图 3-23 查询设计视图的布局

3.3.2 使用“设计视图”进行多表的基本查询

多表查询就是从多个表中检索相关的信息，并把相关的数据在一个视图中显示出来。所谓基本查询就是从表中选取若干或全部字段的所有记录，而不包含任何条件的查询。

例 3-4 在“教学管理系统”数据库中查询所有学生的学号、姓名、课程名称、授课学时以及成绩。本查询操作涉及的表有“学生”“选修”“课程”“授课”。

(1)打开“教学管理系统”数据库，在“创建”选项卡中单击“查询设计”。

(2)在“显示表”对话框中，单击表选项卡，将“学生”表、“课程”表、“授课”表和“选修”表添加到查询设计视图上半部的窗口中。

(3)将“学生”表中的“学号”“姓名”字段、“课程”表中的“课程名称”字段、“授课”表的“授课学时”字段，及“选修”表的“成绩”字段拖到设计区网格的“字段”行上，如图 3-24 所示。

(4)单击工具栏上的“执行”按钮，即可查询结果，将查询对象命名为“例 3-4 学生课程成绩”并保存。如图 3-25 所示。

例 3-4 查询对应的 SQL 语句：

```
SELECT 学生.学号，学生.姓名，课程.课程名称，授课.授课学时，选修.成绩 FROM
(课程 INNER JOIN(学生 INNER JOIN 选修 ON 学生.学号＝选修.学号)
ON 课程.课程号＝选修.课程号)INNER JOIN 授课
ON 课程.课程号＝授课.课程号
ORDER BY 学生.学号；
```

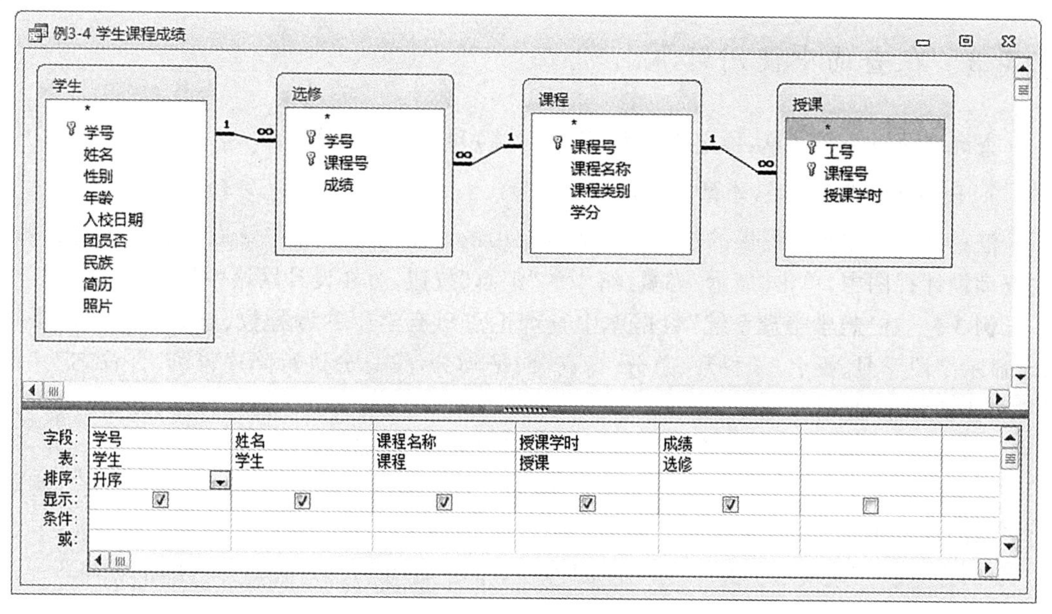

图 3-24　“学生课程成绩”查询的设计视图

例3-4 学生课程成绩

学号	姓名	课程名称	授课学时	成绩
980101	张长小	力学	54	85
980101	张长小	电算会计	48	70
980101	张长小	成本核算	48	90
980101	张长小	成本核算	48	90
980101	张长小	高等数学	48	78
980101	张长小	大学英语	48	90
980102	一军	力学	54	70
980102	一军	计算机基础	72	70
980102	一军	大学英语	48	60
980102	一军	电算会计	48	80
980102	一军	成本核算	48	67
980102	一军	成本核算	48	67
980102	一军	高等数学	48	88
980102	一军	计算机基础	72	70
980104	李红红	计算机基础	72	60
980104	李红红	力学	54	78
980104	李红红	大学英语	48	60
980104	李红红	电算会计	48	79
980104	李红红	成本核算	48	98

记录: 第 1 项(共 48 项　无筛选器　搜索

图 3-25　“学生课程成绩”查询的数据表视图

3.3.3 在查询中使用计算

查询可执行两类计算:预定义计算(汇总计算)和自定义计算。

1. 在查询中使用汇总计算

汇总计算使用系统提供的汇总函数对查询中的记录组或全部记录进行分类汇总计算，在查询设计视图中,单击“显示/隐藏”组中的“汇总”按钮,可在设计网格中插入“总计”行。

例 3-5 在“教学管理系统”数据库中查询汇总所有学生的课程数、总分、最高分、平均分,显示字段学号、姓名、学科数、总分、最高分、平均分,按总分进行降序排列,并命名为“例 3-5 学生成绩汇总”。

(1)打开“教学管理系统”数据库,在“创建”选项卡中单击“查询设计”。

(2)在“显示表”对话框中,单击表选项卡,将“学生”表和“选修”表添加到查询设计视图上半部的窗口中。

(3)在“设计”选项卡上的“显示/隐藏”组中,单击“汇总”,这时在设计区网格中插入一个“总计”行,如图 3-26 所示。

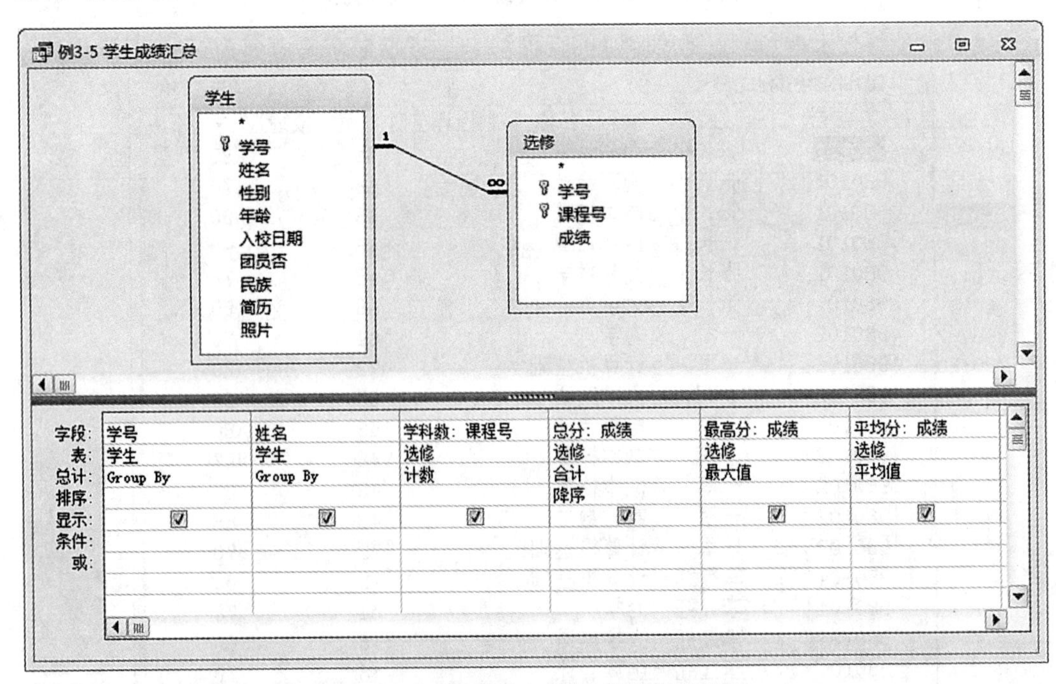

图 3-26 “学生成绩汇总”查询的设计视图

(4)将“学生”表中的“学号”“姓名”字段拖到设计区网格的“字段”行上,在“总计”行的下拉列表选择“分组”(Group By);将“成绩”表中的“课程号”字段拖到设计区网格的“字段”行上,在“总计”行的下拉列表选择“计数”(Count);再将“成绩”表中的“成绩”字段分三次拖到设计区网格的“字段”行上,依次在“总计”行的下拉列表选择“合计”“最大值”“平均值”;右键点击“平均值”,单击“属性”,在属性表对话框中,格式选择“标准”,小数位数选择“2”。如图 3-27、图 3-28 所示。

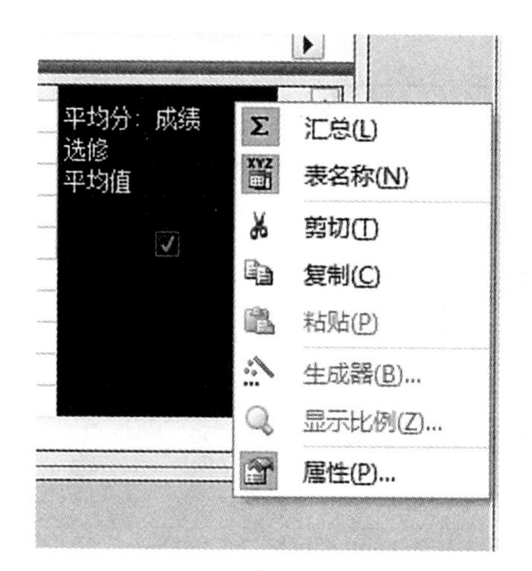

图 3-27　“汇总”控件

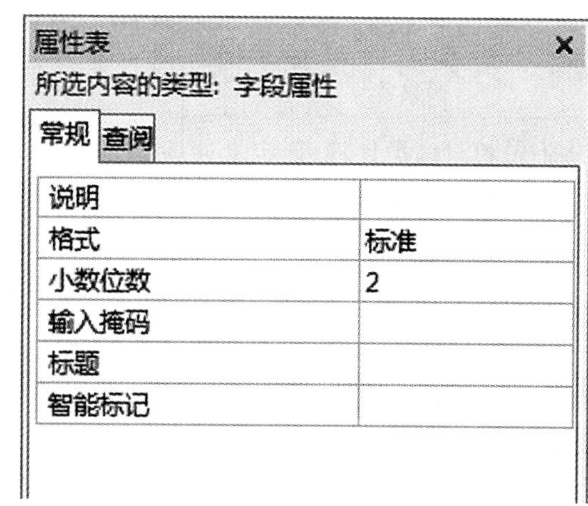

图 3-28　属性表设置

(5)为列标题显示更加直观，在字段行上，将“课程号”修改成“学科数:课程号”；将第一个“成绩”修改成“总分:成绩”，第二个“成绩”修改成“最高分:成绩”，第三个“成绩”修改成“平均分:成绩”。

(6)单击工具栏上的“执行”按钮，即可查询结果。将查询对象命名为“例 3-5 学生成绩汇总”并保存。如图 3-29。

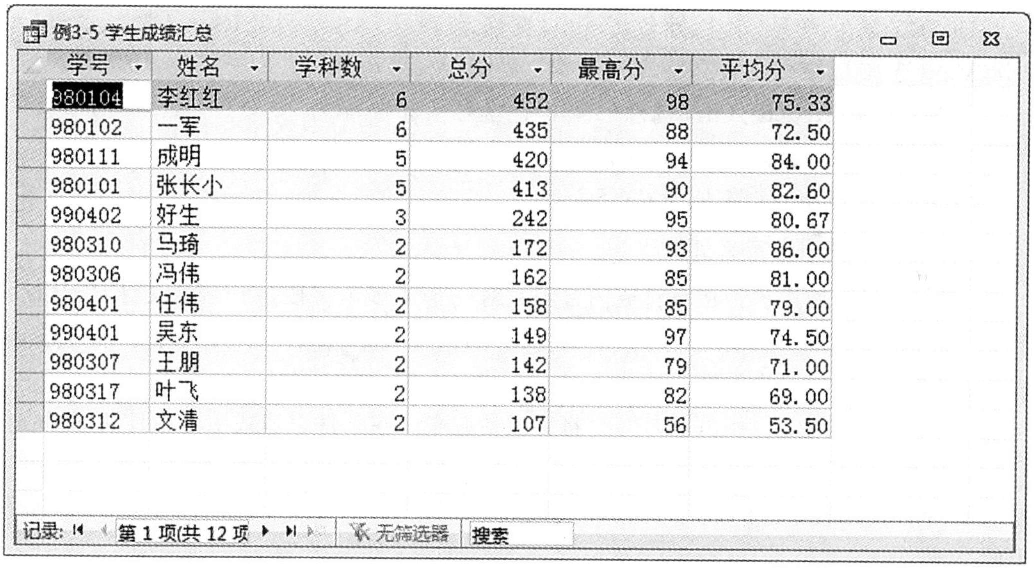

例3-5 学生成绩汇总

学号	姓名	学科数	总分	最高分	平均分
980104	李红红	6	452	98	75.33
980102	一军	6	435	88	72.50
980111	成明	5	420	94	84.00
980101	张长小	5	413	90	82.60
990402	好生	3	242	95	80.67
980310	马琦	2	172	93	86.00
980306	冯伟	2	162	85	81.00
980401	任伟	2	158	85	79.00
990401	吴东	2	149	97	74.50
980307	王朋	2	142	79	71.00
980317	叶飞	2	138	82	69.00
980312	文清	2	107	56	53.50

记录：第 1 项(共 12 项　无筛选器　搜索

图 3-29　“学生成绩汇总”查询的数据表视图

一些函数列于表 3-1 中。

表 3-1 “总结”函数

函数名	功能
分组(Group By)	对记录按字段值分组,字段值相同的记录只显示一个
合计(Sum)	计算一组记录中某字段值的总和
平均值(Avg)	计算一组记录中某字段值的平均值
最小值(Min)	计算一组记录中某字段值的最小值
最大值(Max)	计算一组记录中某字段值的最大值
计数(Count)	计算一组记录中记录的个数
标准差(StPev)	计算一组记录中某字段值的标准偏差
方差(Var)	计算一组记录中某字段值的方差值
第一条记录(First)	一组记录中某字段的第一个值
最后一条记录(Last)	一组记录中某字段的最后一个值
表达式(Expression)	创建一个由表达式产生的计算字段
条件(Where)	设定分组条件以便选择记录

例 3-5 查询对应的 SQL 语句:

SELECT 学生.学号,学生.姓名,Count(选修.课程号)AS 学科数,Sum(选修.成绩)AS 总分,Max(选修.成绩)AS 最高分,Avg(选修.成绩)AS 平均分

FROM 学生 INNER JOIN 选修 ON 学生.学号=选修.学号

GROUP BY 学生.学号,学生.姓名

ORDER BY Sum(选修.成绩)DESC;

2. 在查询中使用自定义计算

在查询中可以使用各种运算符或内置函数对一个或多个字段进行自定义计算,从而在查询中建立计算字段。自定义计算一般需要设计者在“设计网格”中创建新的计算字段,并在新列字段单元格中写出计算表达式来对一个或多个字段进行数值、日期或文本计算。表达式中出现字段名时需要用方括号“[]”将字段括起来。在条件表达式中使用日期/时间时,两边加上“#”。

例 3-6 在“教学管理系统”数据库的“教师”表中查询“工作时间”为 1990 年以后的记录。

(1)打开“教学管理系统”数据库,在“创建”选项卡中单击“查询设计”。

(2)在“显示表”对话框中,单击表选项卡,将“教师”表添加到查询设计视图上半部的窗口中。

(3)将“教师”表中的“工号”“姓名”“性别”“职称”“工作时间”字段分别拖到设计网格的“字段”行上。

(4)将光标移至“工作时间”字段的“条件”行上,输入条件表达式“>#1990/1/1#”,并按“工作时间”进行“升序”排序。

(5)单击工具栏上的“执行”按钮,即可查询结果。将查询对象命名为“例 3-6 工作时间在 1990 年以后的教师记录”并保存。

如图 3-30、图 3-31 所示。

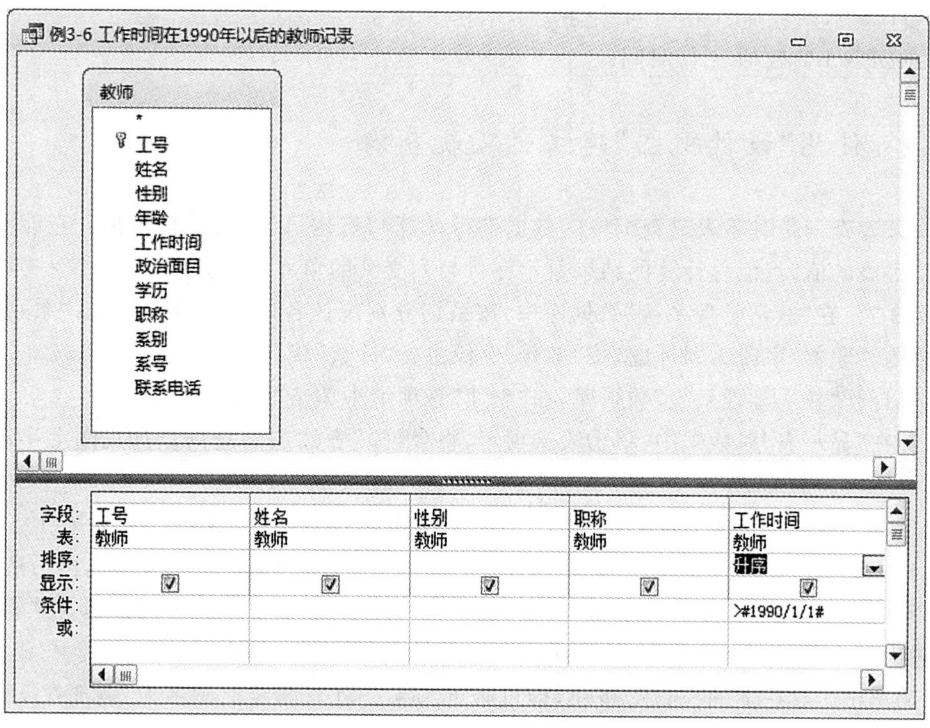

图 3-30　“1990 年以后工作教师”查询的设计视图

例3-6 工作时间在1990年以后的教师记录

工号	姓名	性别	职称	工作时间
99010	程光凡	男	副教授	1990/5/26
98021	李大德	男	副教授	1990/12/11
98011	魏光符	女	副教授	1990/12/29
95012	李小平	男	讲师	1991/5/19
98018	李龙吟	男	副教授	1991/5/26
99023	周晓明	女	教授	1991/9/18
96013	李燕	女	讲师	1992/6/25
98017	沈核	男	教授	1992/10/19
98012	郝海为	男	教授	1992/12/11
99012	李进	男	讲师	1993/4/29
99014	彭平利	男	讲师	1993/10/6
99021	李丹	男	副教授	1994/6/18
99020	高俊	男	讲师	1994/6/25
98015	张玉丹	女	讲师	1994/9/9
99019	杨阳	男	讲师	1995/6/18
99018	王进	男	教授	1995/6/25
99015	刘利	女	讲师	1995/9/9
99017	黄和中	男	教授	1995/9/18
98013	李仪	女	副教授	1995/10/29
96012	邵林	女	副教授	1996/1/25
99022	王霞	女	副教授	1996/6/18
98014	周金馨	女	副教授	1997/10/6

记录: 第 1 项(共 30 项　无筛选器　搜索

图 3-31　“1990 年以后工作教师”查询的数据表视图

例 3-6 查询对应的 SQL 语句：

```
SELECT 教师.工号,教师.姓名,教师.性别,教师.职称,教师.工作时间
FROM 教师
WHERE(((教师.工作时间)＞#1/1/1990#))
ORDER BY 教师.工作时间;
```

3.3.4 使用“设计视图”建立交叉表查询

交叉表查询是对基表或查询中的数据进行计算和重构，以方便分析数据。它能够汇总数字型字段的值，将汇总计算的结果显示在行与列交叉的单元格中。

例 3-7 在“教学管理系统”数据库中，按系别分别统计各职称系列的人数，“系别”字段为行标题，“职称”字段为列标题，按“工号”字段进行“计数”统计。

(1)打开“教学管理系统”数据库，在“创建”选项卡中单击“查询设计”。

(2)在“显示表”对话框中，单击表选项卡，将“教师”表添加到查询设计视图上半部的窗口中。

(3)将“教师”表中的“系别”“职称”“工号”字段分别拖到设计网格的“字段”行上。

(4)右键单击设计视图上半部的空白区域，在快捷菜单中选择“查询类型”，然后选择“交叉表查询”，这时设计窗格中增加了一“交叉表”行，将“系别”字段设置为行标题，将“职称”字段设置为列标题，将“工号”字段设置为“值”，“总计”行设置为“计数”。

(5)单击工具栏上的“执行”按钮，即可查询结果。将查询对象命名为“例 3-7 各系职称统计交叉表”并保存。

如图 3-32、图 3-33 所示。

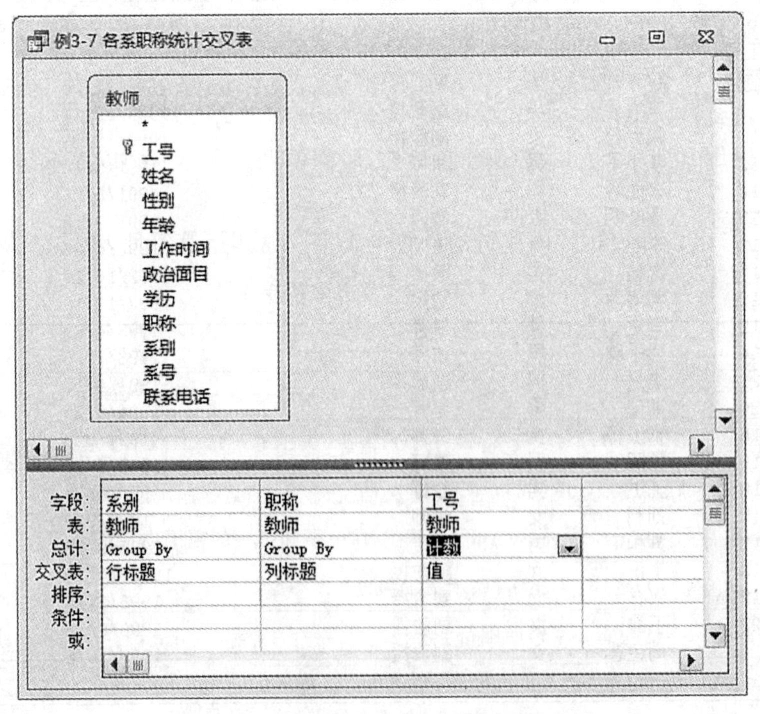

图 3-32 “各系职称统计”查询的设计视图

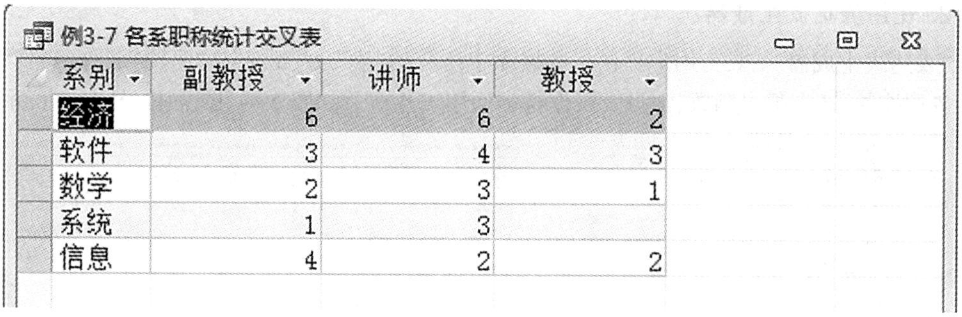

例3-7 各系职称统计交叉表

系别	副教授	讲师	教授
经济	6	6	2
软件	3	4	3
数学	2	3	1
系统	1	3	
信息	4	2	2

图 3-33　“各系职称统计”查询的数据表视图

例 3-7 查询对应的 SQL 语句：

```
TRANSFORM Count(教师.工号)AS 工号之计数
SELECT 教师.系别
FROM 教师
GROUP BY 教师.系别
PIVOT 教师.职称;
```

TRANSFORM…PIVOT 语句的说明：TRANSFORM 是可选的，但如果包括它，则应为 SQL 字符串中的第一个语句。PIVOT 用于创建查询结果集中列标题的字段或表达式。

3.3.5　在查询中使用条件表达式

在实际的查询中，经常需要查询满足某个条件的记录。带条件的查询需要通过设置查询条件来实现。查询条件是运算符、常量、字段值、函数以及字段名和属性等任意组合的关系表达式，其运算结果是一个逻辑值。

1. 条件表达式与运算符

条件表达式：由运算符、常量、字段值、函数以及字段名和属性等任意组合，能够计算出一个结果。使用日期/时间时，必须要在日期/时间值两边加上“#”以表示其中的值为日期/时间。

运算符：指定条件表达式内执行的计算的类型。常用运算符见表 3-2。

表 3-2　常用运算符

计算类型	含　义
算术运算	+(加)，-(减)，*(乘)，/(除)，&(连接符)
比较运算	=(等于)，>(大于)，<(小于)，>=(大于等于)，<=(小于等于)，<>(不等于)
逻辑运算	AND(与)，OR(或)，NOT(非)
确定范围	[NOT] Between…And…(不在/在……和……的范围内)
确定集合	[NOT] IN(不属于/属于指定集合)
字符匹配	[NOT] Like "<匹配符>"

2. 使用表达式生成器

“表达式生成器”工具为用户提供了数据库中所有的“表”或“查询”中“字段”名称、窗体、报表中的各种控件,还有很多函数、常量及操作符和通用表达式。如图 3-34、图 3-35、图 3-36 所示。

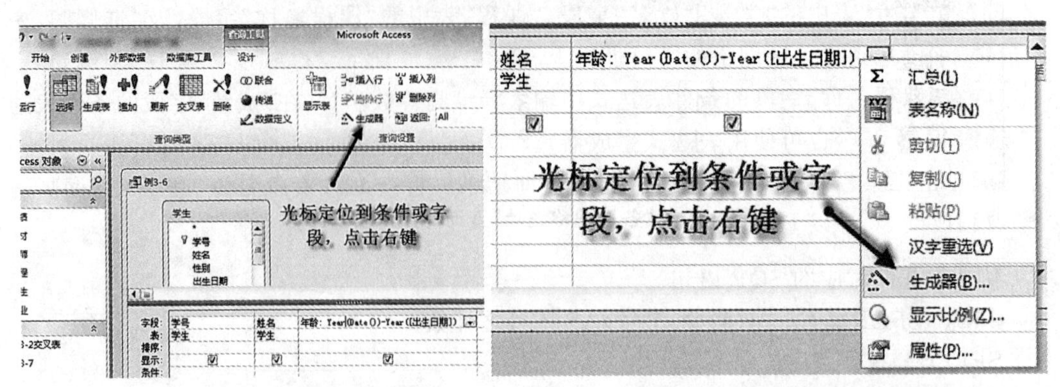

图 3-34 设计选项卡中的生成器

图 3-35 右键快捷键的生成器

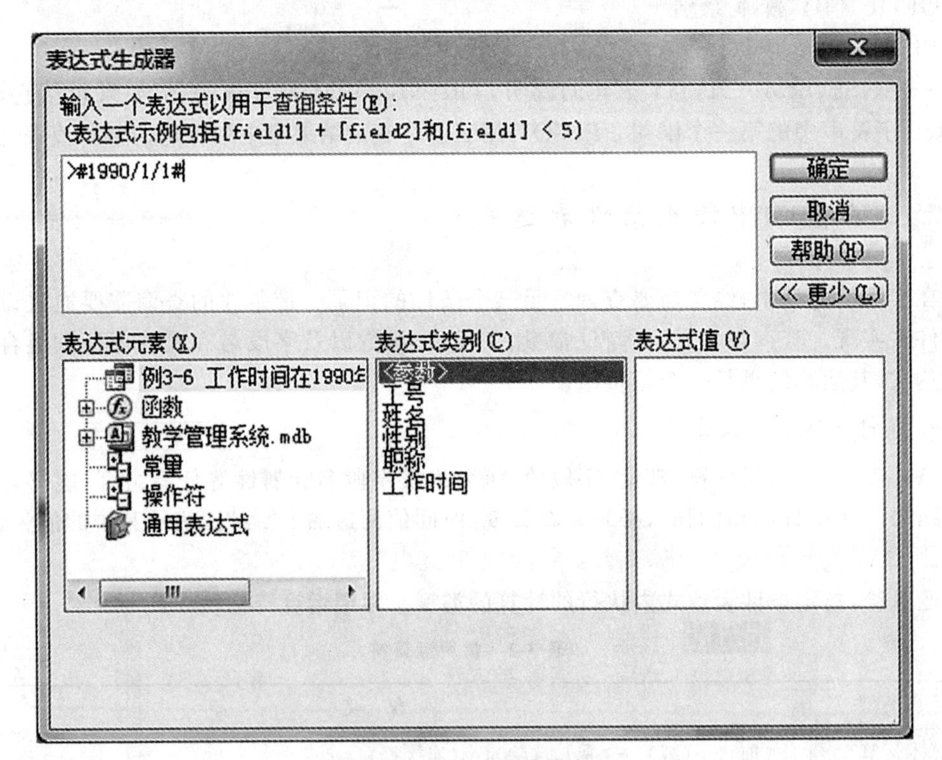

图 3-36 表达式生成器窗口

3. 在查询条件中使用字段名和表达式

在查询设计区的“条件”行中输入表达式时,如果各个表达式处于同一行,则各个表达式之间是逻辑与的关系;如果各个表达式处于不同行,则各个表达式之间是逻辑或的关系。

例 3-8 在“教学管理系统”数据库中,查询课程名称为“高等数学”且成绩为 80 分以上的所有记录,依次显示字段为“学号”“姓名”“课程名称”“成绩”。

(1)打开“教学管理系统”数据库，在“创建”选项卡中单击“查询设计”。

(2)在“显示表”对话框中，单击表选项卡，将“学生”表、“课程”表和“选修”表添加到查询设计视图上半部的窗口中。

(3)将“学生”表中的“学号”“姓名”字段、“课程”表中的“课程名称”字段，及“选修”表中的“成绩”字段拖到设计区网格的“字段”行上。

(4)在“课程名称”字段的条件表达式中输入“="高等数学"”，在“成绩”字段的条件表达式中输入“>=80”(也可使用表达式生成器)。

(5)单击工具栏上的“执行”按钮，即可查询结果。将查询对象命名为“例 3-8 查询高等数学课程成绩 80 分以上记录”并保存。

如图 3-37、图 3-38 所示。

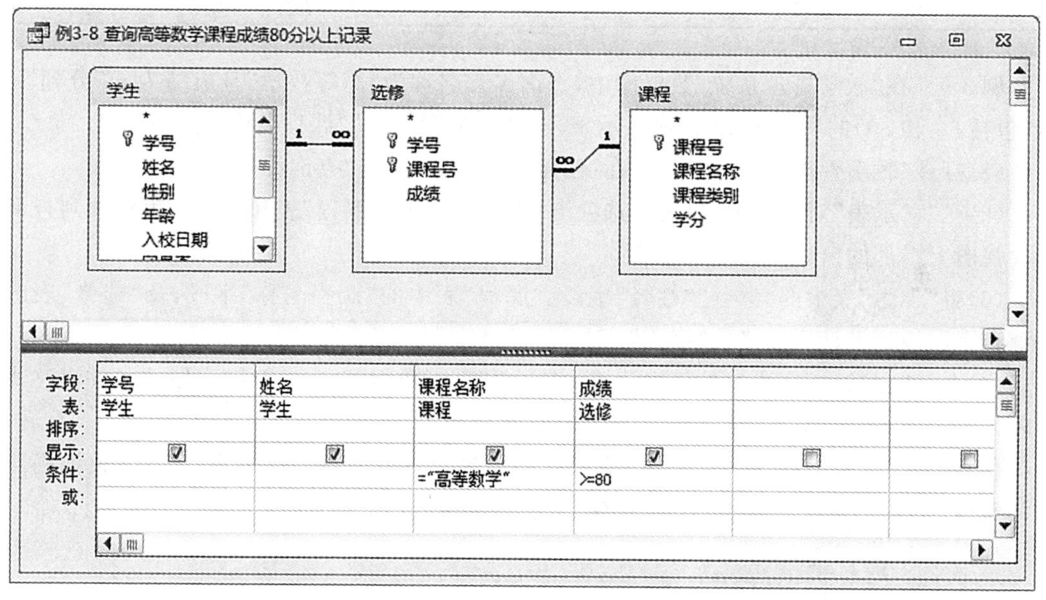

图 3-37　“高数成绩 80 分以上”查询的设计视图

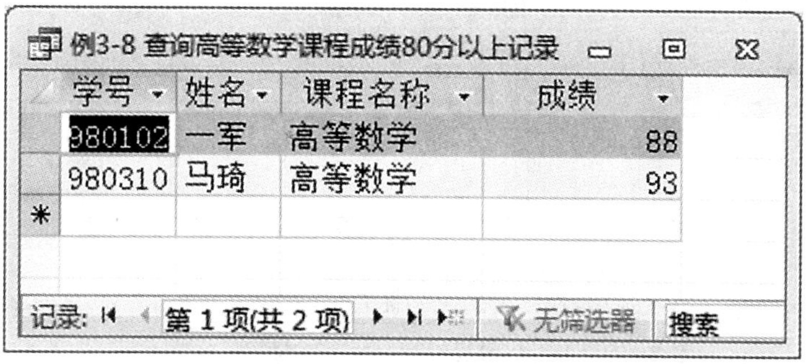

例3-8 查询高等数学课程成绩80分以上记录

学号	姓名	课程名称	成绩
980102	一军	高等数学	88
980310	马琦	高等数学	93

记录: 第 1 项(共 2 项)　无筛选器　搜索

图 3-38　“高数成绩 80 分以上”查询的数据表视图

例 3-8 查询对应的 SQL 语句：

SELECT 学生.学号，学生.姓名，课程.课程名称，选修.成绩

FROM 课程 INNER JOIN(学生 INNER JOIN 选修 ON 学生.学号=选修.学号)ON 课程.课程号=选修.课程号

WHERE(((课程.课程名称)＝"高等数学")AND((选修.成绩)＞＝80));

4. 在查询条件表达式中使用运算符和通配符

(1)使用数值作为查询条件(表 3-3)

表 3-3 运算符

字段名	条件	功能
成绩	＜60	查询成绩小于 60 的记录
	Between 80 And 90	查询成绩在 80～90 之间的记录
	＞＝80 And ＜＝90	
年龄	Not 70	查询年龄不为 70 的记录
	20 Or 21	查询年龄为 20 或 21 的记录

例 3-9 在“教学管理系统”数据库中,查询课程名称为“高等数学”且成绩为 60 分到 80 分(包括 60 和 80)的所有记录,依次显示字段为“学号”“姓名”“课程名称”“成绩”。

(1)打开“教学管理系统”数据库,在“创建”选项卡中单击“查询设计”。

(2)在“显示表”对话框中,单击表选项卡,将“学生”表、“课程”表和“选修”表添加到查询设计视图上半部的窗口中。

(3)将“学生”表中的“学号”“姓名”字段、“课程”表中的“课程名称”字段,及“选修”表的“成绩”字段拖到设计区网格的“字段”行上。

(4)在“课程名称”字段的条件表达式中输入“"高等数学"”,在“成绩”字段的条件表达式中输入“Between 60 And 80”(也可使用表达式生成器)。

(5)单击工具栏上的“执行”按钮,即可查询结果。将查询对象命名为“例 3-9 查询高等数学课程成绩 60 分到 80 分记录”并保存。

如图 3-39、图 3-40 所示。

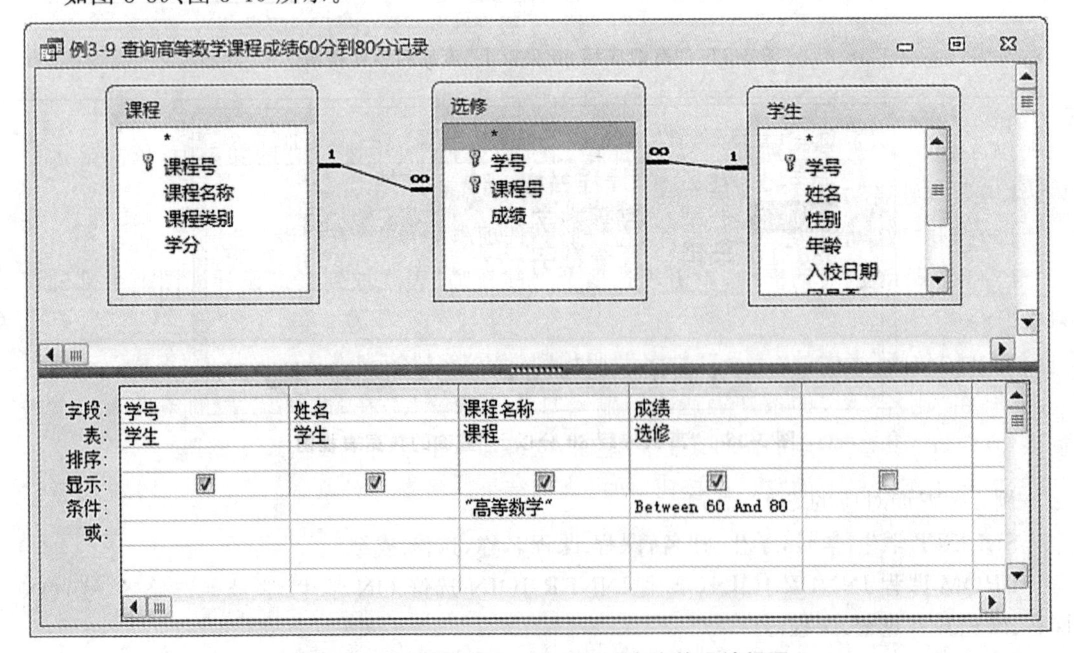

图 3-39 “高数成绩在 60～80 分”查询的设计视图

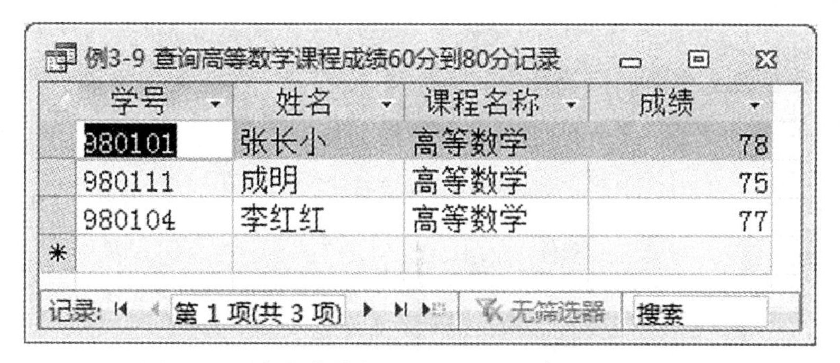

学号	姓名	课程名称	成绩
980101	张长小	高等数学	78
980111	成明	高等数学	75
980104	李红红	高等数学	77

图 3-40　“高数成绩在 60～80 分”查询的数据表视图

例 3-9 查询对应的 SQL 语句：

SELECT 学生.学号，学生.姓名，课程.课程名称，选修.成绩

FROM 学生 INNER JOIN(课程 INNER JOIN 选修 ON 课程.课程号＝选修.课程号) ON 学生.学号＝选修.学号

WHERE(((课程.课程名称)＝"高等数学")AND((选修.成绩)Between 60 And 80))；

(2)使用文本值作为查询条件(表 3-4)

表 3-4　部分条件表达式介绍

字段名	条件	功能
职称	"讲师"	查询职称为讲师的记录
	"教授" Or "副教授"	查询职称为教授或副教授的记录
课程名称	Like" * 基础"	查询课程名称最后两个字为“基础”的记录
姓名	In("张三","李四")	查询姓名为“张三”或“李四”的记录
	"张三" Or "李四"	
	Not "王五"	查询姓名不为“王五”的记录
	Like "王 * "	查询姓“王”的记录

例 3-10　在“教学管理系统”数据库中，查询“教师”表中姓“李”的女讲师，依次显示字段为“工号”“姓名”“职称”“学历”。

(1)打开“教学管理系统”数据库，在“创建”选项卡中单击“查询设计”。

(2)在“显示表”对话框中，单击表选项卡，将“教师”表添加到查询设计视图上半部的窗口中。

(3)将“教师”表中的“工号”“姓名”“职称”“学历”字段拖到设计区网格的“字段”行上。

(4)在“姓名”字段的条件表达式中输入“Like "李 * "”，在“性别”字段的条件表达式中输入“女”，在“职称”字段的条件表达式中输入“讲师”(也可使用表达式生成器)。

(5)单击工具栏上的“执行”按钮，即可查询结果。将查询对象命名为“例 3-10 查询李姓女讲师记录”并保存。

如图 3-41、图 3-42 所示。

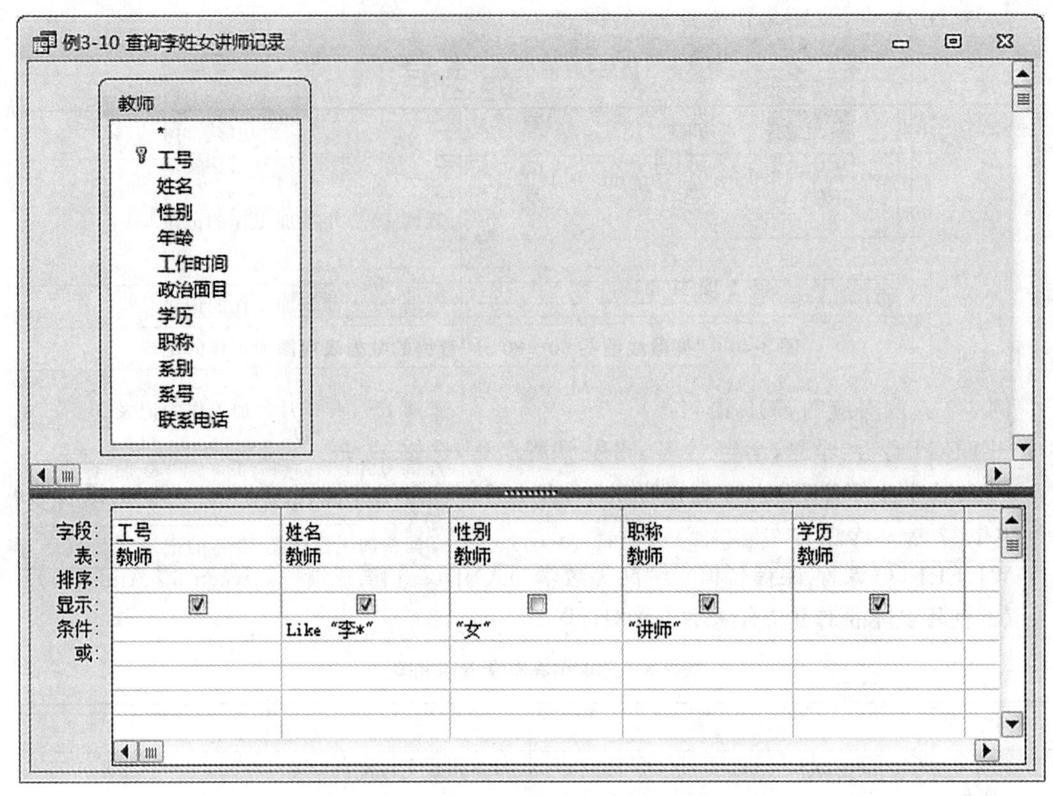

图 3-41 “李姓女讲师”查询的设计视图

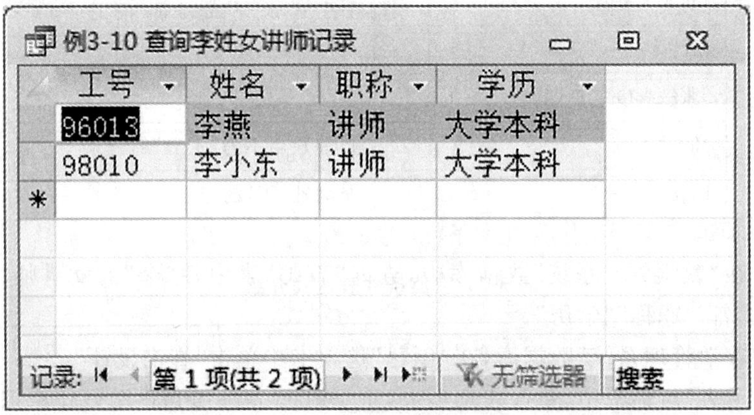

例3-10 查询李姓女讲师记录

工号	姓名	职称	学历
96013	李燕	讲师	大学本科
98010	李小东	讲师	大学本科

记录: 第 1 项(共 2 项) 无筛选器 搜索

图 3-42 “李姓女讲师”查询的数据表视图

例 3-10 查询对应的 SQL 语句：

SELECT 教师.工号,教师.姓名,教师.职称,教师.学历

FROM 教师

WHERE(((教师.姓名)Like "李 * ") AND ((教师.性别)="女") AND ((教师.职称)="讲师"));

(3)使用处理日期结果作为查询条件(表 3-5)

表 3-5　日期/时间型条件表达式介绍

字段名	条件	功能
工作时间	Between #1992-01-01# And #1992-12-31#	查询 1992 年参加工作的记录
	Year([工作时间])=1992	
	<Date()-90	查询 90 天前参加工作的记录
	Between Date() And Date()-90	查询 90 天之内参加工作的记录
	Year([工作时间])=1994 And Month([工作时间])=4	查询 1994 年 4 月参加工作的记录
	In (#1994-01-01#,#1994-03-01#)	查询 1994-1-1 到 1994-3-1 参加工作的记录
	Year(Date())-Year([工作时间])=10	查询参加工作已经 10 年的记录

(4)使用字段的部分值作为查询条件(表 3-6)

表 3-6　部分值条件表达式介绍

字段名	条件	功能
课程名称	Like" * 基础"	查询课程名称最后两个字为“基础”的记录
	Right([课程名称],2)="基础"	
姓名	In("张三","李四")	查询姓名为“张三”或“李四”的记录
	Not "王 * "	查询不姓“王”的记录
	Not Left([姓名],1)<> "王"	
	Like "王 * "	查询姓“王”的记录

(5)使用空值或空字符串作为查询条件(表 3-7)

表 3-7　空值条件表达式介绍

字段名	条件	功能
姓名	Is Null	查询姓名为空值的记录
	Is Not Null	查询姓名不为空值的记录
电话号码	" "	查询没有电话号码的记录

3.3.6　参数查询

查询除了按指定的条件从数据源中检索记录外,还可以对检索的记录进行编辑操作。操作查询可以分为:删除查询,从一个或多个表中删除一组符合条件的记录;更新查询,对一个或多个表中的一组符合条件的记录批量修改某字段的值;追加查询,将一个或多个表中的一组符合条件的记录添加到另一个表的末尾;生成表查询,将查询的结果转存为新表。通过查询设计视图创建。操作查询是在一个记录中更改许多记录的查询,查询后的结果不是动态集合,而是转换后的表。

要创建参数查询,必须在查询列的“条件”单元格中输入参数表达式(括在方括号中),而不是输入特定的条件。运行该查询时,Access 将显示包含参数表达式文本的参数提示框。在输入数据后,Access 使用输入的数据作为查询条件。

例 3-11 在“教学管理系统”数据库中,根据用户输入的课程名称查询该门课程成绩在 70 分以上的所有记录,最后以“例 3-11 输入课程名称参数查 70 分以上记录”命名保存。

(1)打开“教学管理系统”数据库,在“创建”选项卡中单击“查询设计”。

(2)在“显示表”对话框中,单击表选项卡,将“学生”表、“课程”表和“选修”表添加到查询设计视图上半部的窗口中。

(3)将“学生”表中的“学号”“姓名”字段、“课程”表中的“课程名称”字段,及“选修”表中的“成绩”字段拖到设计区网格的“字段”行上。

(4)在“课程名称”字段的条件表达式中输入“[请输入课程名称:]”,在“成绩”字段的条件表达式中输入“>70”(也可使用表达式生成器)。

(5)单击工具栏上的“执行”按钮,则会显示“输入参数值”提示框,这时输入想要查询的课程名称,例如输入“高等数学”,即可查询结果。

(6)将查询对象命名为“例 3-11 输入课程名称参数查 70 分以上记录”并保存。

如图 3-43、图 3-44、图 3-45 所示。

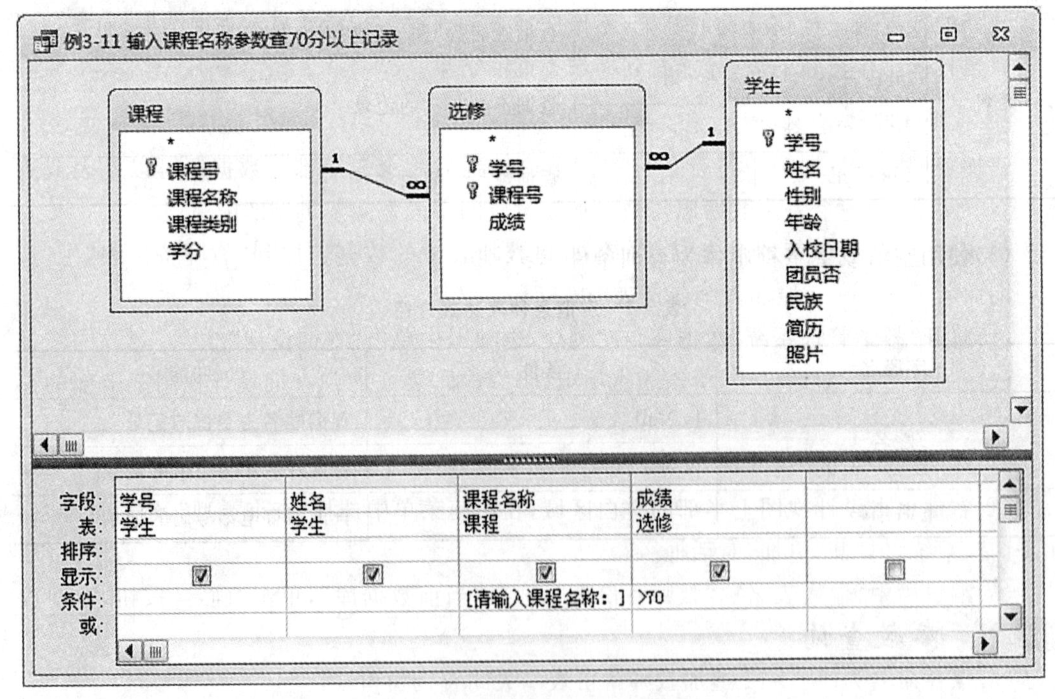

图 3-43 “参数查询”的设计视图

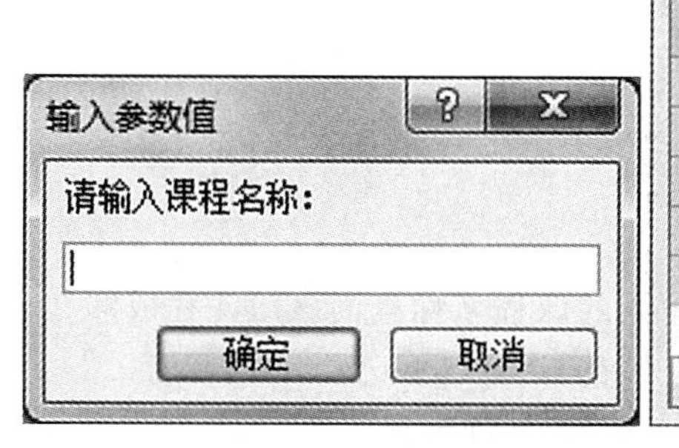

图 3-44　输入参数值提示框

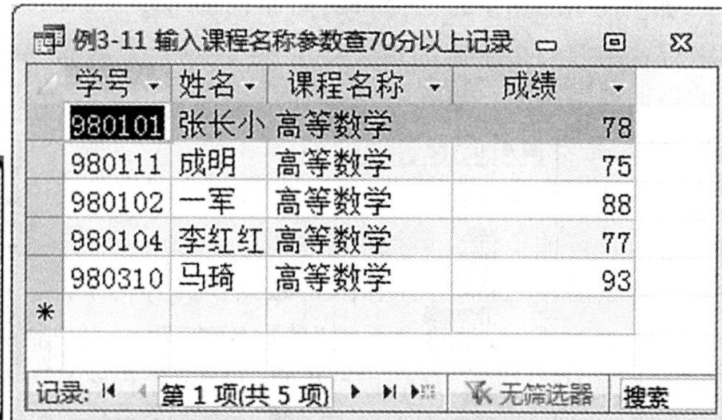

学号	姓名	课程名称	成绩
980101	张长小	高等数学	78
980111	成明	高等数学	75
980102	一军	高等数学	88
980104	李红红	高等数学	77
980310	马琦	高等数学	93

图 3-45　查询结果

例 3-11 查询对应的 SQL 语句：

SELECT 学生.学号，学生.姓名，课程.课程名称，选修.成绩

FROM 学生 INNER JOIN(课程 INNER JOIN 选修 ON 课程.课程号＝选修.课程号) ON 学生.学号＝选修.学号

WHERE(((课程.课程名称)＝[请输入课程名称：])AND((选修.成绩)＞70))；

3.3.7　操作查询

使用操作查询是建立在选择的基础上，对原有的数据进行批量的更新、追加和删除，或者创建新的数据表。操作查询的结果，不像选择查询那样运行后就显示查询结果，而是运行后需要再打开操作更新的表，才能看到操作查询的结果。

1. 追加查询

追加查询能将数据源中符合条件的记录追加到另一个表尾部。数据源可以是表或查询，追加的去向是一个表。数据源与被追加表对应的字段之间要类型匹配。

例 3-12　在“教学管理系统”数据库中，将教师表中的数据追加到“教师备份表”中，追加查询命名为“例 3-12 追加教师备份表”，并运行。

(1)打开“教学管理系统”数据库，在“创建”选项卡中单击“查询设计”。

(2)在“显示表”对话框中，单击表选项卡，将“教师”表添加到查询设计视图上半部的窗口中。

(3)将“教师”表的“＊”(符号“＊”代表全部字段)号拖动到设计网格的“字段”行上。

(4)右键单击设计视图上半部的空白区域，在快捷菜单中选择“查询类型”，然后选择“追加查询”，系统将打开“追加”对话框。

(5)编辑栏中，输入表名称“教师备份表”，选择“当前数据库”，单击“确定”按钮，返回设计窗口。

(6)保存命名为“例 3-12 追加教师备份表”，关闭查询窗口。

(7)在数据库窗口中单击该查询，系统弹出追加提示框，选择“是”，确认追加操作，表对象中将出现“教师备份表”，双击打开，可见“教师”表所有记录已追加到该表中了。

如图 3-46、图 3-47、图 3-48、图 3-49 所示。

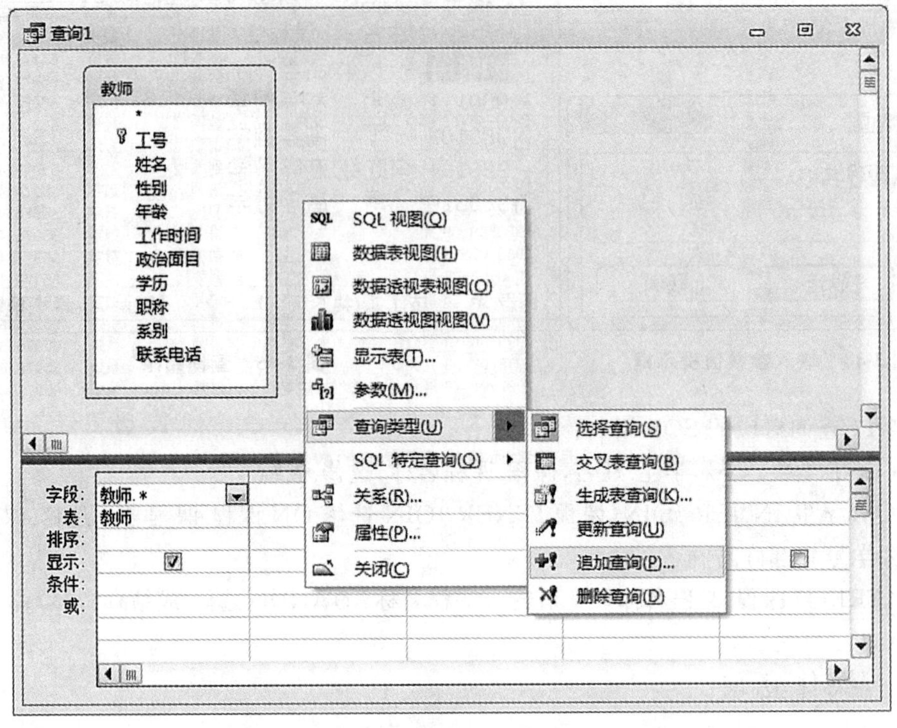

图 3-46 “追加教师备份表”查询的设计视图

追加
追加到
表名称(N): 教师备份表
当前数据库(C)
另一数据库(A):
文件名(F):
浏览(B)...
确定
取消

图 3-47 “追加”对话框

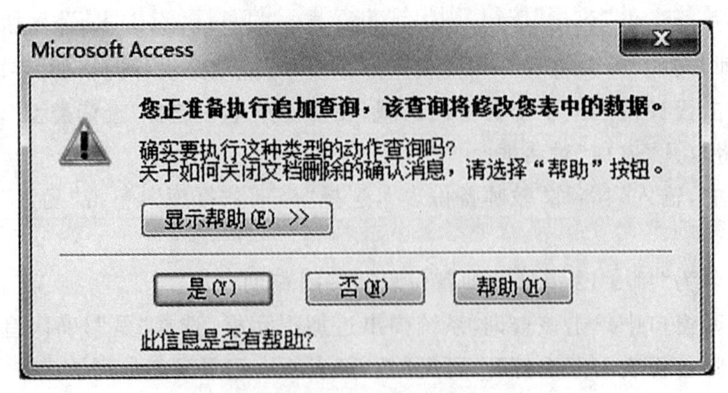

图 3-48 追加记录信息提示

教师表备份

工号	姓名	性别	年龄	工作时间	政治面目	学历	职称	系别	联系电话
95010	张乐	女	44	1969-11-10	党员	大学本科	教授	经济	65976444
95011	赵希明	女	39	1983-01-25	群众	研究生	副教授	经济	65976451
95012	李小平	男	51	1963-05-19	党员	研究生	讲师	经济	65976452
95013	李历宁	男	40	1989-10-29	党员	大学本科	讲师	经济	65976453
96010	张爽	男	53	1958-07-08	群众	研究生	教授	经济	65976454
96011	张进明	男	36	1992-01-26	团员	大学本科	副教授	经济	65976455
96012	邵林	女	45	1983-01-25	群众	研究生	副教授	数学	65976544
96013	李燕	女	49	1969-06-25	群众	大学本科	讲师	数学	65976544
96014	苑平	男	54	1957-09-18	党员	研究生	教授	数学	65976545
96015	陈江川	男	38	1988-09-09	党员	大学本科	讲师	数学	65976546
96016	靳晋复	女	55	1963-05-19	群众	研究生	副教授	数学	65976547
96017	郭新	女	53	1969-06-25	群众	研究生	副教授	经济	65976444
97010	张山	男	57	1990-06-18	群众	大学本科	讲师	数学	65976548
97011	扬灵	男	56	1990-06-18	群众	大学本科	讲师	系统	65976666
97012	林泰	男	56	1990-06-18	群众	大学本科	讲师	系统	65976666
97013	胡方	男	54	1958-07-08	党员	大学本科	副教授	系统	65976667
98010	李小东	女	55	1992-01-27	群众	大学本科	讲师	系统	65976668

记录: 第 1 项(共 42 项　无筛选器　搜索

图 3-49　“追加教师备份表”查询的数据表视图

例 3-12 查询对应的 SQL 语句：

```
INSERT INTO 教师备份表
SELECT 教师.*
FROM 教师;
```

2. 更新查询

更新查询可以同时更新多个数据源和多个字段的值。用更新查询更改记录的数据项以后，无法用“撤销”命令取消操作。

例 3-13　在“教学管理系统”数据库中，将教师表备份中的“张爽”教授的学历字段的“aaaa”更改为“研究生”，更新查询命名为“例 3-13 更新教师信息”，并运行。

(1)打开“教学管理系统”数据库，在“创建”选项卡中单击“查询设计”。

(2)在“显示表”对话框中，单击表选项卡，将“教师表备份”表添加到查询设计视图上半部的窗口中。

(3)将“教师”表的“姓名”和“学历”字段拖动到设计网格的“字段”行上。

(4)右键单击设计视图上半部的空白区域，在快捷菜单中选择“查询类型”，然后选择“更新查询”，则设计网格中出现“更新到：”行，在“姓名”字段的条件行中输入“张爽”，“学历”字段的“更新到：”行中输入“研究生”。

(5)单击工具栏上的“执行”按钮，则出现更新提示消息框，点击“是”，确认更新操作，将本次更新查询命名为“例 3-13 更新教师信息”。

(6)在表对象中，打开“教师表备份”，查看更新状态。

如图 3-50、图 3-51、图 3-52、图 3-53 所示。

例 3-13 查询对应的 SQL 语句：

```
UPDATE 教师表备份 SET 教师表备份.学历="研究生"
WHERE(((教师表备份.姓名)="张爽"));
```

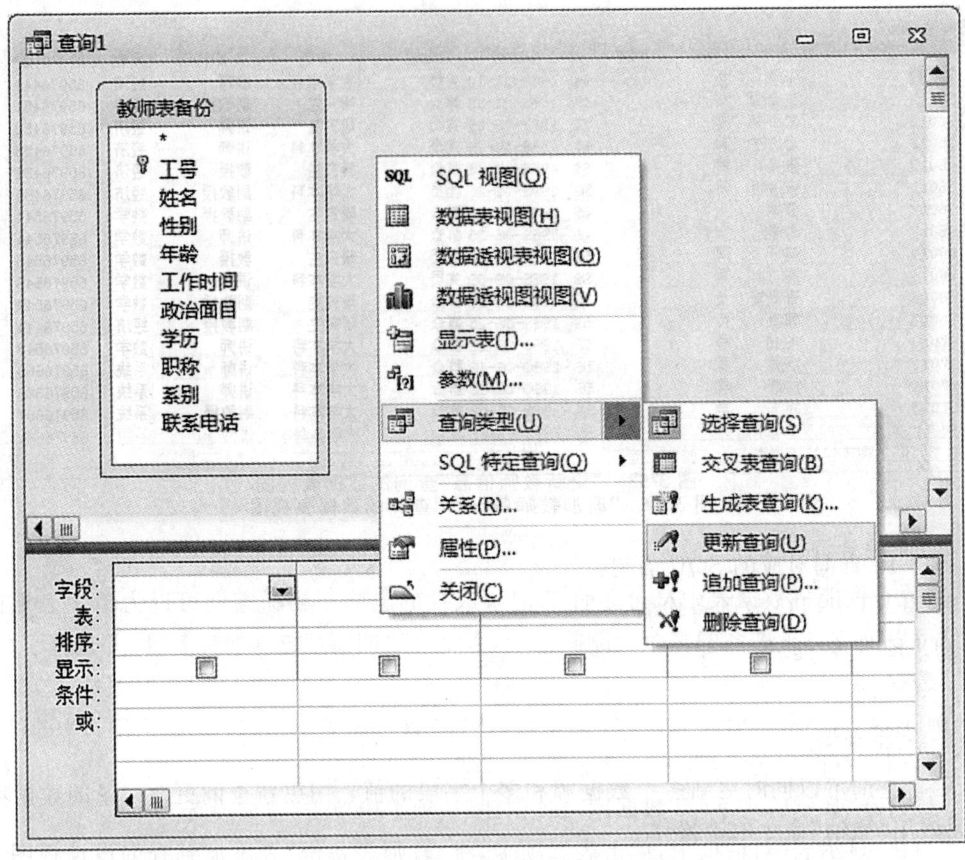

图 3-50 "更新教师信息"查询的设计视图

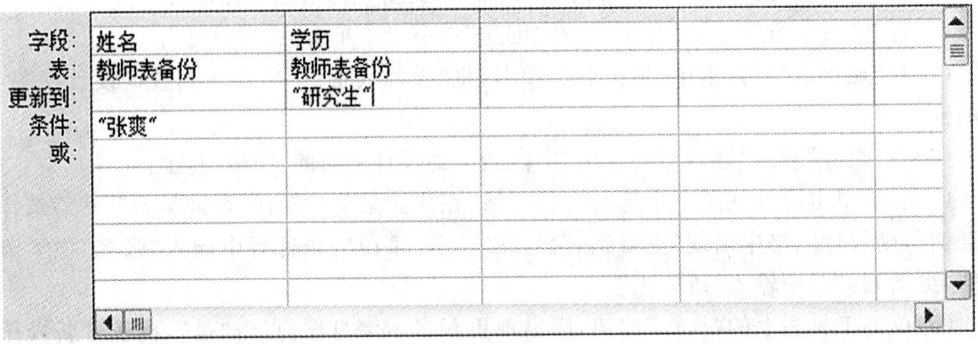

字段:	姓名	学历
表:	教师表备份	教师表备份
更新到:		"研究生"
条件:	"张爽"	
或:		

图 3-51 设计网格

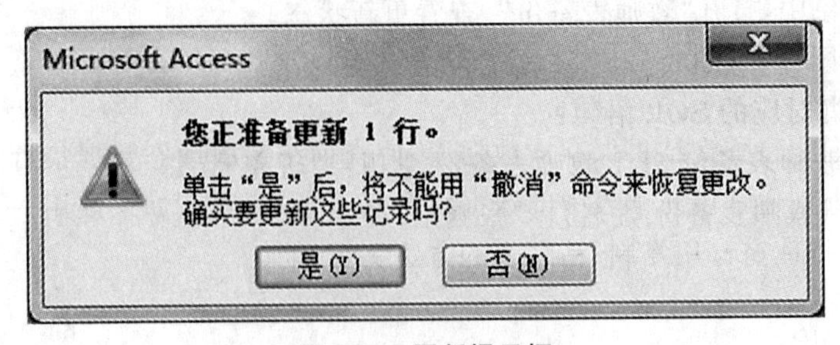

图 3-52 更新提示框

教师表备份

工号	姓名	性别	年龄	工作时间	政治面目	学历	职称	系别	联系电话
95010	张乐	女	44	1969-11-10	党员	大学本科	教授	经济	65976444
95011	赵希明	女	39	1983-01-25	群众	研究生	副教授	经济	65976451
95012	李小平	男	51	1963-05-19	党员	研究生	讲师	经济	65976452
95013	李历宁	男	40	1989-10-29	党员	大学本科	讲师	经济	65976453
96010	张爽	男	53	1958-07-08	群众	研究生	教授	经济	65976454
96011	张进明	男	36	1992-01-26	团员	大学本科	副教授	经济	65976455
96012	邵林	女	45	1983-01-25	群众	研究生	副教授	数学	65976544
96013	李燕	女	49	1969-06-25	群众	大学本科	讲师	数学	65976544
96014	苑平	男	54	1957-09-18	党员	研究生	教授	数学	65976545
96015	陈江川	男	38	1988-09-09	党员	大学本科	讲师	数学	65976546
96016	靳晋复	女	55	1963-05-19	群众	研究生	副教授	数学	65976547
96017	郭新	女	53	1969-06-25	群众	研究生	副教授	经济	65976444
97010	张山	男	57	1990-06-18	群众	大学本科	讲师	数学	65976548
97011	扬灵	男	56	1990-06-18	群众	大学本科	讲师	系统	65976666
97012	林泰	男	56	1990-06-18	群众	大学本科	讲师	系统	65976666
97013	胡方	男	54	1958-07-08	党员	大学本科	副教授	系统	65976667

记录: 第 5 项(共 42 项　无筛选器　搜索

图 3-53　“更新教师信息”查询的数据表视图

3. 删除查询

删除查询能将数据表中符合条件的记录成批的删除。删除查询可以为单个表删除记录，也可以为建立了关系的多个表删除记录，多个表之间要建立参照完整性，并选择了“级联删除”选项。

例 3-14　在“教学管理系统”数据库中，删除“教师表备份”中“工号”字段以“960”开头的记录，删除查询命名为“例 3-14 删除部分教师记录”，并运行。

(1)打开“教学管理系统”数据库，在“创建”选项卡中单击“查询设计”。

(2)在“显示表”对话框中，单击表选项卡，将“教师表备份”表添加到查询设计视图上半部的窗口中。

(3)将“教师表备份”表的“工号”拖动到设计网格的“字段”行上。

(4)右键单击设计视图上半部的空白区域，在快捷菜单中选择“查询类型”，然后选择“删除查询”，则设计网格中出现“删除:”行，在“工号”字段的条件行中输入“Like "960 * "”。

(5)单击工具栏上的“执行”按钮，则出现删除提示消息框，点击“是”，确认删除操作，将本次更新查询命名为“例 3-14 删除部分教师记录”。

(6)在表对象中，打开“教师表备份”，查看删除状态。

如图 3-54、图 3-55、图 3-56、图 3-57 所示。

例 3-14 查询对应的 SQL 语句：

```
DELETE 教师表备份.工号
FROM 教师表备份
WHERE(((教师表备份.工号)Like "950 * "));
```

4. 生成表查询

生成表查询能将查询结果保存成数据表，使查询结果由动态数据集合转化为静态的数据表。生成表查询通常用几个表中的数据组合起来生成新表，如果仅用一个表的数据生成新表，可以在数据库窗口用复制、粘贴表的方法实现。

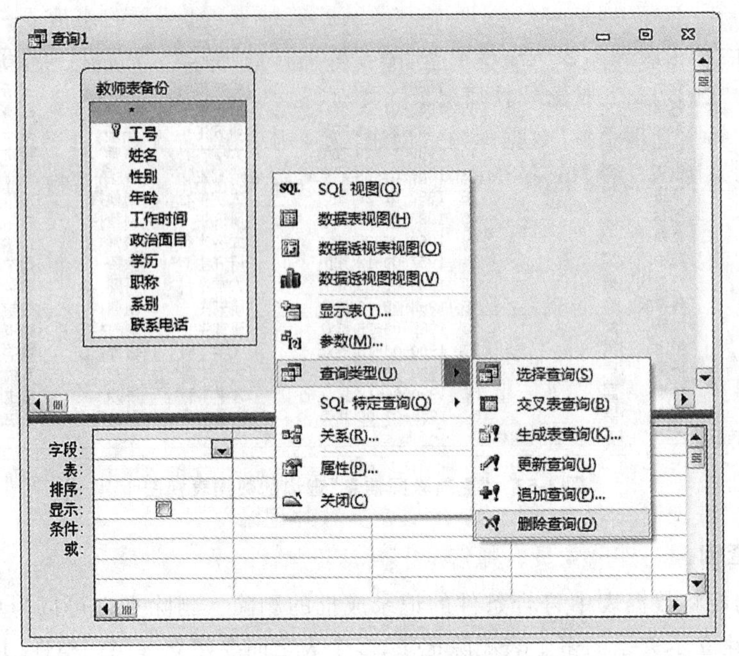

图 3-54 “删除部分教师记录”查询的设计视图

图 3-55 设计网格　　　　图 3-56 删除提示框

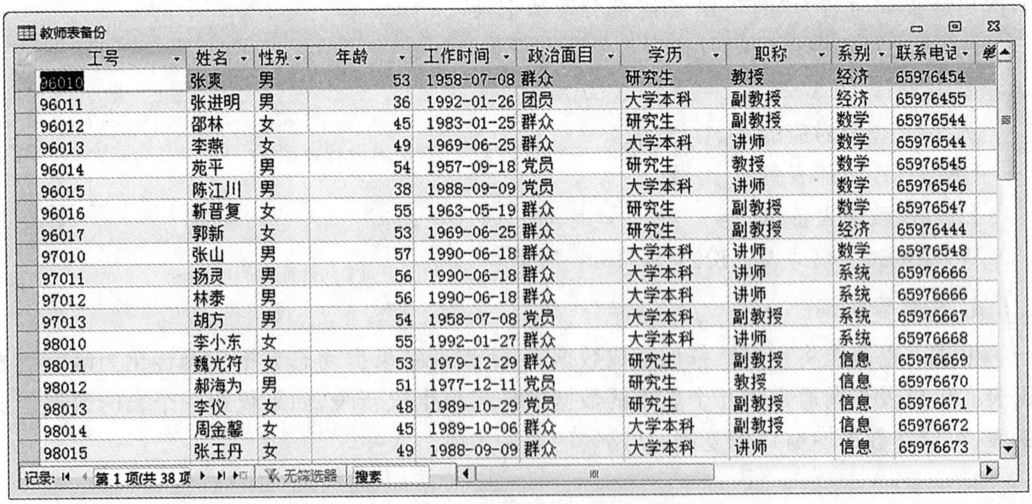

教师表备份

工号	姓名	性别	年龄	工作时间	政治面目	学历	职称	系别	联系电话
96010	张爽	男	53	1958-07-08	群众	研究生	教授	经济	65976454
96011	张进明	男	36	1992-01-26	团员	大学本科	副教授	经济	65976455
96012	邵林	女	45	1983-01-25	群众	研究生	副教授	数学	65976544
96013	李燕	女	49	1969-06-25	群众	大学本科	讲师	数学	65976544
96014	苑平	男	54	1957-09-18	党员	研究生	教授	数学	65976545
96015	陈江川	男	38	1988-09-09	党员	大学本科	讲师	数学	65976546
96016	靳晋复	女	55	1963-05-19	群众	研究生	副教授	数学	65976547
96017	郭新	女	53	1969-06-25	群众	研究生	副教授	经济	65976444
97010	张山	男	57	1990-06-18	群众	大学本科	讲师	数学	65976548
97011	扬灵	男	56	1990-06-18	群众	大学本科	讲师	系统	65976666
97012	林泰	男	56	1990-06-18	群众	大学本科	讲师	系统	65976666
97013	胡方	男	54	1958-07-08	党员	大学本科	副教授	系统	65976667
98010	李小东	女	55	1992-01-27	群众	大学本科	讲师	系统	65976668
98011	魏光符	女	53	1979-12-29	群众	研究生	副教授	信息	65976669
98012	郝海为	男	51	1977-12-11	党员	研究生	教授	信息	65976670
98013	李仪	女	48	1989-10-29	党员	研究生	副教授	信息	65976671
98014	周金馨	女	45	1989-10-06	群众	大学本科	副教授	信息	65976672
98015	张玉丹	女	49	1988-09-09	群众	大学本科	讲师	信息	65976673

记录: 第 1 项(共 38 项　无筛选器　搜索

图 3-57 “删除部分教师记录”查询的数据表视图

例 3-15 在“教学管理系统”数据库中，进行“教师表备份”表的生成表查询，新表命名为“党员教师信息生成表”，表中字段有“工号”“姓名”“性别”“政治面目”“学历”“职称”，生成表查询命名为“例 3-15 生成党员教师记录”，并运行。

(1)打开“教学管理系统”数据库，在“创建”选项卡中单击“查询设计”。

(2)在“显示表”对话框中，单击表选项卡，将“教师表备份”表添加到查询设计视图上半部的窗口中。

(3)将“教师表备份”表的“工号”“姓名”“性别”“政治面貌”“学历”“职称”拖动到设计网格的“字段”行上，在“政治面貌”字段的条件行中输入“党员”。

(4)右键单击设计视图上半部的空白区域，在快捷菜单中选择“查询类型”，然后选择“生成表查询”，则弹出“生成表”对话框，输入表名称“党员教师信息生成表”，选择当前数据库，并单击“确定”。

(5)单击工具栏上的“执行”按钮，则出现生成表提示消息框，点击“是”，确认生成新表操作，将本次生成表查询命名为“例 3-15 生成党员教师记录”。

(6)查看表对象，打开“党员教师信息生成表”，查看记录。

如图 3-58、图 3-59、图 3-60、图 3-61 所示。

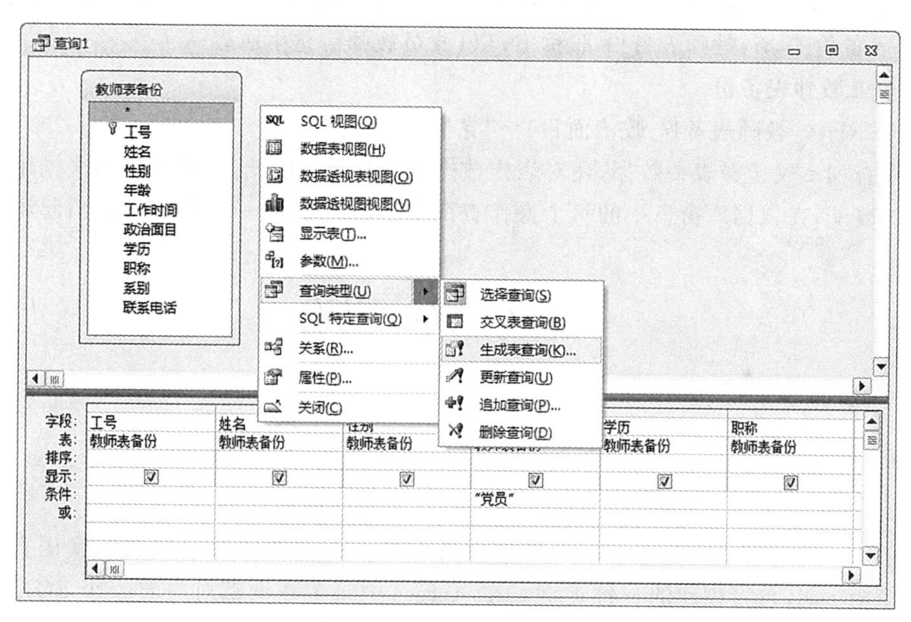

图 3-58 “生成党员教师记录”查询的设计视图

图 3-59 生成表窗口

图 3-60 系统提示框

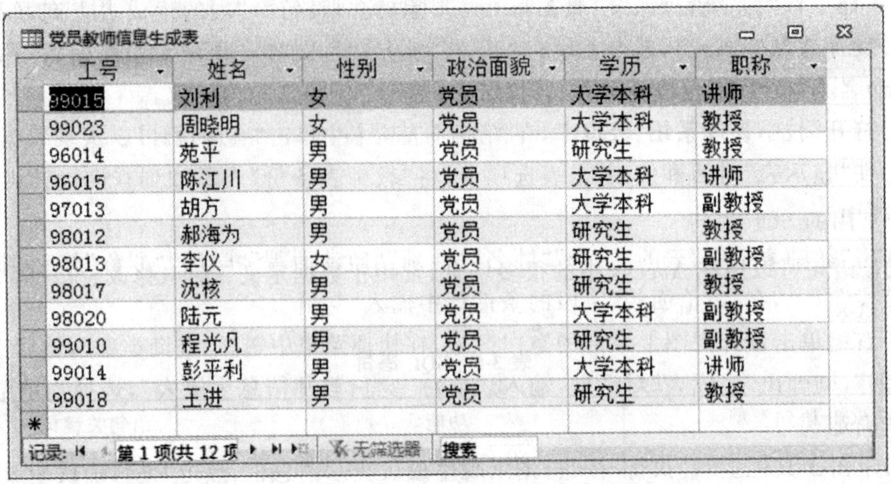

党员教师信息生成表

工号	姓名	性别	政治面貌	学历	职称
99015	刘利	女	党员	大学本科	讲师
99023	周晓明	女	党员	大学本科	教授
96014	苑平	男	党员	研究生	教授
96015	陈江川	男	党员	大学本科	讲师
97013	胡方	男	党员	大学本科	副教授
98012	郝海为	男	党员	研究生	教授
98013	李仪	女	党员	研究生	副教授
98017	沈核	男	党员	研究生	教授
98020	陆元	男	党员	大学本科	副教授
99010	程光凡	男	党员	研究生	副教授
99014	彭平利	男	党员	大学本科	讲师
99018	王进	男	党员	研究生	教授

记录: 第1项(共12项 无筛选器 搜索

图 3-61 “生成党员教师记录”查询的数据表视图

例 3-15 查询对应的 SQL 语句：

SELECT 教师表备份.工号，教师表备份.姓名，教师表备份.性别，教师表备份.政治面貌，教师表备份.学历，教师表备份.职称 INTO 党员教师信息生成表

FROM 教师表备份

WHERE(((教师表备份.政治面目)="党员"));

操作查询不仅选择表中数据，还对表中数据进行修改。因此，为了避免因误操作引起的不必要的改变，在数据库窗口中的每个操作查询图标之后显示一个感叹号，以引起注意。

3.4 SQL 查询

3.4.1 SQL 概述

SQL(structured query language)结构化查询语言是标准的关系型数据库语言。SQL 查询是使用 SQL 语言创建的一种查询。在 Access 中每个查询都对应着一个 SQL 查询命令。当用户使用查询向导或查询设计器创建查询时，系统会自动生成对应的 SQL 命令，可以在 SQL 视图中查看。除此之外，用户还可以直接通过 SQL 视图窗口输入 SQL 命令来创建查询。

SQL 语言的功能包括数据定义、数据查询、数据操纵和数据控制 4 个部分。SQL 语言具有以下特点：

1. SQL 四个特点

(1)高度的综合。SQL 语言集数据定义、数据操纵和数据控制于一体，语言风格统一，可以实现数据库的全部操作。

(2)高度非过程化。SQL 语言在进行数据操作时，只需说明“做什么”，而不必指明“怎

么做”，其他工作由系统完成。用户无需了解对象的存取路径，大大减轻了用户的负担。

(3)交互式与嵌入式相结合。用户可以将 SQL 语句当作一条命令直接使用，也可以将 SQL 语句当作一条语句嵌入高级语言程序中，两种方式语法结构一致。

(4)语言简洁，易学易用。SQL 语言结构简洁，只用了 9 个动词就可以实现数据库的所有功能，使用户易于学习和使用。

2. 常用的 SQL 语句

SQL 语句可以用在 Access 中的很多场合，常用于数据定义、查询、修改、统计等 SQL 语句，见表 3-8。

表 3-8 SQL 语句

SQL 语句类型	功能	语句关键词
数据定义	创建表	CREATE TABLE
	删除表	DROP TABLE
	修改表	ALTER TABLE
	创建索引	CREATE INDEX
	删除索引	DROP INDEX
查询	基本查询、选择查询、分组统计、排序	SELECT
		FROM
		WHERE
		GROUP BY
		ORDER BY
数据更新	添加操作	INSERT INTO
	修改操作	UPDATE
	删除操作	DELETE

3.4.2 SELECT 语句的格式

数据查询是 SQL 的核心功能，SQL 语言提供了 SELECT 语句用于检索和显示数据库中表的信息。该语句功能强大，使用方式灵活，可用一个语句实现多种方式的查询。

1. SELECT 语句的格式

SELECT [ALL|DISTINCT] [TOP ＜数值＞ [PERCENT]]＜目标列表达式 1＞ [,＜目标列表达式 2＞ …]

FROM ＜表或查询 1＞ [[AS]＜别名 1＞][,＜表或查询 2＞ [[INNER|LEFT[OUTER] |RIGHT[OUTER] JOIN ＜表或查询 3＞ ON ＜连接条件＞]…]

[WHERE ＜条件表达式 1＞ [AND|OR ＜条件表达式 2＞…]

[GROUP BY ＜分组项＞ [HAVING ＜分组筛选条件＞]]

[ORDER BY ＜排序项 1＞ [ASC|DESC][,＜排序项 2＞ [ASC|DESC]…]]

2. 语法描述的约定说明

“[]”内的内容为可选项；“＜＞”内的内容为必选项；“|”表示“或”，即前后的两个值“二选一”。

3. SELECT 语句中各子句的意义

(1)SELECT 子句：指定要查询的数据，一般是字段名或表达式。

ALL：表示查询结果中包括所有满足查询条件的记录，也包括值重复的记录。默认为 ALL。

DISTINCT：表示在查询结果中内容完全相同的记录只能出现一次。

TOP ＜数值＞ [PERCENT]：限制查询结果中包括的记录条数为当前＜数值＞条或占记录总数的百分比为＜数值＞。

AS ＜列标题 1＞：指定查询结果中列的标题名称。

(2)FROM 子句：指定数据源，即查询所涉及的相关表或已有的查询。如果这里出现 JOIN…ON 子句则表示要为多表查询指定多表之间的连接方式。

(3)WHERE 子句：指定查询条件，在多表查询的情况下也可用于指定连接条件。

(4)GROUP BY 子句：对查询结果进行分组，可选项 HAVING 表示要提取满足 HAVING 子句指定条件的那些组。

(5)ORDER BY 子句：对查询结果进行排序。ASC 表示升序排列，DESC 表示降序排列。

SELECT 子句对应的查询设计器中的选项见表 3-9。

表 3-9 SELECT 子句对应的查询设计器中的选项

SELECT 子句	查询设计器中的选项
SELECT＜目标列＞	“字段”栏
FROM＜表或查询＞	“显示表”对话框
WHERE＜筛选条件＞	“条件”栏
GROUP BY＜分组项＞	“总计”栏
ORDER BY＜排序项＞	“排序”栏

3.4.3 SELECT 语句的应用示例

1. 单表查询

(1)简单查询

只含有 SELECT，FROM 基本子句，目标字段为全部字段的查询。

例 3-16 查询学生表中的所有记录。

```
SELECT * F
FROM 学生;
```

(2)选择字段查询

例 3-17 查询学生表中的“学号”“姓名”“性别”和“年龄”。

```
SELECT 学生.学号,学生.姓名,学生.性别,学生.年龄
FROM 学生;
```

(3)有条件的查询

例 3-18 查询学生表中的女学生记录,字段包括“学号”“姓名”“性别”和“年龄”。

```
SELECT 学生.学号,学生.姓名,学生.性别,学生.年龄
FROM 学生
WHERE (((学生.性别)="女"));
```

例 3-19 查询学生表中的 18 岁女学生记录,字段包括“学号”“姓名”“性别”和“年龄”。

```
SELECT 学生.学号,学生.姓名,学生.性别,学生.年龄
FROM 学生
WHERE (((学生.性别)="女") AND ((学生.年龄)=18));
```

例 3-20 查询学生表中 18 到 23 岁的学生记录,字段包括“学号”“姓名”“性别”和“年龄”。

```
SELECT 学生.学号,学生.姓名,学生.性别,学生.年龄
FROM 学生
WHERE (((学生.年龄) Between 18 And 23));
```

(4)查询排序

例 3-21 查询学生表中 18 到 23 岁的学生记录,字段包括“学号”“姓名”“性别”和“年龄”,并按年龄从大到小排序。

```
SELECT 学生.学号,学生.姓名,学生.性别,学生.年龄
FROM 学生
WHERE (((学生.年龄) Between 18 And 23))
ORDER BY 学生.年龄 DESC;
```

2. 多表查询

若查询涉及两个以上的表,即当要查询的数据来自多个表时,必须采用多表查询方法,该类查询方法也称为连接查询。连接查询是关系数据库最主要的查询功能。连接查询可以是两个表的连接,也可以是两个以上的表的连接,还可以是一个表自身的连接。

使用多表查询时必须注意:

(1)在 FROM 子句中列出参与查询的表。

(2)如果参与查询的表中存在同名的字段,并且这些字段要参与查询,必须在字段名前加表名。

(3)必须在 FROM 子句中用 JOIN 或 WHERE 子句将多个表用某些字段或表达式连接起来,否则,将会产生笛卡儿积。

例 3-22 在“教学管理系统”数据库中查询汇总所修科目平均分在 70 至 80 分的所有学生记录,显示字段“学号”“姓名”“科目数”“平均分”“总分”,按总分进行降序排列。

```
SELECT 学生.学号,学生.姓名,Count (选修.课程号) AS 科目数,Avg (选修.成绩) AS 平均分,Sum (选修.成绩) AS 总分
FROM 学生 INNER JOIN 选修 ON 学生.学号=选修.学号
```

```
GROUP BY 学生.学号,学生.姓名
HAVING (((Avg(选修.成绩)) Between 70 And 80))
ORDER BY Sum(选修.成绩)DESC;
```

3. 嵌套查询

在SQL语言中,当一个查询是另一个查询的条件时,即在一个SELECT语句的WHERE子句中出现另一个SELECT语句时,这种查询称为嵌套查询。通常把内层的查询语句称为子查询,外层查询语句称为父查询。

嵌套查询的运行方式是由里向外,也就是说,每个子查询都先于它的父查询执行,而子查询的结果作为其父查询的条件。

子查询的SELECT语句中不能使用ORDER BY子句,ORDER BY子句只能对最终查询结果排序。

(1)带关系运算符的嵌套查询

父查询与子查询之间用关系运算符(＞、＜、＝、＞＝、＜＝、＜＞)进行连接。

例 3-23 根据学生表,查询年龄大于所有学生平均年龄的学生,并显示其学号、姓名和年龄。

```
SELECT 学号,姓名,Year(Date())－Year(出生日期)AS 年龄
FROM 学生
WHERE Year(Date())－Year(出生日期)＞
(SELECT Avg(Year(Date())－Year(出生日期))
FROM 学生)
```

(2)带有IN的嵌套查询

例 3-24 根据学生表和选修表查询选修了课程编号为“102”的学生的学号和姓名。

```
SELECT 学号,姓名
FROM 学生
WHERE 学号 IN
(SELECT 学号
FROM 成绩
WHERE 课程编号＝"102")
```

3.4.4 SQL的数据更新命令

SQL中数据更新包括插入数据、修改数据和删除数据三条语句。

1. 插入数据

INSERT INTO语句用于在数据库表中插入数据。通常有两种形式,一种是插入一条记录,另一种是插入子查询的结果。后者可以一次插入多条记录。

(1)插入一条记录

格式为:

```
INSERT INTO <表名>[(<字段名1>[,<字段名2>[,…]])]
```

VALUES (＜表达式 1＞[,＜表达式 2＞[,…]])

(2)插入子查询结果

格式为:

INSERT INTO ＜表名＞[(＜字段名 1＞[,＜字段名 2＞[,…]])] ＜SELECT 查询语句＞

例 3-25 使用 SQL 语句向 Course 表中插入一条课程记录。

```
INSERT INTO Course(课程号,课程名,学分)
VALUES("Cj006","大学语文",3)
```

2. 修改数据

UPDATE 语句用于修改记录的字段值。

修改数据的语法格式为:

UPDATE ＜表名＞
SET ＜字段名 1＞=＜表达式 1＞[,＜字段名 2＞=＜表达式 2＞[,…]]
[WHERE ＜条件＞]

例 3-26 使用 SQL 语句将 Course 表中课程编号为"Cj006"的学分字段值改为 4。

```
UPDATE Student
SET 学分=4
WHERE 课程编号="Cj006"
```

3. 删除数据

DELETE 语句用于将记录从表中删除,删除的记录数据将不可恢复。

删除数据的语法格式为:

DELETE
FROM ＜表名＞
[WHERE ＜条件＞]

例 3-27 使用 SQL 语句删除 Course 表中课程编号为"Cj006"的课程记录。

```
DELETE
FROM Course
WHERE 课程编号="Cj006"
```

3.4.5 SQL 数据统计语句

1. 聚集函数

可以在 SELECT 查询语句中使用 SQL 提供的聚集函数。常用的聚集函数如表 3-10 所示。

表 3-10　常用的聚集函数

常用聚集函数格式	功能
Count ([DISTINCT *] ＜列名＞)	统计记录个数或指定＜列名＞中值的个数
Sum ([DISTINCT *] ＜列名＞)	计算指定＜列名＞中值的总和(数值型)
Avg ([DISTINCT *] ＜列名＞)	计算指定＜列名＞中值的平均值(数值型)
Max ([DISTINCT *] ＜列名＞)	求指定＜列名＞中值的最大值
Min ([DISTINCT *] ＜列名＞)	求指定＜列名＞中值的最小值

例 3-28　在"教学管理系统"数据库中查询汇总所有学生的课程数、总分、最高分、平均分，显示字段"学号""姓名""学科数""总分""最高分""平均分""最低分"，按总分进行降序排列。

SELECT 学生.学号，学生.姓名，Count(选修.课程号)AS 学科数，Sum(选修.成绩)AS 总分，Max(选修.成绩)AS 最高分，Avg(选修.成绩)AS 平均分，Min(选修.成绩)AS 最低分

FROM 学生 INNER JOIN 选修 ON 学生.学号＝选修.学号

GROUP BY 学生.学号，学生.姓名

ORDER BY Sum(选修.成绩)DESC；

2. GROUP BY 子句

GROUP BY 子句通常和聚集函数一起使用，用来对查询结果分组，目的是细化聚集函数的作用对象。如果未对查询结果分组，聚集函数将作用于整个查询结果。

例 3-29　查询各生源人数。

SELECT 生源，Count(*)AS 人数

FROM 学生

ORDER BY 生源；

如果分组后还要求按一定的条件对这些组进行筛选，最终只需要满足指定条件的组，则可用 HAVING 短语指定筛选条件。

例 3-30　查询生源人数两人以上的生源。

SELECT 生源，Count(*)AS 人数

FROM 学生

ORDER BY 生源；

HAVING Count(*)＞＝2；

本章小结

查询对象是实现关系数据库操作的主要方法。本章从查询的概念、功能、构成、视图等进行介绍，重点介绍了查询对象各种不同的创建与设计方法、不同种类查询的创建与使用以及三种视图的应用。学习查询对象重点是要掌握使用设计视图创建各种查询的方法。查询的种类包括选择查询(基本查询、条件查询、汇总运算等)、交叉表查询、操作查询(更新查询、删除查询、追加查询、生成表查询)、参数查询和 SQL 查询。

第4章　窗体和简单编程

窗体是构造系统输入输出界面的基本对象。它为用户提供了查阅、新建、编辑和删除数据操作界面，用户通过使用窗体来实现数据维护和控制应用程序流程等人机交互的功能，是应用程序和用户之间的接口。利用窗体可以把数据库中的对象组织成一个功能完整的数据库应用系统。

本章主要介绍窗体的功能和类型、常用窗体的创建方法、窗体和常用控件的属性和事件的使用以及在窗体中进行简单编程。本章知识结构导航如图4-1所示。

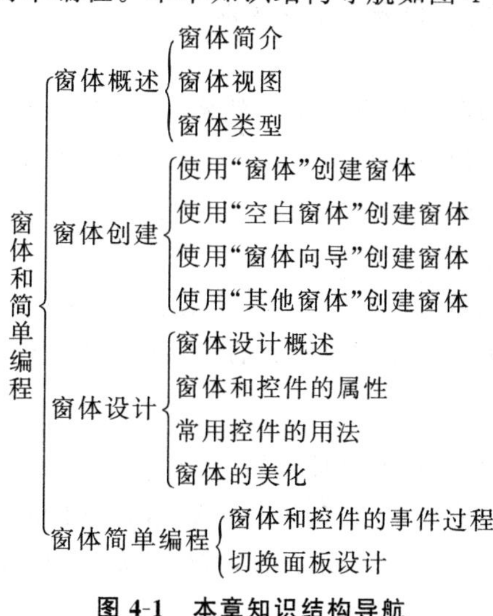

图4-1　本章知识结构导航

4.1　窗体概述

窗体(Form)为用户提供数据操作界面，而窗体本身不存储数据，其数据来源于表、查询、SQL语句或者通过键盘直接输入。用户可以通过窗体把针对数据库的具体应用需求设计成流程清晰、界面友好的控制应用程序。

4.1.1　窗体简介

1. 窗体的概念

窗体又称为表单，是Access数据库系统的重要对象之一，它是管理数据的窗口，也是用户对数据进行操作的界面。窗体中显示的信息可以分为两类：一类是设计者在设计窗体时附加的一些提示信息，比如一些说明性的文字或一些图形元素（如线条、矩形框等），这类信息不随记录变化而变化；另一类是所处理的表或查询的记录，这些信息与数据库中的原始数据息息相关，会随数据的变化而变化，比如用来显示表或查询中信息的文本框等。

2. 窗体的功能

（1）数据的显示与编辑

用窗体来显示并浏览数据比用表和查询的数据表格式显示数据更加灵活，可以用不同的风格显示数据库中多个数据表或查询的数据，而且可以利用窗体对数据库中的相关数据进行添加、删除、修改和查询等操作，甚至可以利用窗体结合 VBA 程序代码进行更复杂的操作。

（2）数据输入

窗体人性化的界面设计不但可以节省数据输入的时间，而且可以提高数据输入的准确性。窗体的数据编辑功能是它与报表的主要区别。

（3）应用程序流程控制

通过向窗体添加控件（如命令按钮），并与宏或者 VBA 代码相结合，每当指定的事件发生（如单击命令按钮）时，即可执行宏或者 VBA 代码所设定的相应操作，完成相应的功能，从而达到控制程序流程的目的。

（4）信息显示和数据打印

在窗体中可以显示说明、警告、解释和图形等信息，窗体也可以通过与表或查询的数据进行绑定，把表或查询的数据显示成用户所需的个性化界面，该界面也可用于打印输出。

3. 窗体的构成

窗体通常由窗体页眉、窗体页脚、页面页眉、页面页脚和主体 5 部分组成，每一部分称为窗体的“节”，所有的窗体必须有主体节，用于显示数据表或查询中的记录，其他节可以根据需要添加或删除。窗体构成如图 4-2 所示，窗体打印预览效果如图 4-3 所示。

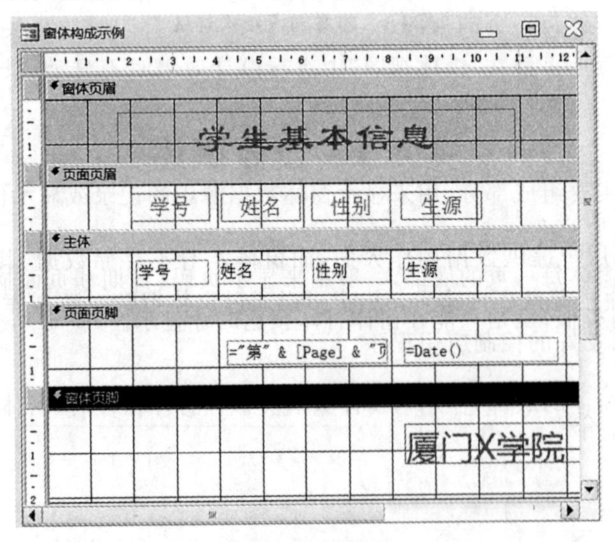

图 4-2　窗体构成

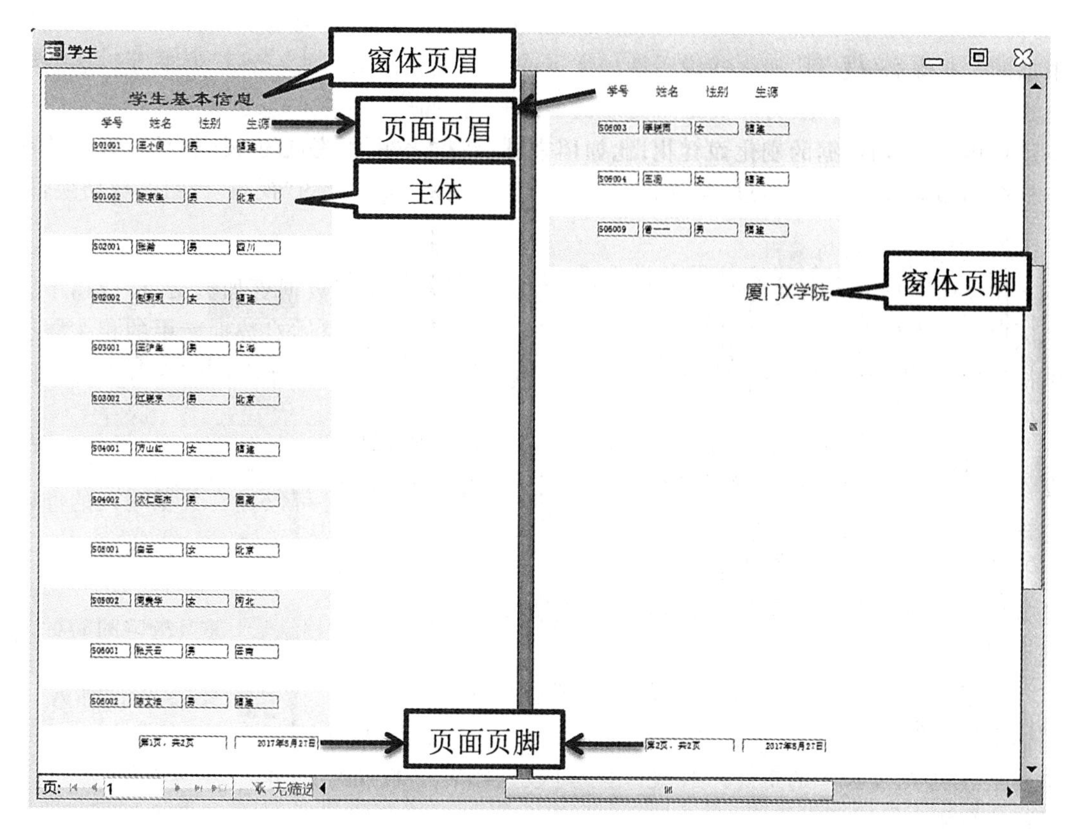

图 4-3　窗体打印预览效果

(1)窗体页眉

窗体页眉位于窗体顶部位置，一般用于显示窗体的标题、窗体徽标和使用说明等不随记录改变的信息。打印窗体时，窗体页眉显示于第一页的顶部。

(2)页面页眉

页面页眉位于窗体每一页的顶部，一般用来设置窗体打印时的页头信息，如列标题、页码和日期等信息。页面页眉在“窗体视图”中查看设计效果时不显示，只有在窗体打印预览时才显示。

(3)主体

主体是窗体的主要组成部分，用来显示窗体数据源中的记录或显示信息。

(4)页面页脚

页面页脚位于窗体每一页的底部，一般用来显示页码、日期和页面摘要、本页汇总等数据，作用与页面页眉类似，也是只能在窗体打印预览时才显示。

(5)窗体页脚

窗体页脚位于窗体的底部，作用与窗体页眉类似。打印窗体时，窗体页脚只出现在最后一页主体节之后。

4.1.2 窗体视图

窗体有 6 种视图，分别是设计视图、窗体视图、数据表视图、数据透视表视图、数据透视图视图和布局视图，可以通过“窗体设计工具”组中“设计”选项卡的“视图”按钮进行切换，如图 4-4 所示。

设计视图是用来创建窗体及修改和美化窗体的，所以一般窗体的创建工作都是在“设计视图”中进行的。在设计视图中可以往窗体中添加各种控件，设计各种控件的属性以达到用户人性化的界面设计。

窗体视图是窗体设计的最终结果，是窗体运行时的视图。在设计视图设计好界面后，就可以在窗体视图中进行查看，在窗体视图中可以进行数据信息查看，添加或修改表中的数据。

数据表视图以表格形式显示表、窗体、查询中的数据，主要是方便用户同时查看多条记录，也可编辑字段、添加和删除数据、查找数据等。

数据透视表视图以数据透视表的形式汇总和分析数据表或窗体中的数据，且可以动态地更改窗体的版面。数据透视表的本质是嵌在 Access 中的 Excel 对象，用于对数据库表中的数据做透视分析。

数据透视图视图以图形方式来汇总和分析数据表或窗体中的数据，且可以动态地更改窗体的版面。用途与数据透视表类似，都是属于嵌入在 Access 中的 Excel 对象。

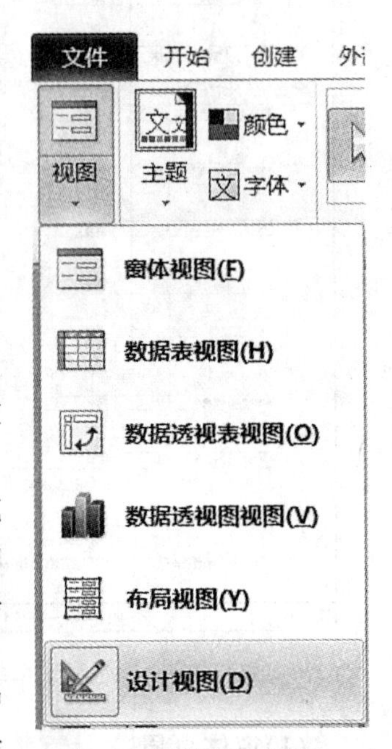

图 4-4　窗体切换视图

布局视图主要用来调整和修改窗体设计，美化窗体布局，比如对各控件的大小及位置进行调整等。

4.1.3 窗体类型

Access 中有多种不同类型的窗体，按窗体数据显示的方式可以分为纵栏式窗体、多个项目窗体、分割窗体、数据表窗体、主/子窗体、数据透视表窗体、数据透视图窗体 7 种类型。

1. 纵栏式窗体

纵栏式窗体一个页面只能显示一条记录，记录中的每个字段纵向排列，左侧显示字段名，右侧显示字段值，一个字段占一行，如图 4-5 所示。

2. 多个项目窗体

多个项目窗体即表格式窗体，可以同时在一个窗体中显示多条记录内容。在窗体页眉处显示窗体标题和字段列标题，主体中则以多行形式显示数据表或查询中的记录，如图 4-6 所示。

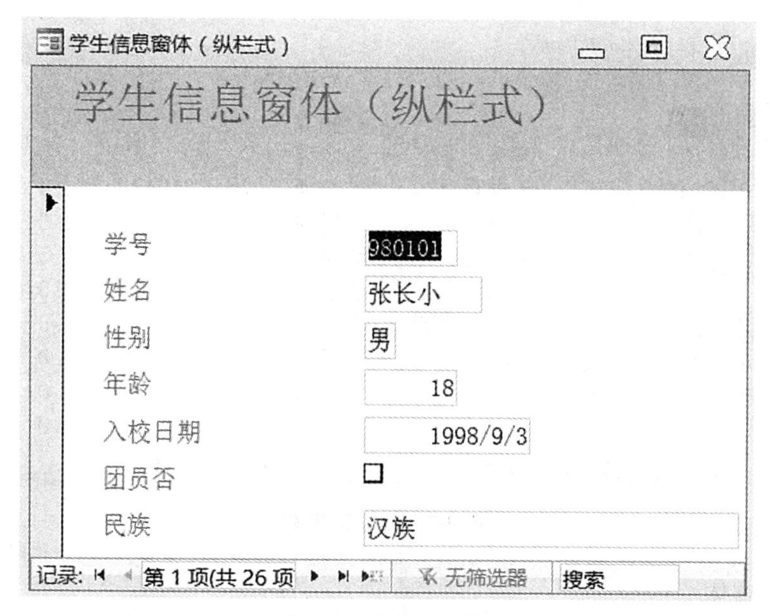

图 4-5　纵栏式窗体

课程窗体（多个项目）

课程

课程号	课程名称	课程类别	学分
101	文学	选修课	3.5
102	高等数学	必修课	6.0
103	大学英语	公共课	4.0
104	力学	选修课	2.0
105	电算会计	选修课	1.5
106	成本核算	选修课	2.0
107	计算机基础	必修课	4.0
203	生物	必修课	3.0
204	化学	必修课	3.0

记录: 第 1 项(共 9 项)　无筛选器　搜索

图 4-6　多个项目窗体

3. 数据表窗体

数据表窗体在外观上与数据表和查询显示数据的界面相同，数据表窗体的本质是窗体的"数据表"视图，如图 4-7 所示。数据表窗体的作用通常是作为一个窗体的子窗体显示数据。

课程窗体（数据表）

课程号	课程名称	课程类别	学分
101	文学	选修课	3.5
102	高等数学	必修课	6.0
103	大学英语	公共课	4.0
104	力学	选修课	2.0
105	电算会计	选修课	1.5
106	成本核算	选修课	2.0
107	计算机基础	必修课	4.0
203	生物	必修课	3.0
204	化学	必修课	3.0
*			0.0

记录: 第 1 项(共 9 项)　无筛选器　搜索

图 4-7　数据表窗体

4. 主/子窗体

窗体中的窗体称为子窗体，包含子窗体的基本窗体称为主窗体。主/子窗体通常用于显示有“一对多”关系的表或查询中的数据。如图 4-8 所示，主窗体只能显示为纵栏式布局，子窗体可以是数据表窗体，也可以是表格式窗体。在主/子窗体界面中，当往子窗体的表格中修改、增加或删除记录时，Access 会将所做的操作保存到子窗体对应的表中。在子窗体中还可以含有子窗体。

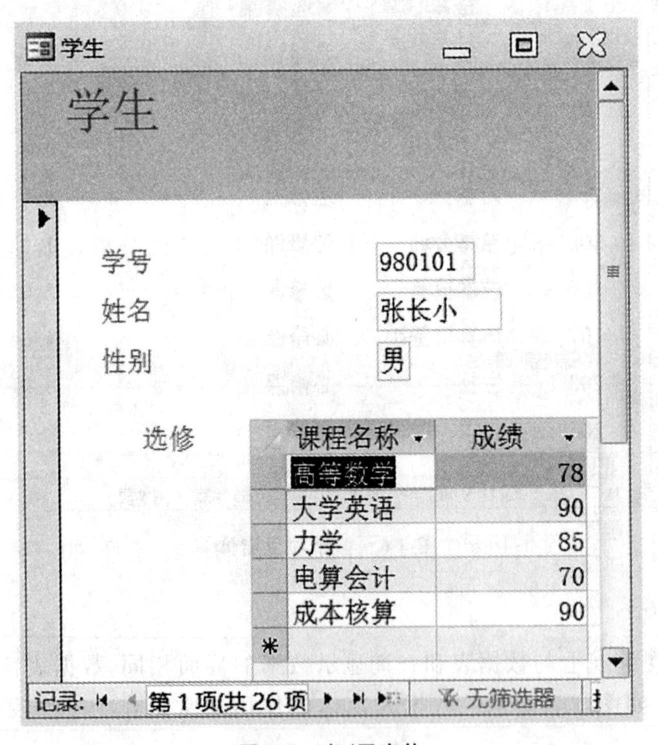

图 4-8　主/子窗体

5. 分割窗体

分割窗体可以同时提供数据的窗体视图和数据表视图，分割窗体把整个窗体分为上下两部分，上半部分显示窗体视图，下半部分显示数据表视图，两个部分的数据来自同一个数据源，如图 4-9 所示。

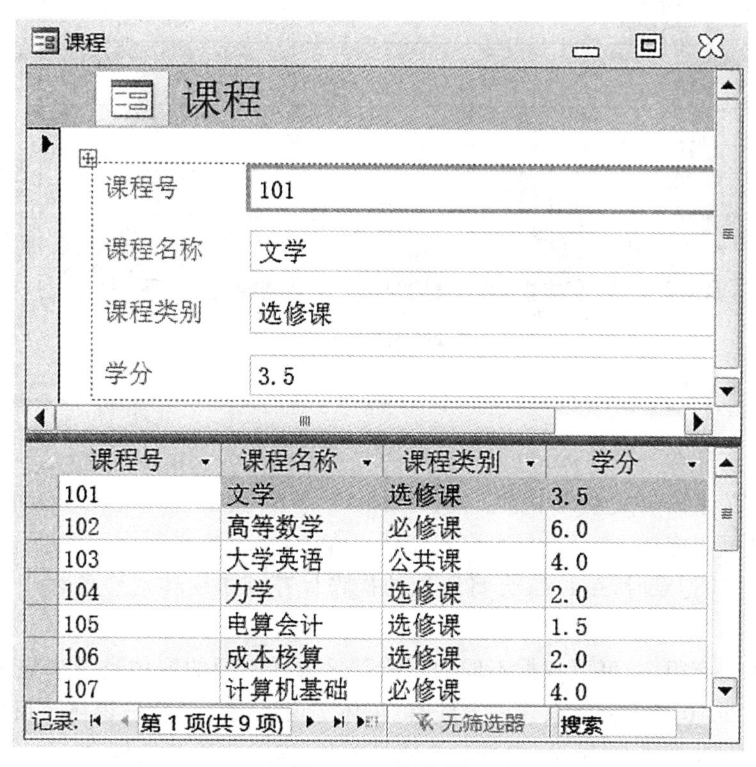

课程号	课程名称	课程类别	学分
101	文学	选修课	3.5
102	高等数学	必修课	6.0
103	大学英语	公共课	4.0
104	力学	选修课	2.0
105	电算会计	选修课	1.5
106	成本核算	选修课	2.0
107	计算机基础	必修课	4.0

图 4-9 分割窗体

6. 数据透视表窗体

数据透视表窗体是以指定的数据产生一个类似 Excel 的分析表而建立的一种窗体，如图 4-10 所示。

教师（数据透视表窗体）

系别：全部

职称	副教授	讲师	教授	总计
性别	工号 的计数	工号 的计数	工号 的计数	工号 的计数
男	7	12	6	25
女	9	5	3	17
总计	16	17	9	42

图 4-10 数据透视表窗体

7. 数据透视图窗体

数据透视图窗体是以图表的方式显示和分析数据，如图 4-11 所示。

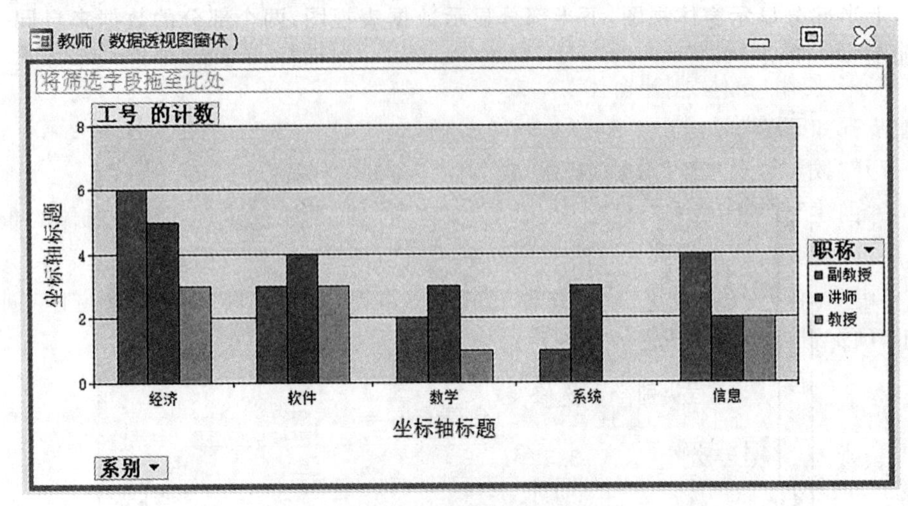

图 4-11 数据透视图窗体

4.2 窗体创建

窗体的类型有很多，可以根据不同的功能需求选择不同的窗体类型来显示数据库中的数据。Access 2010 提供创建窗体的方法有“窗体”“窗体设计”“空白窗体”“窗体向导”和“其他窗体”等方法，如图 4-12 所示，归纳起来就是两种途径：一种是使用 Access 提供的向导快速创建，另一种是通过手工方式在窗体的设计视图中创建。

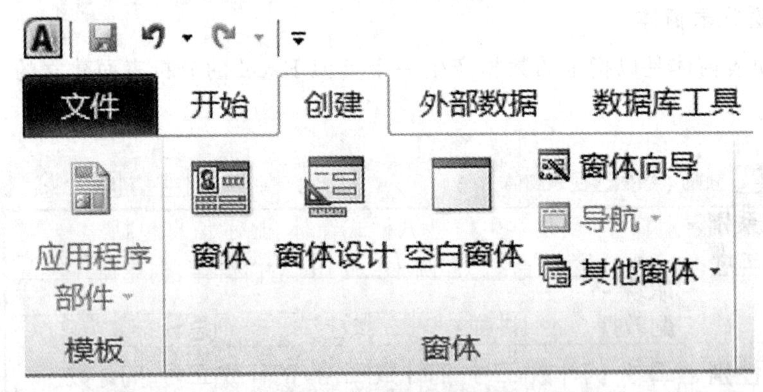

图 4-12 窗体创建方法

通常在设计 Access 应用程序时，往往先使用向导建立窗体的基本框架，由于向导所建立的窗体的版式是固定的，不一定能够满足应用需求，因此，创建后经常需要切换到设计视图进行调整和修改。流程控制窗体和交互信息窗体只能在设计视图下手工创建。

4.2.1 使用“窗体”创建窗体

例 4-1 在“教学管理系统”数据库中，使用“窗体”将“课程”表创建成纵栏式窗体，窗体命名为“例 4-1 使用‘窗体’创建窗体”。

操作步骤如下：

(1)打开“教学管理系统”数据库，在“表”对象中选择“课程”表。

(2)在“创建”选项卡的“窗体”组中，单击“窗体”按钮，系统创建打开课程窗体的布局视图，对布局进行调整，即可得到课程表对应的纵栏式窗体，如图 4-13 所示。

(3)单击“保存”按钮，打开“另存为”对话框，将窗体命名为“例 4-1 使用‘窗体’创建窗体”，单击“确定”按钮，完成该窗体的创建。

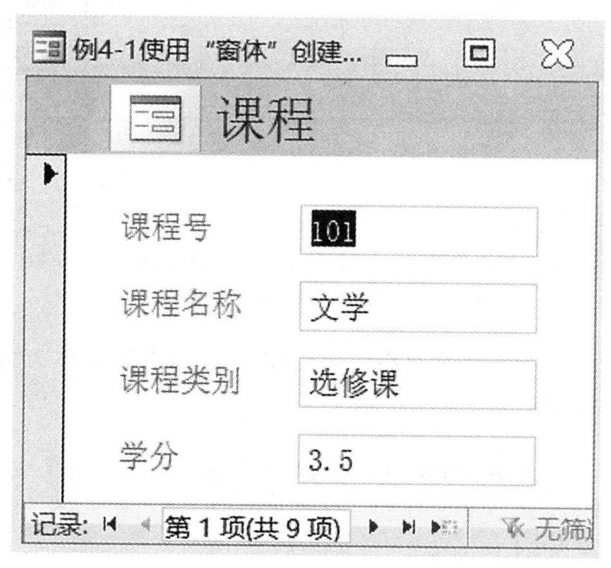

图 4-13　使用“窗体”按钮创建“课程”窗体

4.2.2 使用“空白窗体”创建窗体

例 4-2 使用“空白窗体”创建学生信息纵栏式窗体，显示信息包括学号、姓名、性别、年龄、入校日期、团员否和照片，窗体命名为“例 4-2 使用‘空白窗体’创建窗体”。

操作步骤如下：

(1)在“创建”选项卡的“窗体”组中，单击“空白窗体”按钮，若右侧没有“字段列表”窗格，则在窗体设计工具“设计”选项卡的“工具”组中，单击“添加现有字段”按钮，打开“字段列表”窗格。在“字段列表”窗格中，单击“显示使用表”按钮，将会在窗格中显示数据库中的所有表。

(2)单击“学生”表左侧的“+”，展开“学生”表所包含的字段，如图 4-14 所示。

(3)依次双击“学生”表的“学号”“姓名”“性别”“年龄”“入校日期”“团员否”和“照片”字段，这些字段将被添加到空白窗体中，且立即显示“学生”表的第一条记录。

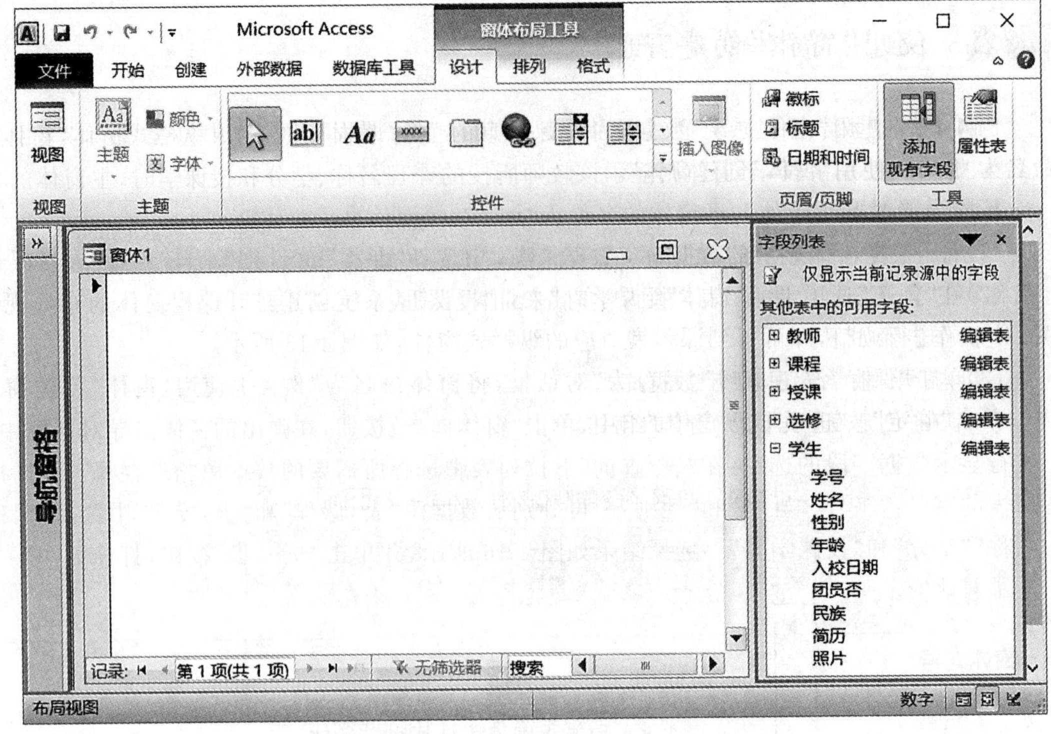

图 4-14 “空白窗体”添加现有字段

(4)关闭“字段列表”对话框,调整控件布局和大小,保存该窗体为“例 4-2 使用‘空白窗体’创建窗体”,生成的窗体如图 4-15 所示。

图 4-15 使用“空白窗体”按钮创建窗体的布局视图

4.2.3 使用“窗体向导”创建窗体

例 4-3 使用“窗体向导”创建教师授课信息的主/子窗体，主窗体中包含“教师”表中的工号、姓名和性别字段，子窗体则显示该教师所授的课程名称、学分和授课学时，主窗体的名称为“例 4-3 教师主窗体”，子窗体的名称为“例 4-3 授课信息子窗体”。

分析：根据窗体显示的数据确定数据来源，“工号”“姓名”和“性别”来自“教师”表，“课程名称”和“学分”来自“课程”表，“授课学时”来自“授课”表。

操作步骤如下：

(1)打开“教学管理系统”数据库。

(2)在“创建”选项卡的“窗体”组中，单击“窗体向导”按钮，在弹出的窗体向导对话框中，进行显示数据字段的选定：在“表/查询”下拉列表中选择所需要的数据源“表：教师”，并选择所需的字段：“工号”“姓名”和“性别”。再分别从数据源“表：课程”和“表：授课”中选择“课程名称”“学分”和“授课学时”。选择结果如图 4-16 所示，并单击“下一步”按钮，打开如图4-17所示对话框。

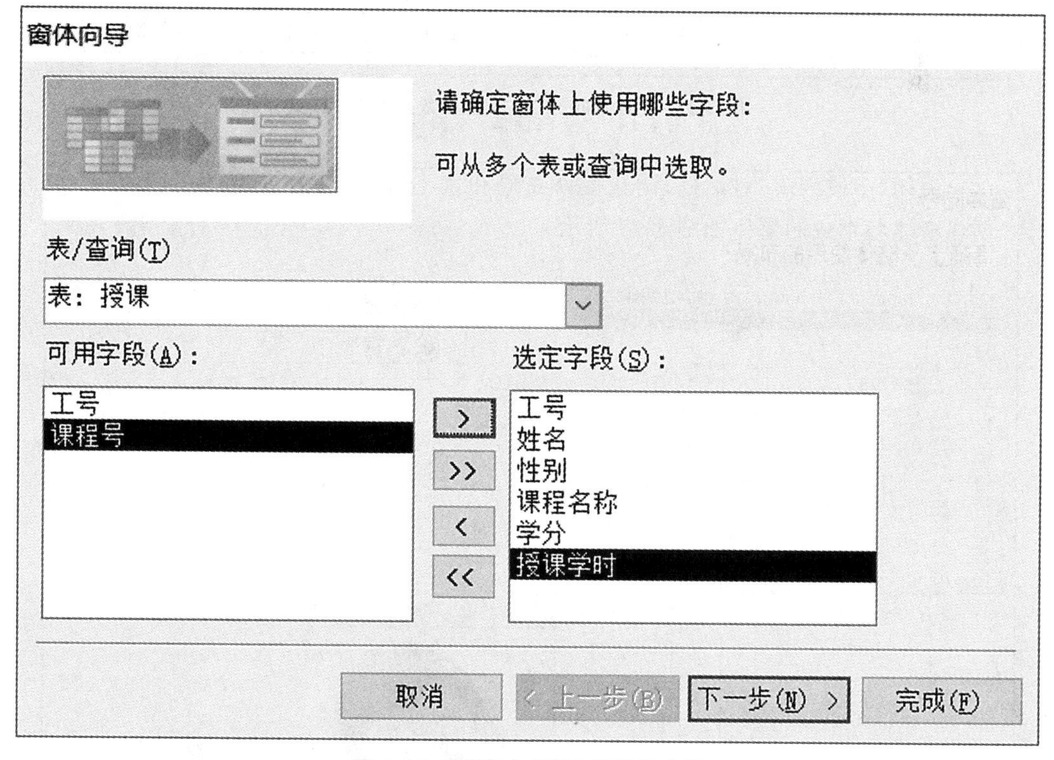

图 4-16 “窗体向导”选择所需字段

(3)在打开确定查看数据方式的“窗体向导”对话框中，选择“带有子窗体的窗体”单选按钮，选择窗体的数据布局方式为“通过教师”，单击“下一步”按钮，进入“窗体向导”，确定子窗体使用的布局，选择“数据表”，如图 4-18 所示。

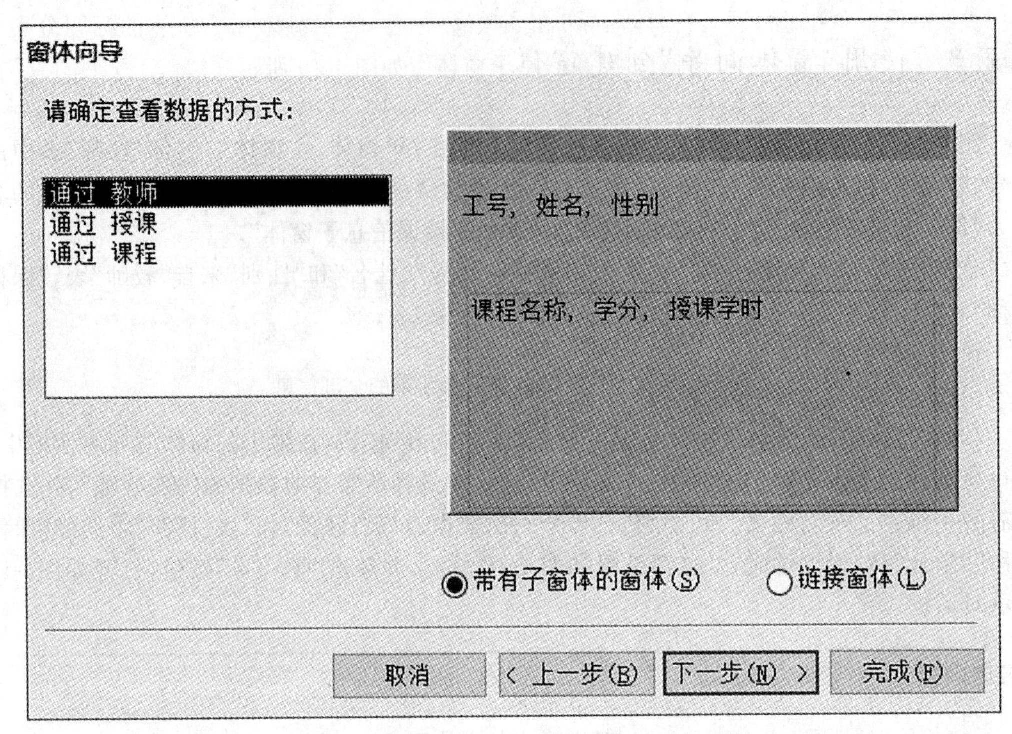

图 4-17 “窗体向导”选择查看数据的方式

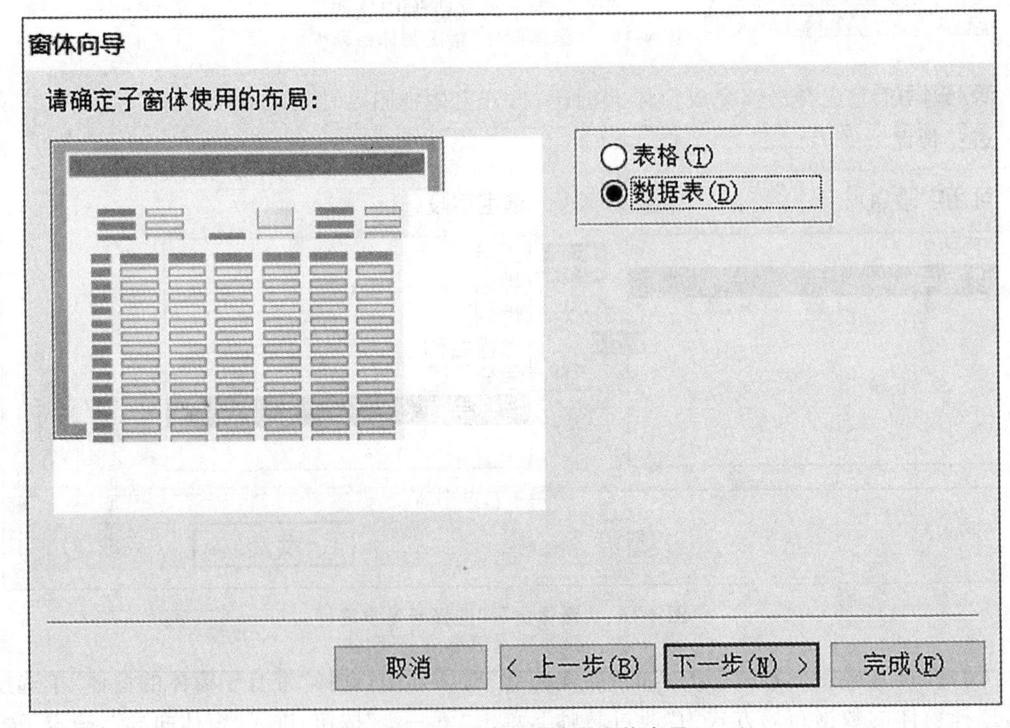

图 4-18 “窗体向导”确定窗体布局

单击“下一步”按钮，进入“窗体向导”，指定窗体标题，将主窗体和子窗体的标题分别命名为“例 4-3 教师主窗体”和“例 4-3 授课信息子窗体”，如图 4-19 所示。

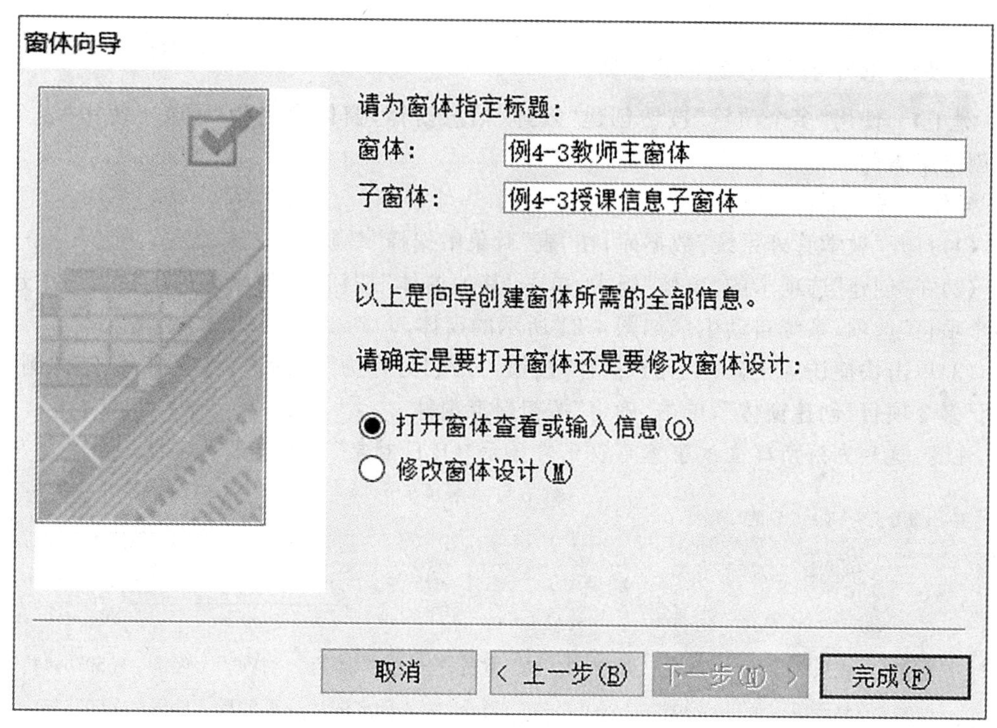

图 4-19　“窗体向导”指定窗体标题

（4）单击“完成”按钮，完成窗体的创建，打开窗体视图，如图 4-20 所示。

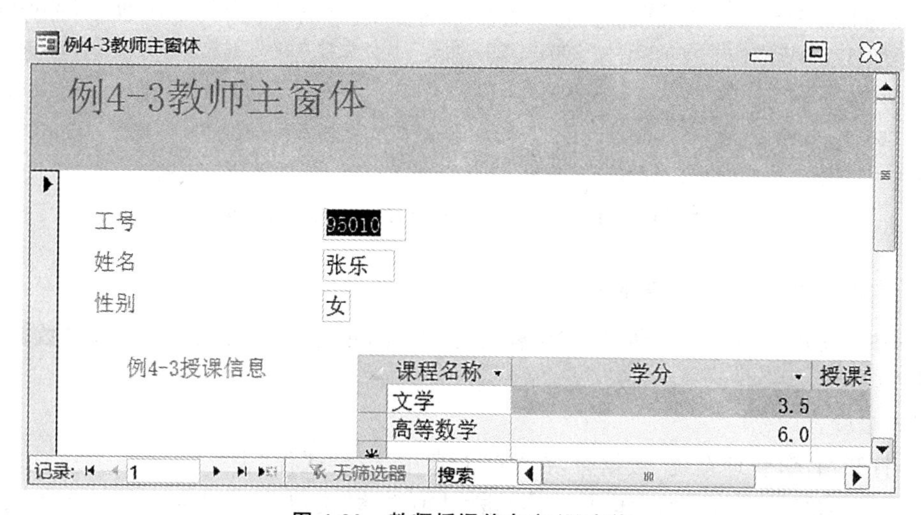

图 4-20　教师授课信息主/子窗体

4.2.4 使用“其他窗体”创建窗体

1. 使用“多个项目”按钮创建窗体

例 4-4 使用“多个项目”按钮创建“教师”信息窗体，窗体命名为“例 4-4 使用‘多个项目’创建窗体”。

操作步骤如下：

(1)打开“教学管理系统”数据库，在“表”对象中选择“教师”表。

(2)在“创建”选项卡的“窗体”组中，单击“其他窗体”按钮，在弹出来的下拉列表中选择“多个项目”选项，系统自动生成如图 4-21 所示的窗体。

(3)单击快捷访问工具栏上的“保存”按钮，打开“另存为”对话框，将窗体命名为“例 4-4 使用‘多个项目’创建窗体”，单击“确定”按钮保存窗体。

注意：这种方法所建立的窗体可以正常显示“OLE 对象”数据类型的字段。

例4-4使用“多个项目”创建窗体

教师

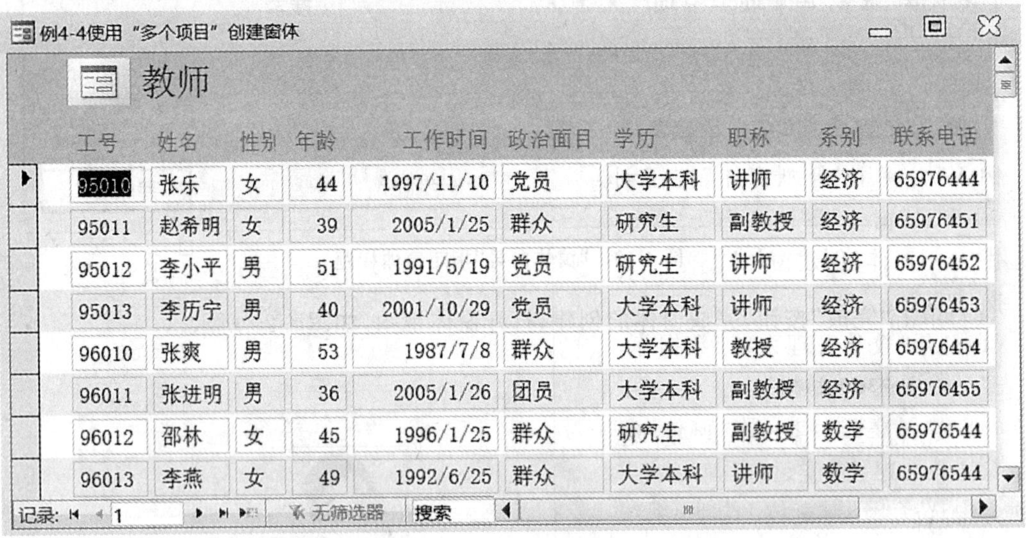

工号	姓名	性别	年龄	工作时间	政治面目	学历	职称	系别	联系电话
95010	张乐	女	44	1997/11/10	党员	大学本科	讲师	经济	65976444
95011	赵希明	女	39	2005/1/25	群众	研究生	副教授	经济	65976451
95012	李小平	男	51	1991/5/19	党员	研究生	讲师	经济	65976452
95013	李历宁	男	40	2001/10/29	党员	大学本科	讲师	经济	65976453
96010	张爽	男	53	1987/7/8	群众	大学本科	教授	经济	65976454
96011	张进明	男	36	2005/1/26	团员	大学本科	副教授	经济	65976455
96012	邵林	女	45	1996/1/25	群众	研究生	副教授	数学	65976544
96013	李燕	女	49	1992/6/25	群众	大学本科	讲师	数学	65976544

记录: 1 无筛选器 搜索

图 4-21 使用“多个项目”按钮创建教师信息窗体

2. 使用“数据表”按钮创建窗体

例 4-5 使用“数据表”按钮创建“课程”信息窗体，窗体命名为“例 4-5 使用‘数据表’创建窗体”。

操作步骤：

(1)打开“教学管理系统”数据库，在“表”对象中选择“课程”表。

(2)在“创建”选项卡的“窗体”组中，单击“其他窗体”按钮，在弹出的下拉列表中选择“数据表”选项，系统自动生成如图 4-22 所示的窗体。

(3)单击快捷访问工具栏上的“保存”按钮，打开“另存为”对话框，将窗体命名为“例 4-5 使用‘数据表’创建窗体”，单击“确定”按钮保存窗体。

注意：用这种方法创建窗体时，若数据库包含“OLE 对象”数据类型的字段，其内容在表格中是不显示的。

例4-5使用“数据表”创建窗体

课程号	课程名称	课程类别	学分
101	文学	选修课	3.5
102	高等数学	必修课	6.0
103	大学英语	公共课	4.0
104	力学	选修课	2.0
105	电算会计	选修课	1.5
106	成本核算	选修课	2.0
107	计算机基础	必修课	4.0
203	生物	必修课	3.0
204	化学	必修课	3.0
*			0.0

记录: 第 1 项(共 9 项)　无筛选器　搜索

图 4-22　使用“数据表”按钮创建课程信息窗体

3. 使用“分割窗体”按钮创建窗体

例 4-6　使用“分割窗体”按钮创建“学生”信息窗体，窗体命名为“例 4-6 使用‘分割窗体’创建窗体”。

操作步骤：

(1)打开“教学管理系统”数据库，在“表”对象中选择“学生”表。

(2)在“创建”选项卡的“窗体”组中，单击“其他窗体”按钮，在弹出的下拉列表中选择“分割窗体”选项，系统自动生成如图 4-23 所示的窗体。

(3)单击快捷访问工具栏上的“保存”按钮，打开“另存为”对话框，将窗体命名为“例 4-6 使用‘分割窗体’创建窗体”，单击“确定”按钮保存窗体。

注意：上下窗体的数据来自同一个数据源，上部窗体为纵栏式窗体，下部窗体为数据表窗体。

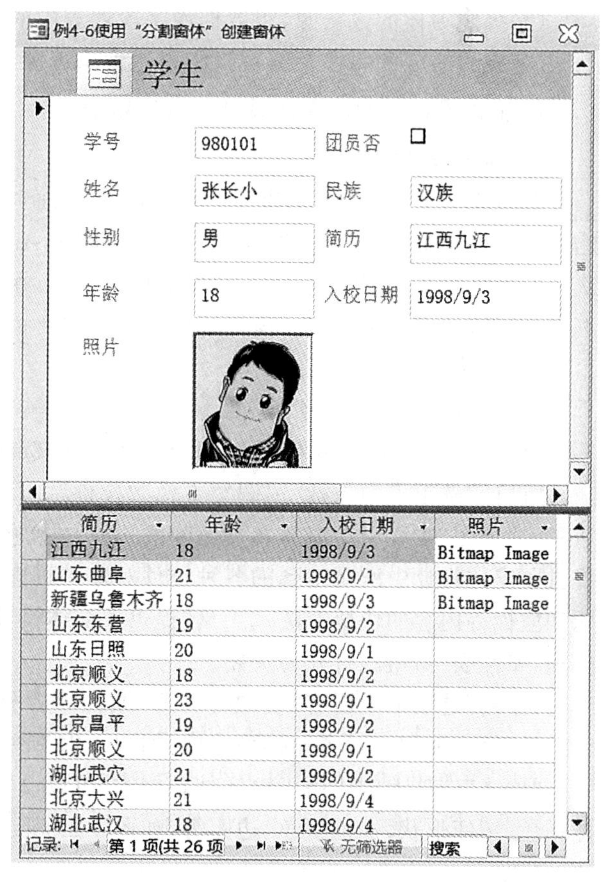

简历	年龄	入校日期	照片
江西九江	18	1998/9/3	Bitmap Image
山东曲阜	21	1998/9/1	Bitmap Image
新疆乌鲁木齐	18	1998/9/3	Bitmap Image
山东东营	19	1998/9/2	
山东日照	20	1998/9/1	
北京顺义	18	1998/9/2	
北京顺义	23	1998/9/1	
北京昌平	19	1998/9/2	
北京顺义	20	1998/9/1	
湖北武穴	21	1998/9/2	
北京大兴	21	1998/9/4	
湖北武汉	18	1998/9/4	

图 4-23　使用“分割窗体”按钮创建学生信息窗体

☑ 4.3 窗体设计

使用前面所介绍的方法可以快捷地创建窗体，然而所创建的窗体往往需要在“窗体设计”中进行修改才能满足用户的需求，甚至有些窗体（比如一些个性化的流程控制或模式对话窗体）需要使用“窗体设计”从头到尾地设计才能实现。本节将介绍使用“窗体设计”来创建窗体，以及窗体设计时所需使用控件的属性和事件的使用方法。

4.3.1 窗体设计概述

1. 窗体设计过程

（1）新建窗体或打开已有的窗体，切换到“设计视图”。

（2）在窗体设计工具“设计”选项卡的“控件”组中，单击所需的控件，将光标移到窗体空白处单击创建一个默认尺寸的控件，或者直接拖曳鼠标，在画出的矩形区域内创建一个控件。

（3）绑定窗体的数据源，将数据源字段列表中的字段拖拽到窗体中。

（4）设置控件的属性及编写代码以达到系统应用所需的功能需求。

2. 窗体设计视图和窗体设计工具选项卡

（1）窗体设计视图

前面介绍了窗体由窗体页眉、窗体页脚、页面页眉、页面页脚和主体 5 部分构成。在“创建”选项卡的“窗体”组中，单击“窗体设计”按钮，Access 便创建了一个空白窗体。该窗体默认只包含主体节，其他节要添加需右键单击主体，在弹出的右键快捷菜单中单击“页面页眉/页脚”或“窗体页眉/页脚”。窗体的设计视图主要由窗体设计区域、窗体设计工具和右键弹出菜单组成，如图 4-24 所示。

（2）窗体设计工具选项卡

“窗体设计工具”包括“设计”选项卡、“排列”选项卡和“格式”选项卡。

“设计”选项卡中包括“视图”“主题”“控件”“页眉/页脚”和“工具”5 个命令组，如图4-25所示。“视图”主要用于窗体各视图间的切换；“主题”主要用于窗体整体风格设计；“控件”则提供了窗体设计中所需用到的各种控件对象；“页眉/页脚”提供了往页眉/页脚添加日期、标题和徽标等内容的快捷方法；“工具”提供了窗体设计相关工具，常用的有“添加现有字段”窗格和“属性表”窗格的打开与关闭。

“排列”选项卡主要有“表”“行和列”“合并/拆分”“移动”“位置”和“调整大小和排序”6个命令组，主要用来对齐和排列控件，如图 4-26 所示。

“格式”选项卡主要用于窗体外观修饰，可以设置控件的特殊效果，如设置字体、字号、字体颜色、按钮形状、边框颜色、边距等，如图 4-27 所示。

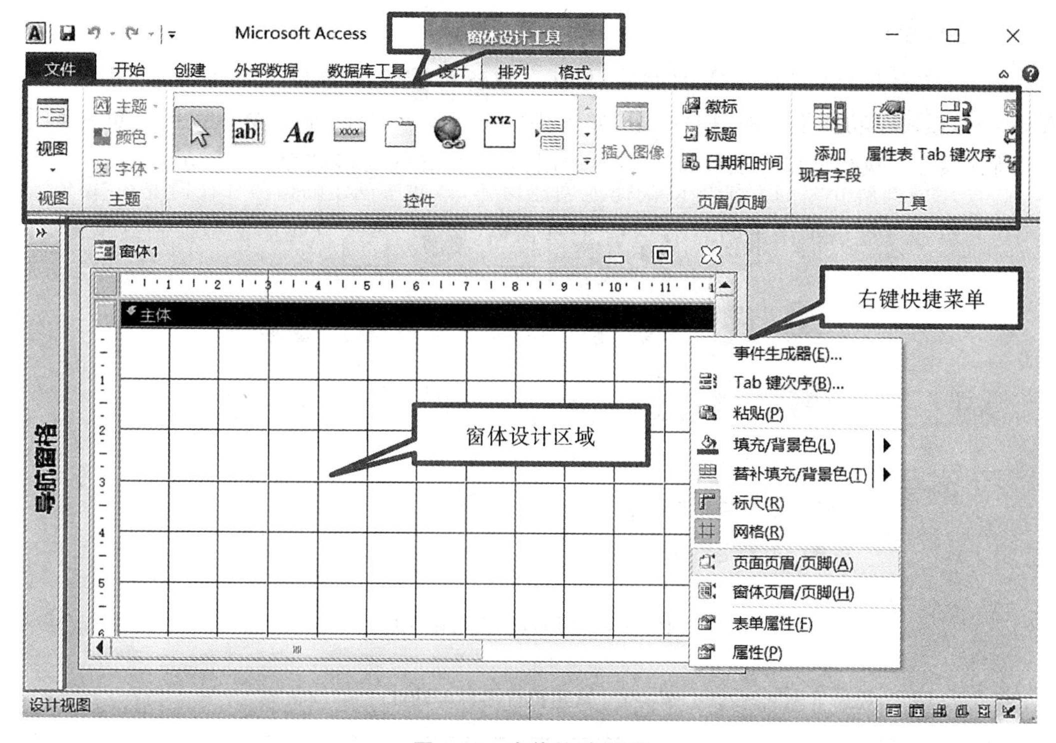

图 4-24　窗体设计界面

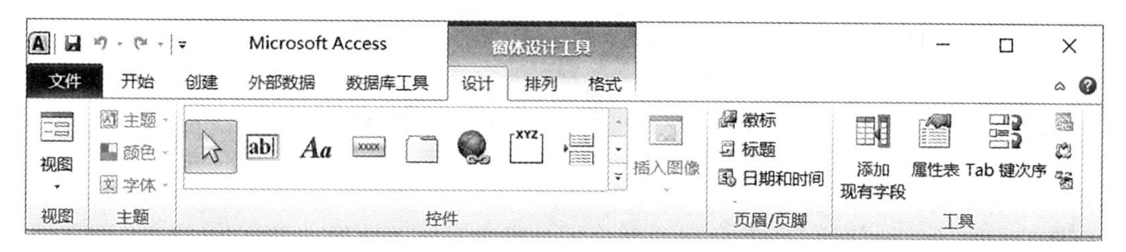

图 4-25　“窗体设计工具”中的“设计”选项卡

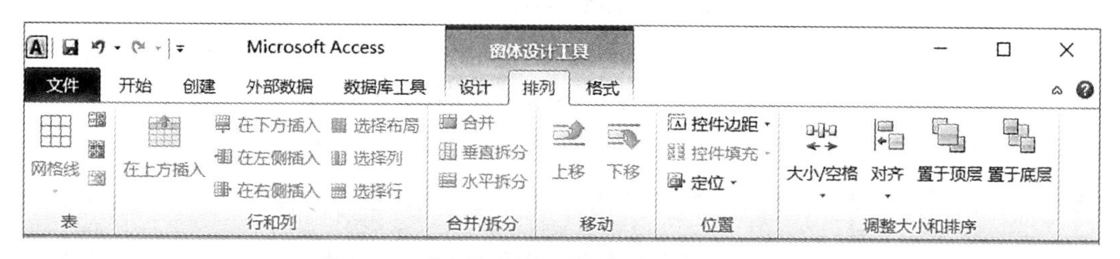

图 4-26　“窗体设计工具”中的“排列”选项卡

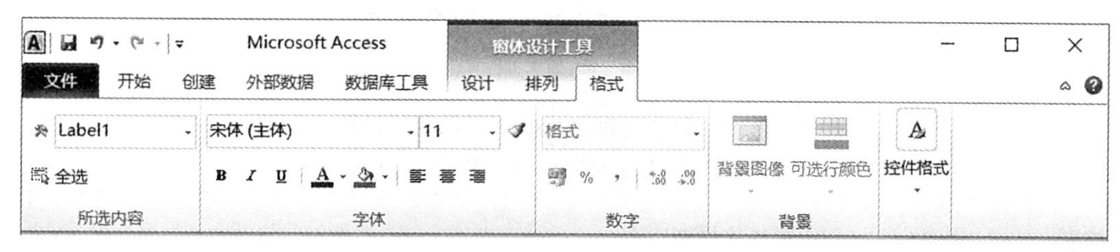

图 4-27　“窗体设计工具”中的“格式”选项卡

3. 窗体设计"控件"组

在进行窗体设计时往往需要在窗体中添加各种控件对象以实现系统应用需求，在Access中提供了功能强大的"控件"组，如图4-28所示。"控件"组是窗体设计的重要工具，起着显示数据、执行操作以及修饰窗体的作用，各控件按钮功能如表4-1所示。

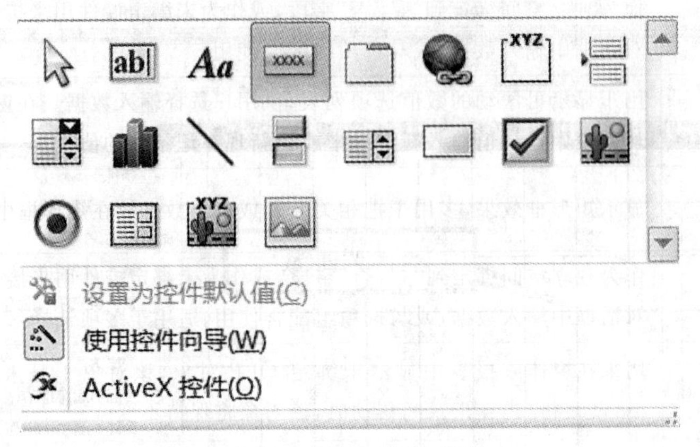

图4-28　窗体设计"控件"组

表4-1　常用控件名称与功能

按钮	控件名称	控件功能
	选择对象	默认工具。用于对现有控件进行选择、调整大小、移动和编辑
	文本框	用来显示、输入或编辑数据源数据，显示计算结果或接受用户输入
	标签	用来显示说明性文本的控件
	按钮	用来执行有关操作，如执行一段VBA代码，完成某一项功能
	选项卡控件	用于创建一个多页选项卡窗体或多页选项卡对话框
	超链接	用在窗体中添加超链接
	选项组	与选项按钮、复选框或切换按钮搭配使用，用于显示一组可选值，但只选择其中一个选项值
	插入分页符	用于在窗体中开始一个新屏幕，或在打印窗体中开始一个新页
	组合框	该控件组合了列表框和文本框的特性，既可以在文本框中输入，也可以在列表框中选择输入项，然后将值添加到基础字段中
	图表	用于窗体中添加图表

续表

按钮	控件名称	控件功能
	直线	用于窗体中画线,可突出或分割窗体、报表或数据访问页中的重要内容
	切换按钮	作为独立空间绑定到“是/否”字段,或作为未绑定控件用来接受用户在自定义对话框中输入数据,或与选项组配合使用
	列表框	用于显示可滚动的数值选项列表,供用户选择输入数据。在窗体视图中,可以从列表中选择值输入新记录中或更新现有记录中的值
	矩形	显示矩形框效果,多用于把相关控件或重要数据放在矩形框中以突出效果
	复选框	作为独立空间绑定到“是/否”字段,或作为未绑定控件用来接受用户在自定义对话框中输入数据,或与选项组配合使用,适用于多项选择
	未绑定对象框	用来在窗体或报表中显示未绑定 OLE 对象,该对象不是来自表的数据,如 Excel 表格,当在记录间移动时,该对象将保持不变
	选项按钮	作为独立空间绑定到“是/否”字段,或作为未绑定控件用来接受用户在自定义对话框中输入数据,或与选项组配合使用,适用于单项选择
	子窗体/子报表	用于在窗体或报表中加载另一个子窗体或子报表,显示来自多个表的数据
	绑定对象框	用来在窗体或报表中显示绑定 OLE 对象,该对象与表中的数据关联。该控件针对的是保存在窗体或报表数据源字段中的对象。当在记录间移动时,不同的对象将显示在窗体和报表上
	图像	用于在窗体或报表中显示静态图片,静态图片不是 OLE 对象,一旦将图片添加到窗体或报表中,就不能在 Access 内对图片进行编辑
	使用控件向导	用于打开或关闭“控件向导”。当该按钮被按下后,再向窗体中添加带有向导工具的控件时,系统会打开“控件向导”对话框,为设置控件的相关属性提供方便。带有控件向导的工具包括组合框、按钮、列表框、选项组、图表、子窗体/子报表等
	ActiveX 控件	单击该按钮,将弹出一个由系统提供可重用的 ActiveX 控件列表,用户从中选择添加到当前窗体内,创建具有特殊功能的控件

每个控件都是一个对象,对象都具有三个要素:属性、方法和事件。在 Access 中,控件与数据源的关系可以分为“非绑定型”“绑定型”和“计算型”3 类。

(1)非绑定型控件(又称“非结合”型):控件与数据源字段无关联。当使用非绑定型控件输入数据时,可以保留输入的值,但不会更新到数据源字段中的字段值。

(2)绑定型控件(又称“结合”型):控件与数据源的字段结合在一起。使用绑定型控件输入数据时,Access 会自动更新当前记录中绑定控件相关联的表字段的值,大多数允许输入数据的控件都是绑定型控件。

(3)计算型控件:与含有数据源字段表达式相关联的控件称为计算型控件。表达式可以使用窗体或报表中数据源的字段值,也可以使用窗体或报表中其他控件中的数据,计算型控件也是非绑定型控件，所以它不会更新表的字段值。

注意：带有向导工具的控件在使用时如需要弹出“控件向导”，需在“窗体设计工具”的“设计”选项卡“控件”组中先选择“使用控件向导”按钮，然后再添加控件，即可弹出控件相关向导，如图 4-28 所示，反之，则再次点击“使用控件向导”按钮即可关闭。

4.3.2 窗体和控件的属性

Access 中窗体和控件都有各自的属性，比如窗体的高度、宽度、背景色等和“标签”控件的字体、字号、字体颜色等，属性的设置决定了窗体和控件的结构和外观。只需在选定对象后，单击“窗体设计工具栏”中“设计”选项卡的“属性表”按钮，即可弹出“属性表”窗格，在“属性表”窗格中便可对所选对象的属性进行设置，如图 4-29 所示。也可以先调出“属性表”窗格后，在“所选内容”的下拉列表中选择对象进行属性设置。

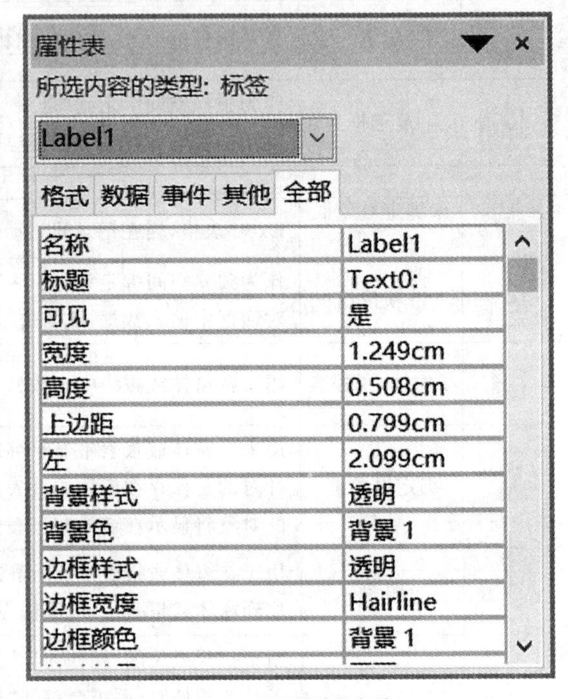

图 4-29 “属性表”窗格

“属性表”窗格包含了“格式”“数据”“事件”“其他”和“全部”5 个选项卡。

“格式”选项卡中的属性主要针对控件的外观或窗体的显示格式而设置。控件的格式属性包括标题、字体名称、字体大小、字体粗细、前景颜色、背景颜色和特殊效果等。窗体的格式属性包括默认视图、滚动条、记录选定器、浏览按钮、分隔线、自动居中、控制框、最大最小化按钮、关闭按钮和边框样式等。

注意：格式属性中的“特殊效果”属性值有“平面”“凸起”“凹陷”“蚀刻”“阴影”和“凿痕”等，主要用于控件的显示效果。

“数据”选项卡中的属性决定了窗体中数据的数据源，整个窗体的数据源在“数据”选项卡中的“记录源”属性中进行设置。窗体“记录源”可以是表、查询或者 SQL 语句。窗体中控件的数据源则在“数据”选项卡“控件来源”属性中进行设置，即可将控件与某字段或表达式的计算结果进行绑定。

注意：在进行窗体设计时，往往先进行窗体的“记录源”设置，再进行窗体内容的设计，因为一旦“记录源”绑定后，便可通过“添加现有字段”窗格快捷地添加已绑定数据的控件，快捷地实现相关数据的显示。

窗体和控件的常用属性如表 4-2 所示。

表 4-2　窗体和控件的常用属性

	属性名称	属性标识	功能
窗体	标题	Caption	指定在“窗体”视图中标题栏上显示的文本
	导航按钮	NavigationButtons	指定窗体上是否显示导航按钮和记录编号框
	自动居中	AutoCenter	当窗体打开时,是否在应用程序窗口中将窗体自动居中
	图片	Picture	指定窗体的背景图片的位图或其他类型的图形
	记录源	RecordSource	指定窗体的数据源,可以是表、查询或者 SQL 语句
	允许编辑	AllowEdit	决定在窗体运行时是否允许对数据进行编辑修改
	允许添加	AllowAdditions	决定在窗体运行时是否允许添加记录
	允许删除	AllowDeletions	决定在窗体运行时是否允许删除记录
标签	标题	Caption	指定控件中显示的文字信息
	名称	Name	指定控件对象引用时的标识名字,VBA 代码中对某个控件进行属性设置时就需要用到该控件的 Name 属性
	高度	Height	指定控件的高度
	宽度	Width	指定控件的宽度
	背景颜色	BackColor	指定控件显示的背景颜色
	字体颜色	ForeColor	指定控件显示的字体颜色
	显示字体	FontName	指定控件显示文字的字体
	字体大小	FontSize	指定控件显示的字体大小
	是否可见	Visible	指定控件是否显示
	倾斜字体	FontItalic	指定文本是否变为斜体
文本框	控件来源	ControlSource	设置控件要显示的数据。如果控件来源为字段,则显示数据表中该字段的值,窗体运行时,对数据所进行的任何修改都将被写入该字段中;如果设置该属性值为空,则多用于输入数据;如果该属性设置为一个计算表达式,则显示计算的结果
	输入掩码	InputMask	用于设置数据的输入格式,仅对文本型和日期型数据有效
	默认值	DefaultValue	用于设定一个计算型控件或非绑定型控件的初始值
	是否锁定	Locked	用于指定显示数据是否允许编辑,默认值为 False,标识可以编辑;若为 True,则文本控件相当于标签的作用
组合框	行来源类型	RowSourceType	用于确定列表选择内容的来源,可设置为“表/查询”“值列表”或“字段列表”,与“行来源”属性配合使用
	行来源	RowSource	与“行来源类型”属性配合使用

4.3.3 常用控件的用法

1. 标签

标签(Label)主要用来显示说明性的文本,因此标签所显示的内容是静态的,没有数据源,属于非绑定型控件。当从一条记录跳到另一条记录时,标签的值不会改变。当标签显示的内容超过标签的宽度时会自动换行,如果要强制换行可以使用组合键 Ctrl+Enter。标签常用的属性有 Caption(显示文本)、FontName(字体)、Visible(是否显示)、FontSize(字号)、ForeColor(字体颜色)和 FontItalic(是否斜体)。

2. 文本框

文本框(Text)主要用于输入数据、显示字段数据、编辑字段数据或显示表达式计算结果,它属于交互式控件,用户通过文本框可以查看数据库中的数据,也可以编辑数据库中的数据。文本框分为绑定型、非绑定型和计算型三种。文本框常用的属性是 Value,用于获取文本框的值。文本框常用的事件有 GetLocus、LostLocus、Change 等。

GetLocus 事件称为获得焦点事件,即当鼠标选中该文本框,使得文本框处于可编辑状态,此时称为文本框获得焦点事件触发。LostLocus 事件称为失去焦点事件,即鼠标从原本处于编辑状态的文本框移开,去点击其他控件,此时称为文本框失去焦点事件触发。Change 事件称为更新事件,即文本框的内容被改变了,且鼠标移开,去点击其他控件,此时称为文本框更新事件触发。我们只要在相应事件过程中进行编程即可实现事件发生时程序自动做出相应的处理功能。

注意:在默认情况下,将文本框、组合框等控件添加到窗体或报表中,Access 都会在控件左侧加上关联标签。如果不要关联标签,则操作方法是:在"控件"组中单击所需的控件,再在属性表中将"自动标签"属性项改为"否",然后添加控件。

3. 按钮

按钮(Command)主要用于执行某项操作,例如"确定"和"取消"等按钮。按钮的属性与标签类似,其常用的事件有 Click(单击)、DoubleClick(双击)等。按钮可以通过"按钮向导"创建多种不同类型的按钮。

例 4-7 在"教学管理系统"数据库中创建一个显示教师工龄信息的窗体,设计效果如图 4-30 所示,窗体命名为"例 4-7 教师基本信息窗体"。

操作步骤如下:

(1)在"创建"选项卡"窗体"组中,单击"窗体设计"按钮。

(2)右键单击窗体空白处,打开"窗体页眉/页脚",为窗体添加页眉页脚。

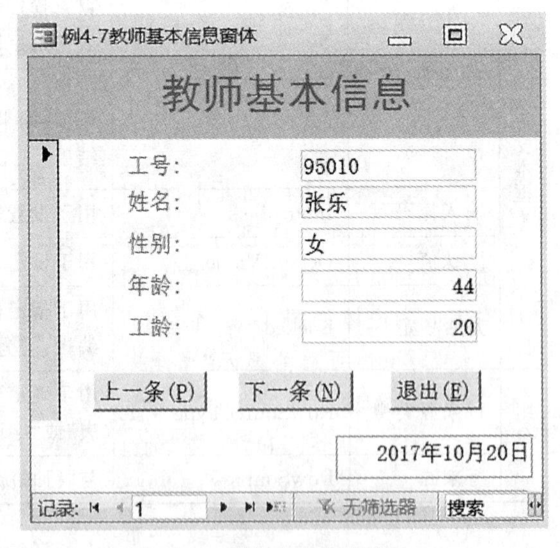

图 4-30 教师基本信息窗体

(3)在窗体的页眉处添加显示“学生基本信息”的标签。单击“控件”组中的“Aa”按钮，鼠标指针变为“＋A”后，在窗口页眉处拖放出一个矩形，同时输入“教师基本信息”作为标签的标题。在“标签”属性窗口的“格式”选项卡中，把“字体名称”设置为“黑体”，“字号”设置为“20”。最后把鼠标指针移到标签左上角，当鼠标指针由小方块变为“十”字光标指向时，按住鼠标左键将标签移到适当位置，调整标签大小。

(4)将“窗体”的“记录源”属性设置为“教师”，“导航按钮”属性设置为“否”，“最大最小化按钮”属性设置为“无”，“分割线”设为“是”。

(5)打开“字段列表”对话框，依次双击“教师”表的“工号”“姓名”“性别”和“年龄”字段，这些字段都被添加到空白窗体中，调整这些控件的位置，关闭“字段列表”对话框。

(6)在“控件”组中，单击“文本框”控件，在“年龄”的下方拖放出一个矩形，系统将创建一个文本框和对应的标签，点击这个标签，将其标题属性设置为“工龄”，将文本框的“控件来源”设置为“＝Year(Date())－Year([工作时间])”。

(7)在“控件”组中，单击“文本框”控件，在“属性表”中，将“自动标签”属性值改为“否”，然后在窗体页脚处拖放出一个矩形，添加一个文本框，将该文本框的“控制来源”设为“＝Date()”，“格式”改为“长日期”，“特殊效果”改为“蚀刻”。

(8)在“控件”组中，单击“其他”按钮，把“使用控件向导”状态打开，在“控件”组中，单击“按钮”控件，在窗体“主体”的底部适当位置拖放出一个矩形，同时系统将打开“命令按钮向导”对话框，并在“类别”中选择“记录导航”，在“操作”中选择“转至前一项记录”；单击“下一步”按钮，进入“请确定在按钮上显示文本还是显示图片”向导，单击“文本”单选按钮，并将右侧文本框中的内容改为“上一条(&P)”；单击“下一步”按钮，进入“请指定按钮的名称”向导，最后单击“完成”按钮。

用同样方法，添加一个按钮：“类别”为“记录导航”，“操作”为“转至下一项记录”，“显示文本”为“下一条(&N)”。

再用同样方法，添加一个按钮：“类别”为“窗体操作”，“操作”为“关闭窗体”，“显示文本”为“退出(&E)”。

(9)调整空间布局和大小，此时的设计视图如图 4-31 所示。保存该窗体为“例 4-7 教师基本信息窗体”，生成的窗体如图 4-30 所示。

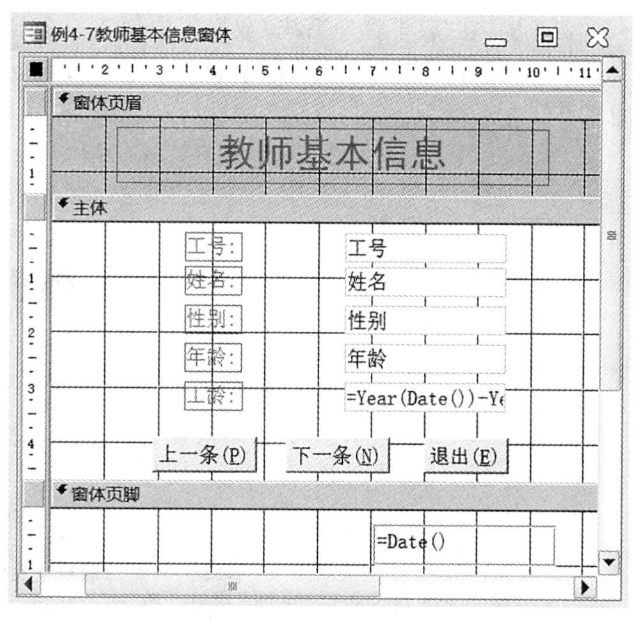

图 4-31 “教师基本信息”窗体的“窗体设计”视图

提示：窗体页眉处显示“学生基本信息”的标签为独立标签；显示“工号”“姓名”“性别”和“年龄”的 4 个标签为关联标签，显示“工号”“姓名”“性别”和“年龄”的 4 个文本框均是绑定型控件。显示“工龄”的文本框是计算型控件，其中“＝Year(Date())－Year([工作时间])"为计算"工龄"的表达式(表达式前必须加"="号),即:年龄=当前年份-参加工作时的年份,Year()为获取指定日期年份函数,Date()为获取当前系统日期的函数。

命令按钮标题设为"上一条(&P)"后,在命令按钮上将显示"上一条(P)",其中 P 表示访问键,若要点击按钮,则只要同时按下 Alt 键和 P 键就可以了。

4. 组合框与列表框

在数据库应用系统中,如果在窗体上输入的数据总是取自某一个表或者查询记录中某字段的值,或者取自某固定内容的数据,可以使用组合框(Combo)或列表框(List)控件来完成。这样不仅可以提高数据输入效率,而且可以提高数据输入的准确性。

组合框与列表框也分为绑定型和非绑定型两种。例如,在输入学生专业信息时,专业信息总是来自"专业"表中的"专业名称"字段数据,这时就可以把组合框或列表框与"专业名称"字段进行绑定,输入数据时只需用鼠标下拉选择相关专业即可,这时就属于绑定型控件;再比如输入教师的职称信息时,教师职称信息包括"助教""讲师""副教授"和"教授",职称内容固定,可以将这些信息放在组合框或列表框中供用户选择,这时组合框或列表框不与某个字段绑定,则属于非绑定型控件。

组合框与列表框的常用属性有 ListCount(获得选项个数)、ListIndex(获得当前选项的下标)、Value(获得当前选项的值)、RowSource(行来源,即可供选择的数据源)等。

组合框与列表框常用的方法有 AddItem、RemoveItem。AddItem 用于给组合框或列表框添加选项,其参数为要添加的选项值(如 Combo1. Additem"选项值"),而 RemoveItem 方法则用于删除选项,其参数为要删除选项的下标(如 Combo1. Removeitem Listindex)。

列表框提供列表供用户选择,而组合框既可以选择,也可以输入文本,这就是组合框与列表框的区别。

例 4-8 在"教学管理系统"数据库中创建一个显示教师职称信息的窗体,职称与"教师"表中的"职称"字段进行绑定,设计结果如图 4-32 所示,窗体命名为"例 4-8 教师职称信息窗体"。

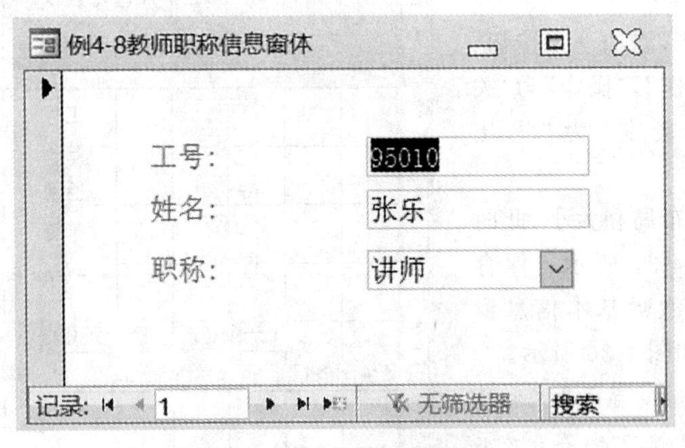

图 4-32 教师职称信息窗体

操作步骤如下:

(1)在"创建"选项卡"窗体"组中,单击"窗体设计"按钮。

(2)将"窗体"的"记录源"属性设置为"教师"。

(3)打开“字段列表”对话框,依次双击“教师”表的“工号”“姓名”字段,这些字段都被添加到空白窗体中,调整这些控件的位置,关闭“字段列表”对话框。

(4)打开“使用控件向导”后,单击“组合框”控件,在姓名下方拖出一个矩形区域,弹出如图 4-33 所示的向导,选择“自行键入所需的值”后单击“下一步”按钮。

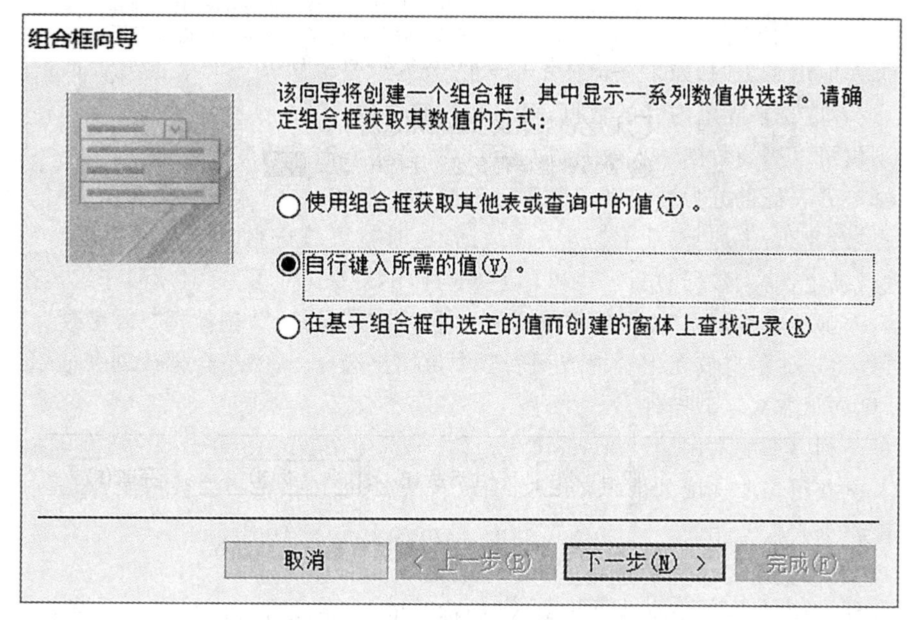

图 4-33　组合框向导设置获取数值的方式

(5)“列数”设置为“1”,在“第 1 列”中依次输入职称信息,如图 4-34 所示,单击“下一步”按钮。

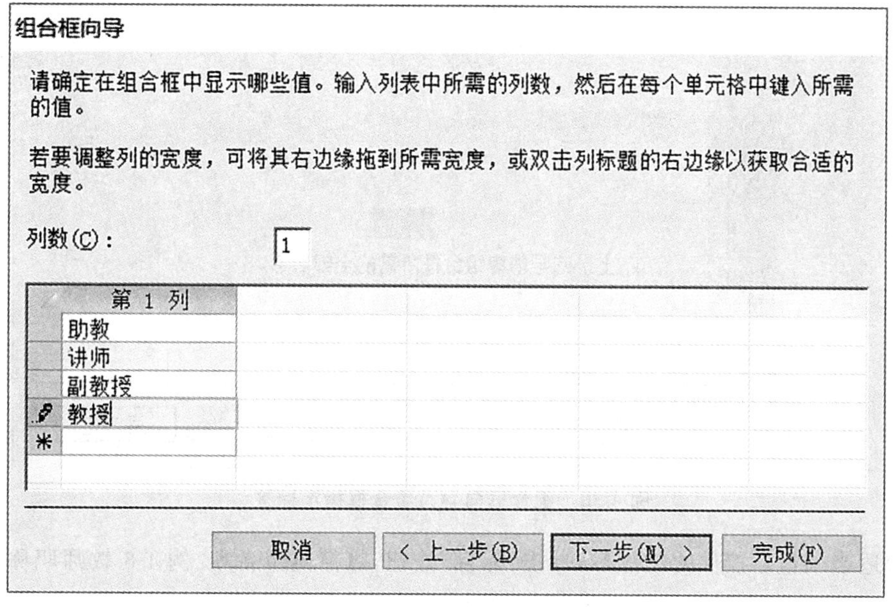

图 4-34　组合框向导确定组合框中显示的值

(6)选择“将该数值保存在这个字段中:”,在右侧的下拉列表中选择“职称”字段,如图4-35所示,单击“下一步”按钮。

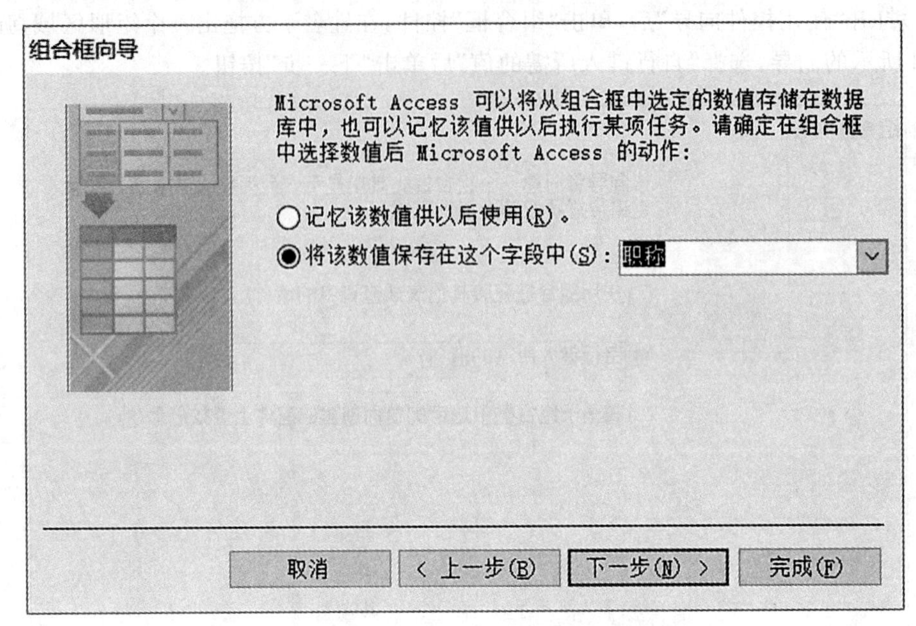

图 4-35　组合框向导确定组合框选择数值后的动作

(7)在“请为组合框指定标签:”中输入“职称”,单击“完成”按钮,如图4-36所示。

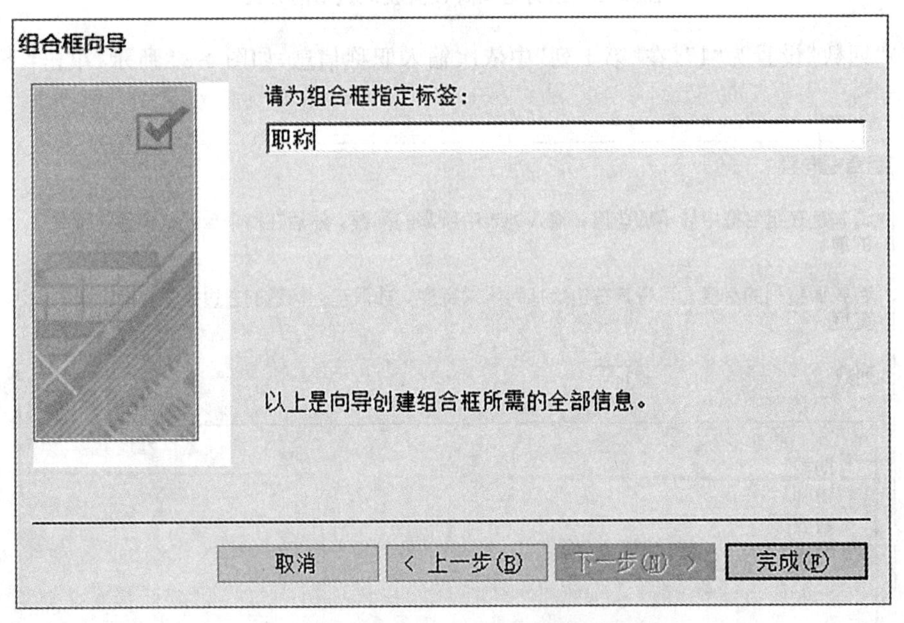

图 4-36　组合框向导为组合框指定标签

(8)适当调整各控件的位置后,单击“保存”按钮,将窗体命名为“例4-8教师职称信息窗体”。

例 4-9　在“教学管理系统”数据库中创建一个显示字体格式设置的窗体,字号组合框包含 14、16 和 18 三个选项，字体组合框包含“宋体”“黑体”和“隶书”三个选项，设计效果如图 4-37 所示，窗体命名为“例 4-9 非绑定型组合框显示窗体”。注：本例选择不使用控件向导方式。

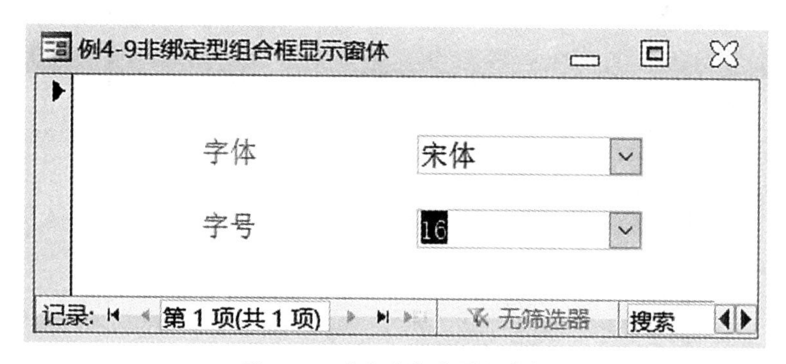

图 4-37　建立非绑定型组合框

操作步骤如下：

(1)在“创建”选项卡“窗体”组中，单击“窗体设计”按钮，单击控件组中的“其他”按钮，将“使用控件向导”关闭。

(2)单击“组合框”控件，在窗体中适当位置拖出一个矩形区域，选中“Label1”标签，在“属性表”窗格中，将“标题”属性设置为“字体”。

(3)选中“Combo0”控件，在“属性表”窗格的“数据”选项卡中，将“行来源类型”属性设置为“值列表”，在“行来源”中输入“"宋体";"黑体";"隶书"”。

(4)使用同样的方法创建“字号”组合框，在“字号”组合框的行来源中输入“14;16;18”，适当调整两个组合框的位置，单击“保存”按钮，将窗体命名为“例 4-9 非绑定型组合框显示窗体”。

提示：组合框中的值如果是数值型数据，则不需要加引号，如果为文本型数据则需要加引号，凡在行来源中输入的标点必须是英文状态的标点。

5. 复选按钮、切换按钮和选项按钮

复选按钮、切换按钮和选项按钮作为单独的控件来显示表或查询中的“是/否”值，当选中复选按钮或选项按钮时，则设置为“是”，否则为“否”；对于切换按钮，如果按下切换按钮，其值为“是”，否则为“否”。选项按钮往往与选项组控件结合使用，将在选项组介绍中进行举例说明。

6. 选项组

选项组(Frame)由一个组框及一组选项按钮、复选按钮或切换按钮组成，选项组可以使用户选择变得简单。只要单击选项组中所需的值，在选项组中每次只能选择一个选项。

注意：如果选项组绑定到某个字段，则是整个组框架与字段绑定，而不是组框架里面的对象与字段绑定。另外，与选项组绑定字段的数据类型必须是“数字”型(“整型”或“长整型”)或“是/否”型。

例 4-10　在“教学管理系统”数据库中创建一个显示学生是否为团员的信息窗体，使用选项组进行设计，并且将选项组与“团员否”字段进行绑定。设计结果如图 4-38 所示，窗体

命名为“例 4-10 选项组与选项按钮控件显示窗体”。

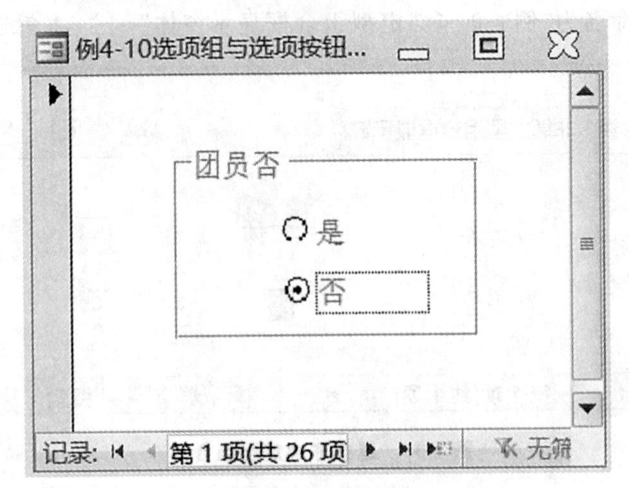

图 4-38　选项组与选项按钮控件显示窗体

操作步骤如下：

(1)在“创建”选项卡“窗体”组中，单击“窗体设计”按钮，单击控件组中的“其他”按钮，将“使用控件向导”关闭。

(2)将“窗体”的“记录源”属性设置为“学生”。

(3)单击“选项组”控件，在窗体中适当位置拖出一个矩形区域，选中“选项组”的关联标签“Label1”，在“属性表”窗格中，将“标题”属性设置为“团员否”。

(4)单击“选项按钮”控件，鼠标移到“选项组”区域中拖出一个矩形区域，将“选项按钮”的关联标签的“标题”属性设置为“是”，将“选项按钮”的“选项值”属性设置为－1。使用同样的方法创建另一个标题为“否”的“选项按钮”，并将该“选项按钮”的“选项值”属性设置为 0。

(5)单击“选项组”控件，设置其“记录源”属性为“团员否”字段。

(6)单击“保存”按钮，将窗体命名为“例 4-10 选项组与选项按钮控件显示窗体”。

提示：“是否型”数据类型，当其处于勾选状态时值为－1，否则为 0；另外，放置于选项组控件的选项值必须是数字型或是否型，因此，如果要与表中的字段绑定，则表中字段的数值也必须是数值型或是否型，这样才能使选项按钮正确显示表中的相应字段值。

7. 图像

图像(Image)用于往窗体中插入图片的控件，起到美化窗体的作用。图像控件的常用属性有 Picture(图片)，该属性用于设置图片的路径信息，也可以通过属性表窗格设置相关属性，如图片的 Width(宽度)、Height(高度)、Top(上边距)和 Left(左边距)等，还可以进行缩放模式设置，如“剪裁”“拉伸”和“缩放”。

8. 选项卡

选项卡是用于分页显示窗体内容的控件，用户点击不同的选项卡标签进行页面间的切换。

例 4-11　在“教学管理系统”数据库中创建一个使用“选项卡”控件显示学生信息的窗体，学生的基本信息显示在选项卡的“学生基本信息”页，照片则显示在选项卡的“学生照片”

页，设计结果如图 4-39 所示，窗体命名为“例 4-11 选项卡控件显示窗体”。

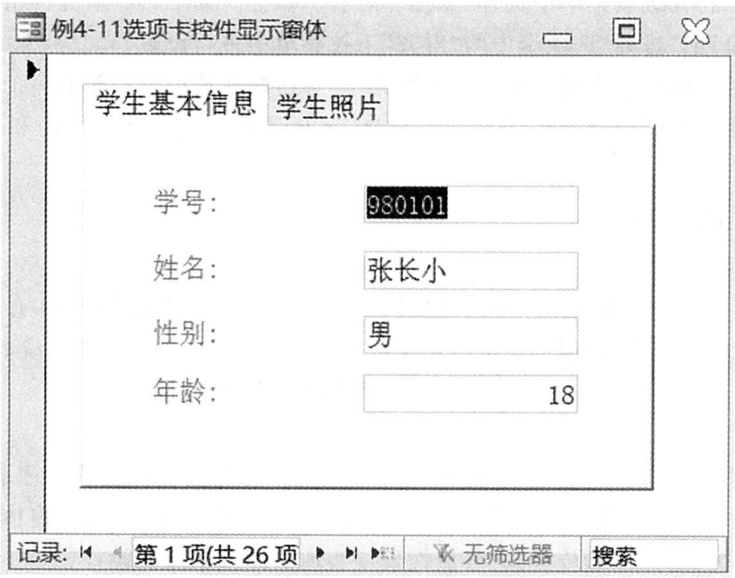

图 4-39　使用“选项卡”控件创建学生信息窗体

操作步骤如下：

(1)在“创建”选项卡“窗体”组中，单击“窗体设计”按钮，单击控件组中的“其他”按钮，将“使用控件向导”关闭。

(2)将“窗体”的“记录源”属性设置为“学生”。

(3)单击“选项卡控件”按钮，在窗体中适当位置拖出一个矩形区域，单击“选项卡控件”的“页 1”，在“属性表”窗格中，将“名称”属性设置为“学生基本信息”。使用同样的方法将“页 2”的“名称”属性设置为“学生照片”。

(4)在“窗体设计工具”的“设计”选项卡中单击“添加现有字段”按钮，调出“添加现有字段”窗格。

(5)选中“学生基本信息”页后，依次将“添加现有字段”窗体中的“学号”“姓名”“性别”和“年龄”4 个字段拖放至“学生基本信息”页的区域中。

(6)切换到“学生照片”页，将“照片”字段拖放至“学生照片”页的区域中，删除“照片”字段的关联标签，适当调整各字段的大小和位置。

(7)单击“保存”按钮，将窗体命名为“例 4-11 选项卡控件显示窗体”。

4.3.4　窗体的美化

1. 窗体布局

创建控件时，常采用拖动的方式调整控件对象的大小和位置，往往这样的调整方式不容易做到各对象大小一致、排列整齐。要做到窗体布局更加整齐美观，可以采用如下方法：

(1)要让窗体控件的大小一致，建议采用设置控件的“宽度”和“高度”属性进行精确设计，可以确保让控件的大小完全一致。

(2)要让多个控件对齐,则可以先拖动鼠标将要对齐的多个控件选中,在右键快捷菜单中选择"对齐",在其级联菜单中选择"靠左""靠右""靠上""靠下"或"对齐网格",也可以使用"窗体设计工具"的"排列"选项卡中的"对齐"下拉菜单中进行设置。

(3)要让控件间的水平间距和垂直间距大小一致,则在选中要调整的多个控件后,在"窗体设计工具"的"排列"选项卡中的"大小/空格"下拉菜单中进行水平间距和垂直间距等的设置。

2. 窗体主题与背景

(1)应用主题

"主题"从整体上对数据库系统的风格进行设置。Access 中提供了 44 套具有统一设计元素和配色方案的主题,利用主题可以快速创建风格统一、界面美观的系统界面。在"窗体设计工具/设计"命令组中包含 3 个按钮:"主题""颜色"和"字体"。

(2)设置背景

窗体的背景可以使用"属性表"窗格中的"背景色"属性进行纯色填充背景色,也可以在"属性表"窗格中设置窗体的"图片"属性,选择图片作为窗体背景图,通过窗体的"图片平铺""图片对齐方式"和"图片缩放模式"等属性设置实现窗体背景图的设计。

☑ 4.4 窗体简单编程

在 Access 中,当对某一个对象进行操作时,不同的操作可能会产生不同的效果,这就是事件触发(比如鼠标单击事件和双击事件等)。为了使对象在某一事件发生时能够做出所需要的处理,必须针对这一事件编写相应的代码来完成相应的功能,针对事件所编写的代码称为事件过程。本节将介绍窗体和控件的常用事件及针对事件的简单编程。

4.4.1 窗体和控件的事件过程

事件是对象对外部操作的响应,如按钮被单击时,要实现对单击事件做出响应就得编写代码来实现。为了响应事件所编写的代码段就是事件过程,即事件过程是对象的事件触发执行的指令序列。只有事件触发,事件过程才会被执行。

事件过程格式通常如下:

```
Private Sub 对象名_事件名([形参表])
  程序代码序列
  …
End Sub
```

模块是用来存放程序代码的容器,窗体对象本身就是模块的一类,称为类模块。窗体类模块由若干个事件过程构成,如图 4-40 所示。

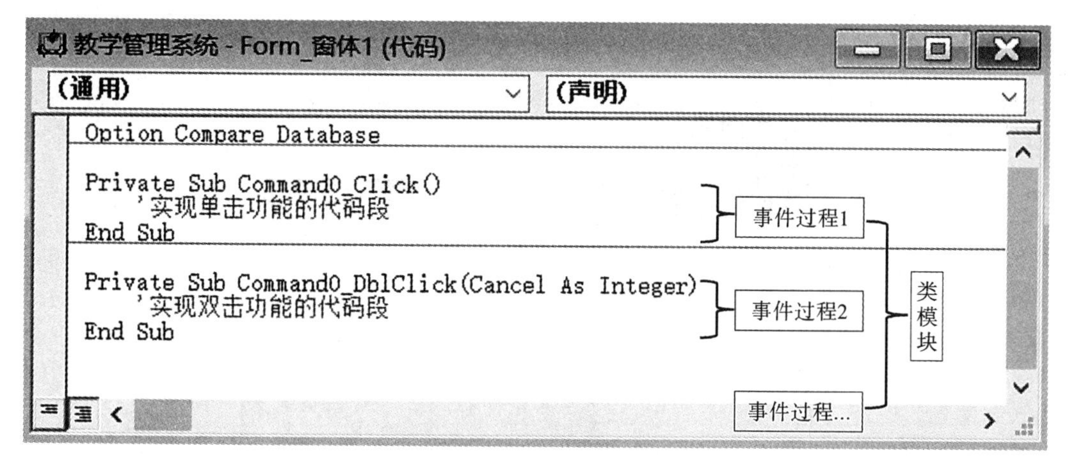

图 4-40　窗体类模块

1. Click 事件

例 4-12　将例 4-9 所创建的窗体复制一份，粘贴并命名为“例 4-12 字体格式设置窗体”，在“例 4-12 字体格式设置窗体”窗体中增加一个名为“Label3”的标签，标签显示的内容为“字体格式设置”，再增加一个名为“Command1”的“确定”按钮，当组合框选定字体和字号后，点击“确定”按钮实现标签的内容相应字体格式设置，如图 4-41 所示。

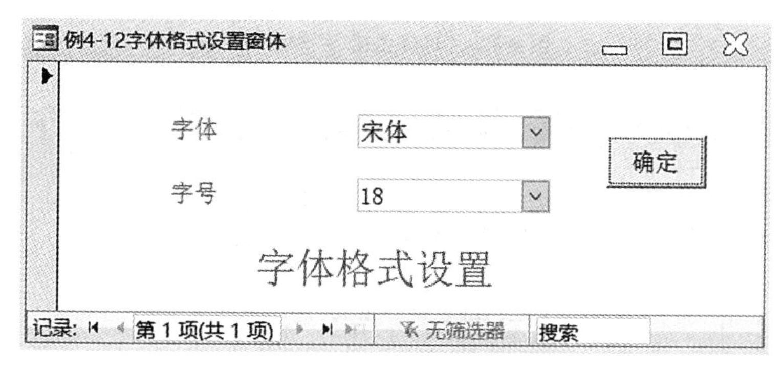

图 4-41　创建单击事件过程窗体

操作步骤如下：

(1)在窗体的“设计视图”中，按要求添加“Label3”标签和“Command1”按钮。

(2)查看“字体”组合框控件的名称为“Combo0”，“字号”组合框控件的名称为“Combo1”。

(3)选中“Command1”按钮，点击“属性表”窗格“事件”选项卡中“单击”属性右侧的“…”按钮，弹出如图 4-42 所示的对话框，选择“代码生成器”后单击“确定”按钮进入代码编辑环境界面。

(4)在“Command1_Click”的事件过程中添加如图 4-43 所示的代码，然后点击代码编辑器右上角的“关闭”按钮后，保存窗体，切换到“窗体视图”进行运行测试。

提示：事件过程要实现的是利用组合框所选的值为标签设置字体和字号。在代码中“Combo0. Value”表示获取组合框“Combo0”所选的值，即获取所选的字体，

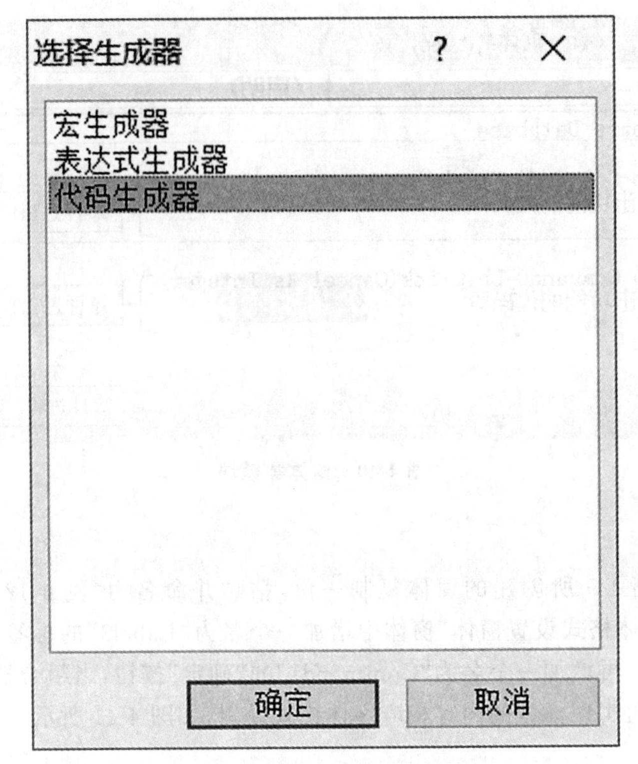

图 4-42 “选择生成器”对话框

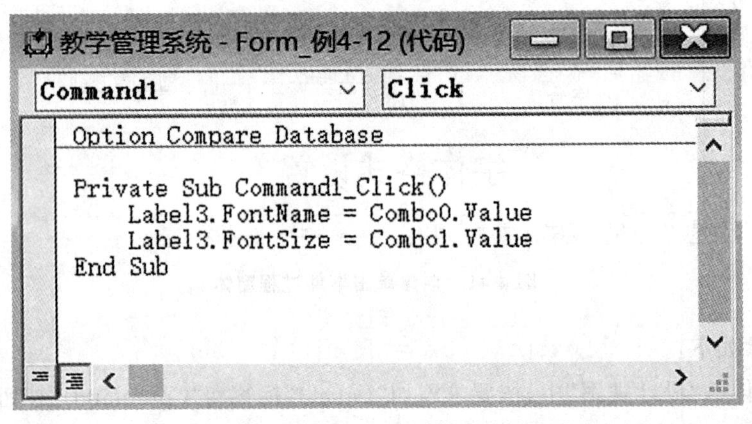

图 4-43 Command1 的 Click 事件过程

“Combo1. Value”表示获取组合框“Combo1”所选的值，即获取所选的字号；“Label3. FontName”表示标签“Label3”的“字体”属性，“Label3. FontSize”表示标签“Label3”的“字号”属性；“=”在代码中表示赋值，用“=”右边的值为“=”左边的属性赋值。

2. Timer 事件

在 Access 窗体中要实现计时器功能，可以通过设置窗体的“计时器间隔(TimerInterval)”属性和添加“计时器触发(Timer)”事件来完成。“计时器间隔”属性是指窗体每间隔多久触发一次“计时器触发”事件，“计时器间隔”的单位是毫秒(如将“计时器间隔”属性设置为“1000”,则表示每隔 1 秒触发一次事件)。

例 4-13　在“教学管理系统”数据库中创建一个用于显示计时器的窗体,设计结果如图 4-44 所示,窗体命名为“例 4-13 计时器显示窗体”。

图 4-44　计时器显示窗体

操作步骤如下:

(1)在“创建”选项卡“窗体”组中,单击“窗体设计”按钮,单击控件组中的“其他”按钮,将“使用控件向导”关闭。

(2)单击“文本框”控件,在窗体中适当位置拖出一个矩形区域,观察该文本框的名称。

(3)打开“属性表”窗格,在“属性表”窗格中选择“窗体”,在“属性表”窗格的“事件”选项卡中设置“计时器间隔”属性为“1000”。

(4)在“属性表”窗格的“事件”选项卡中点击“计时器触发”右侧的“…”按钮进入代码编辑环境界面。

(5)在窗体的“Form_Timer”事件过程中编写如图 4-45 所示的代码,然后点击代码编辑器右上角的“关闭”按钮后,保存窗体,切换到“窗体视图”进行功能测试,如图 4-44 所示。

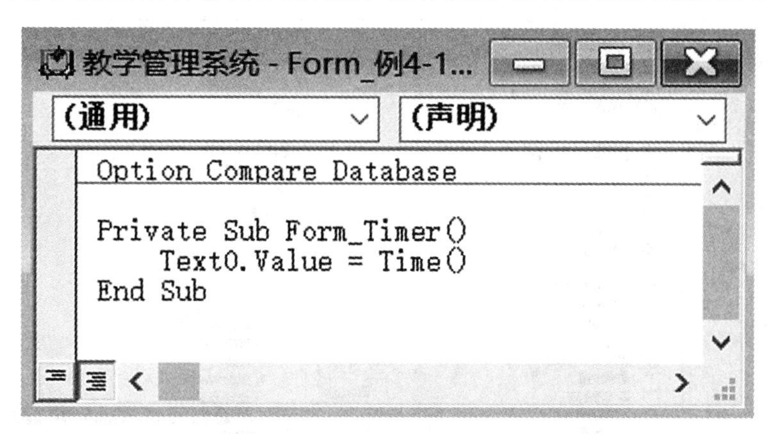

图 4-45　窗体的 Timer 事件过程

提示:事件过程代码中“Time()”是用于获取当前系统时间的函数,整条语句的意思是把获得的系统时间赋值给文本框“Text0”。前面设置了“计时器间隔”属性为 1000 毫秒,意味着每隔 1 秒就执行一次事件过程,也就是说每隔 1 秒就往文本框中写一次系统时间。

4.4.2 切换面板设计

在一个数据库中往往创建了很多窗体,要把这些窗体有机地集中起来形成一个具有一定流程、完整的应用系统,就需要用到切换面板。切换面板就是建立一个主窗体(又称为主切换面板),实现了各个窗体有机组合的功能,类似一个网站的首页或网页的导航。

例 4-14 在"教学管理系统"数据库中创建切换面板,整个面板的组织结构如图 4-46 所示。

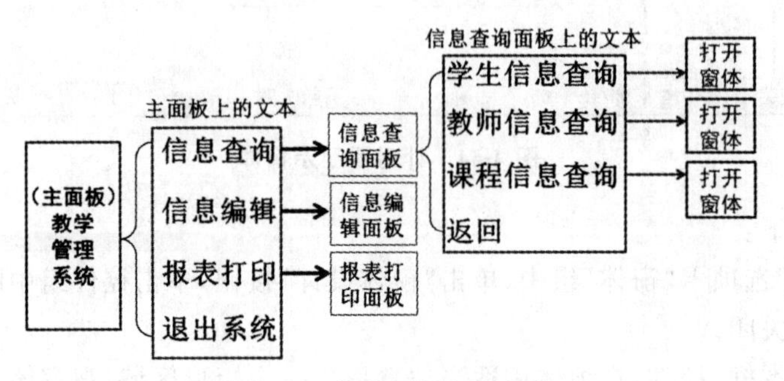

图 4-46 切换面板组织结构

操作步骤如下:

(1)创建切换面板需要使用"切换面板管理器"来完成,由于 Access 没有将"切换面板管理器"放在功能区,因此需要先将它添加到功能区中,方法如下:

①在"文件"下拉菜单中单击"选项"菜单,弹出如图 4-47 所示的对话框。

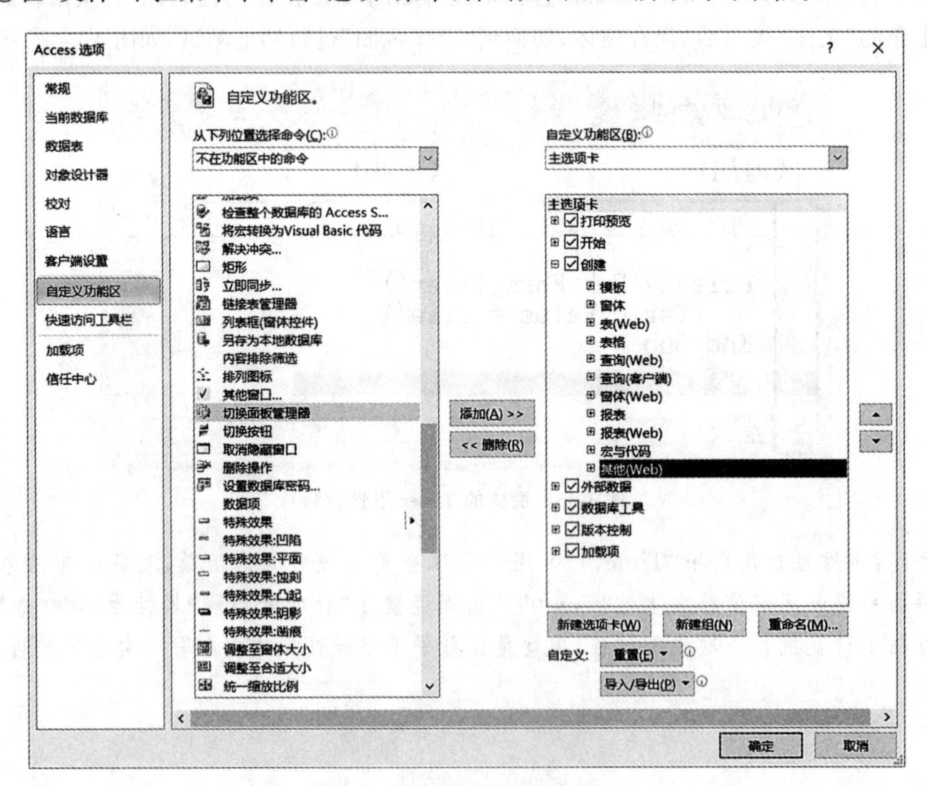

图 4-47 "Access 选项"对话框

②单击“自定义功能区”按钮，在右侧窗格“自定义功能区”中选择“主选项卡”中“创建”选项卡的“其他”，然后点击“新建组”按钮，如图 4-48 所示。

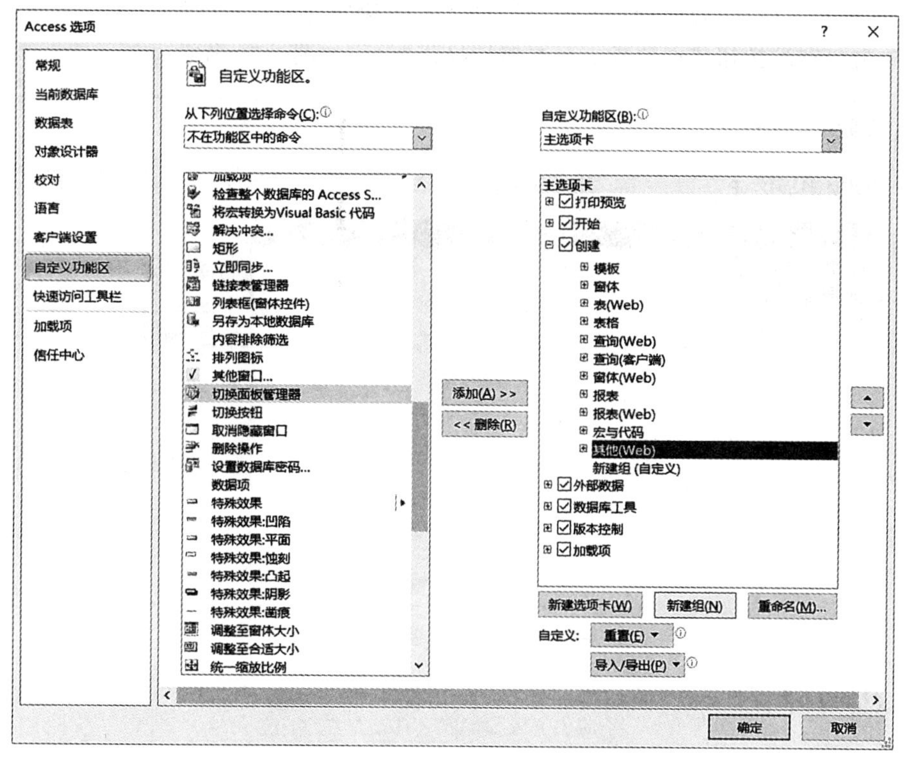

图 4-48　“自定义功能区”中新建组

③在“自定义功能区”的选择命令中选择“不在功能区中的命令”，找到“切换面板管理器”，把“切换面板管理器”添加到刚才的“新建组”中，单击“确定”按钮后，在“创建”选项卡中就多了个“新建组”，该组中就有“切换面板管理器”按钮。

(2)单击“创建”选项卡“新建组”中的“切换面板管理器”按钮，开始进行切换面板设计，如图 4-49 所示。

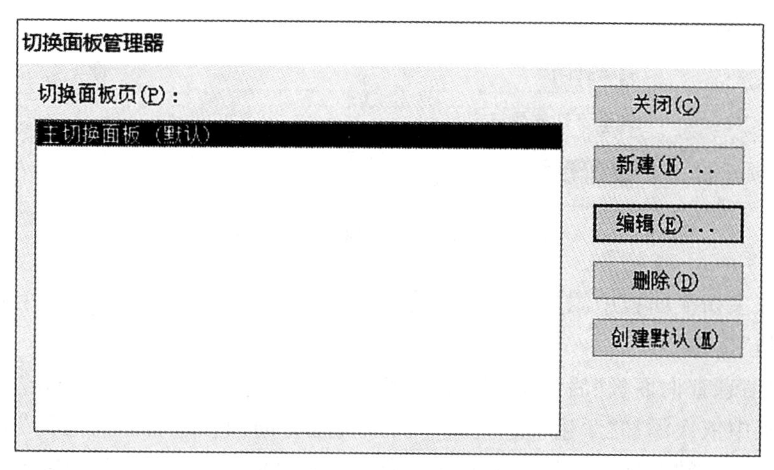

图 4-49　切换面板管理器

①对组织结构图进行分析，总共有四个切换面板页，包括主面板“教学管理系统”和“信息查询面板”“信息编辑面板”“报表打印面板”3 个二级切换面板页。先“编辑”默认的主切换面板，把面板名改成“教学管理系统”后单击“关闭”按钮。

②单击“新建”按钮依次建立 3 个二级切换面板页，如图 4-50 所示。

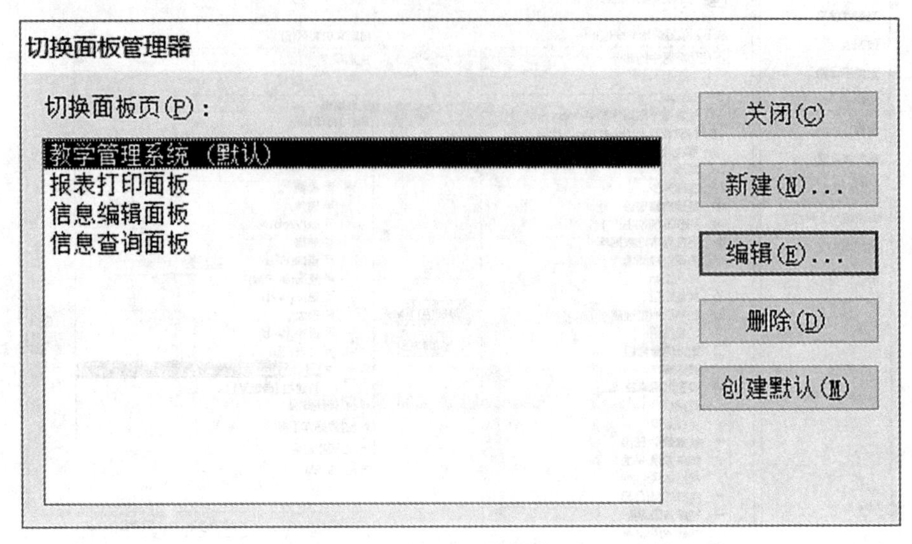

图 4-50　新建二级切换面板

③编辑“教学管理系统”主切换面板，往主切换面板依次新建 3 个项目，如图 4-51 所示。

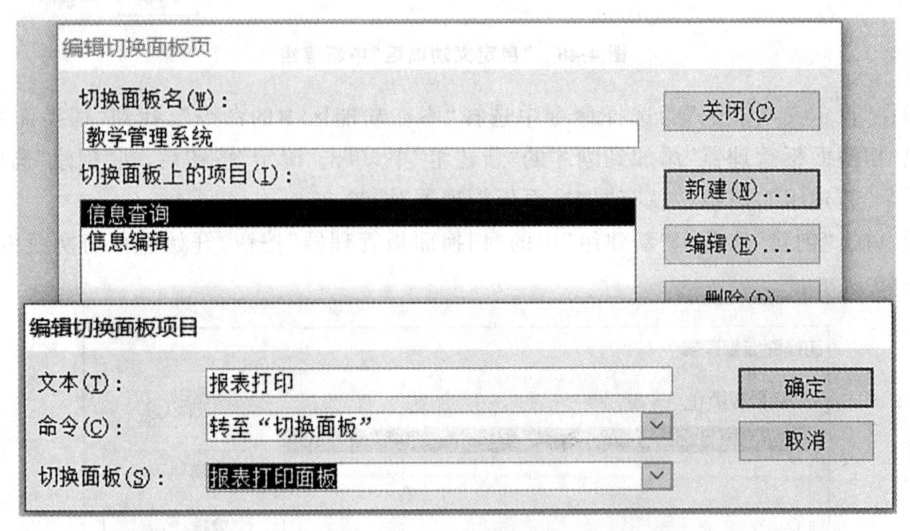

图 4-51　往主切换面板添加项目

④继续往主切换面板中添加一个文本为“退出系统”，命令选择“退出应用程序”的项目后，单击“关闭”按钮。

⑤选中“信息查询面板”后单击“编辑”按钮进行二级切换面板编辑，单击“新建”按钮往二级切换面板中依次添加“学生信息查询”“教师信息查询”和“课程信息查询”3 个项目。添加项目时，命令选择“在‘编辑’模式下打开窗体”，“学生信息查询”打开的窗体为“例 4-2 使

用‘空白窗体’创建窗体”,“教师信息查询”打开的窗体为“例 4-4 使用‘多个项目’创建窗体”,“课程信息查询”打开的窗体为“例 4-1 使用‘窗体’创建窗体”,如图 4-52 所示。

编辑切换面板页
切换面板名(W):
信息查询面板
切换面板上的项目(I):
学生信息查询
关闭(C)
新建(N)...
编辑(E)...
编辑切换面板项目
文本(T):
教师信息查询
命令(C):
在“编辑”模式下打开窗体
窗体(F):
例4-4
确定
取消

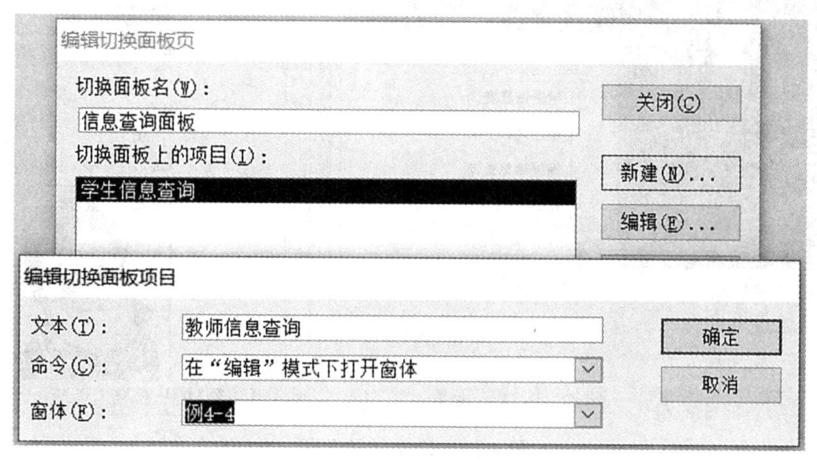

图 4-52　往二级切换面板页添加项目

⑥继续往“信息查询面板”添加“返回”项目,如图 4-53 所示,单击“关闭”按钮完成切换面板创建。

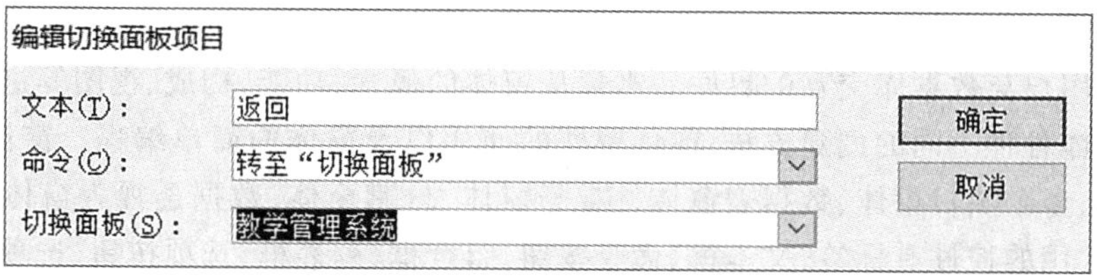

编辑切换面板项目
文本(T):
返回
命令(C):
转至“切换面板”
切换面板(S):
教学管理系统
确定
取消

图 4-53　添加“返回”项目

⑦进行切换面板运行测试,如图 4-54 和图 4-55 所示。

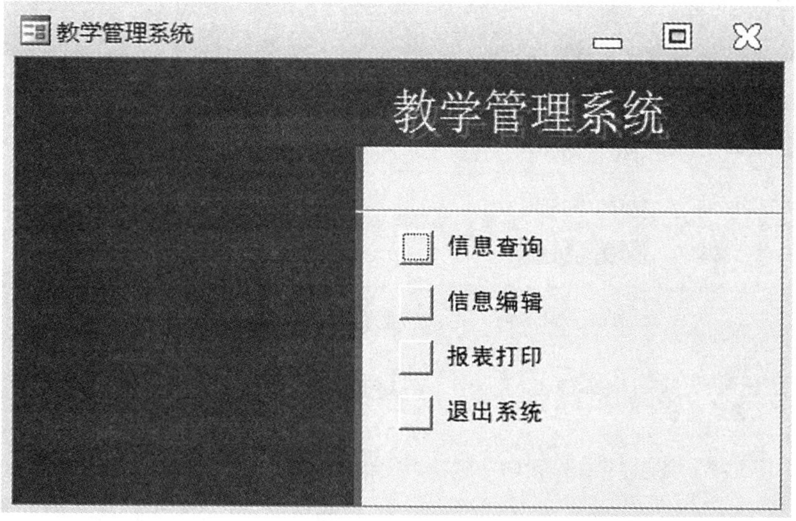

教学管理系统
教学管理系统
信息查询
信息编辑
报表打印
退出系统

图 4-54　主切换面板

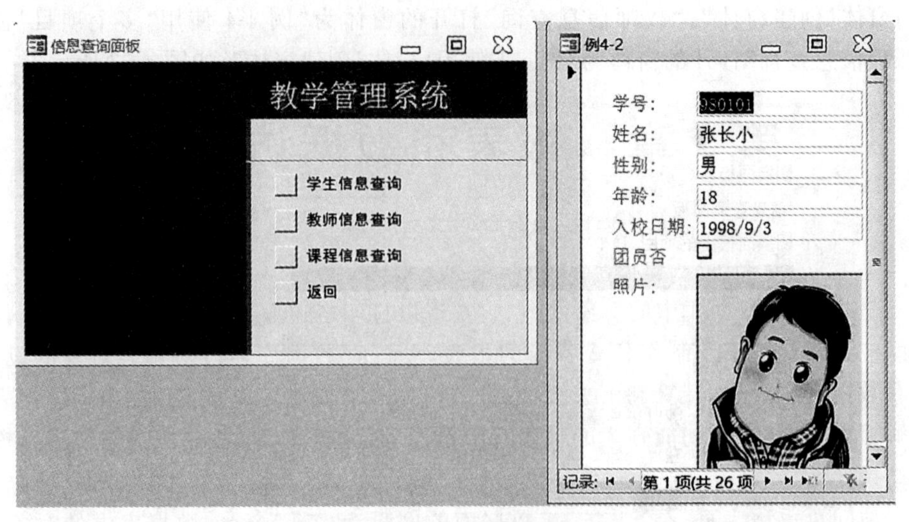

图 4-55 二级切换面板

本章小结

窗体是用户与数据库交互的界面。本章从窗体的概念、功能、构成、视图等进行介绍,重点介绍了窗体各种不同的创建方法、窗体控件的使用以及窗体的简单编程。窗体的类型有纵栏式窗体、多个项目窗体、数据表窗体、主/子窗体、分割窗体、数据透视表窗体、数据透视图窗体等,常用的控件有标签、文本框、命令按钮、组合框、列表框、选项按钮、选项组、图像和选项卡等。

第5章　报表和数据访问页

报表是 Access 数据库中的对象之一，它实现以打印格式输出数据信息的功能。任何一个数据库应用软件都需要制作各式各样的报表，Access 数据库通过对报表对象的设计，在报表中对数据进行分组、计算和汇总设计，按照用户需求创建美观而实用的报表。报表对象不仅能够提供方便快捷、功能强大的报表打印格式，而且能够对数据进行分组统计并输出相关统计结果。

数据访问页也称为页，是直接连接数据库的网页，也是 Access 数据库中的对象之一。数据访问页实现了将数据库中的记录显示到网页中，让用户在互联网上通过浏览器访问数据库中的数据记录，对数据记录进行实时增、删、改和查。

本章主要介绍报表的功能、构成和创建方法，并简单介绍了数据访问页的功能及构成等内容。本章知识结构导航如图 5-1 所示。

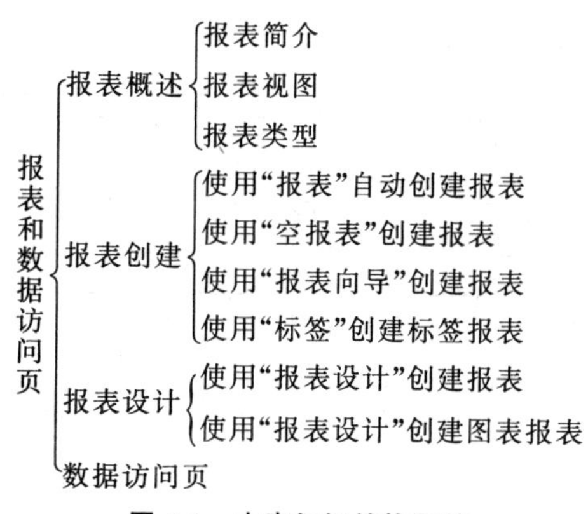

图 5-1　本章知识结构导航

5.1　报表概述

报表作为以打印格式输出数据信息的数据库对象，其记录源可以是表、查询或 SQL 语句。用户通过对报表上每个控件对象的设计，实现按照所需的方式显示数据信息。报表的主要作用是将数据进行比较和汇总，并最终生成数据的打印报表。

报表与窗体的区别是：窗体主要用于制作用户与系统交互的界面，报表主要用于数据库数据的打印输出。报表的设计过程与窗体类似，控件的使用方法也基本一样。

5.1.1 报表简介

通俗来讲,报表就是数据库数据打印输出时的界面,所见即所得。其功能主要是数据库系统使用报表以一定格式来显示用户所需的数据信息,同时也提供对数据进行分组统计结果的输出,可以按特殊格式输出标签、发票、订单和信封等多种样式的报表。

报表由7个节构成,分别为报表页眉节、页面页眉节、组页眉节、主体节、组页脚节、页面页脚节、报表页脚节。默认情况下设计视图窗口只显示页面页眉节、主体节、页面页脚节。组页眉节和组页脚节只有在报表中设计了分组统计时才会出现。每个节在报表中显示具有特定的顺序,具体如图5-2所示。所有报表必须有主体节,其他节可以根据需要选择添加或者删除。报表各节打印输出效果如图5-3所示,各构成部分的作用如下。

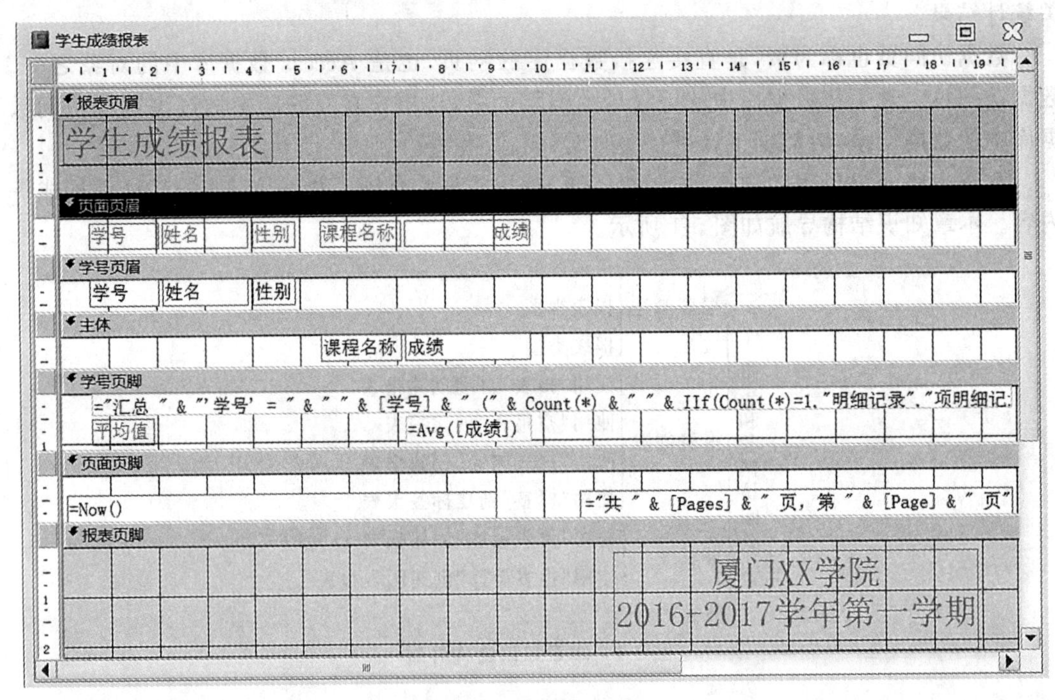

图 5-2 报表的构成

报表页眉节:报表页眉位于报表打印格式中的开始处,整个报表打印时可能有很多页,而报表页眉只在第一页的最开始处显示,类似于一篇报告的标题,用于显示报表的标题、徽标等信息。

页面页眉节:页面页眉在报表打印格式中位于每一页的顶端,一般用于显示报表的列标题。

主体节:主体节是报表打印输出数据的主要区域,用于显示数据库数据来源的每条记录,根据记录的条数重复显示。

页面页脚节:页面页脚在报表打印格式中位于每一页的底端,一般用于显示报表的页码、打印日期和相关说明等内容。

报表页脚节:报表页脚位于报表打印格式中的结束处,仅在报表最后一页的结尾处显示

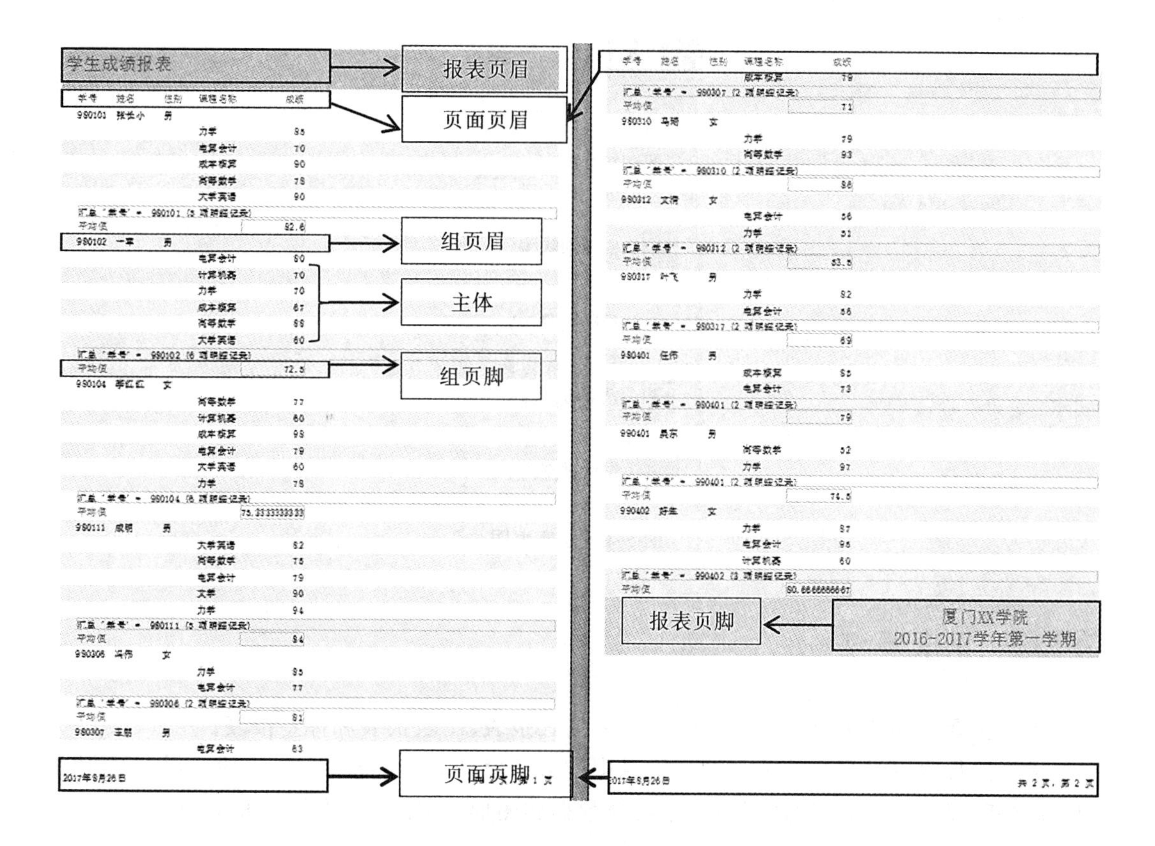

图 5-3　报表打印预览效果

一次，类似于一篇报告的落款，一般用于显示整个报表的相关统计信息。

组页眉节：组页眉节仅在分组统计输出时才显示，其显示位置位于每组数据信息的开始位置，用于显示分组的组标题，显示次数等于输出数据的组数。分组也可以对组内数据进行多层次分组。

组页脚节：组页脚节仅在分组统计输出时才显示，其显示位置位于每组数据信息的结束位置，用于显示分组的统计信息，显示次数等于输出数据的组数。

5.1.2　报表视图

Access 2010 的报表对象提供了 4 种视图：报表视图、打印预览视图、布局视图和设计视图，视图切换如图 5-4 所示，各视图的作用如下：

报表视图：报表设计完成后展现出来的视图，该视图下可以对数据进行排序、筛选。

打印预览：用于测试报表每一页的打印效果。

布局视图：用于在显示数据的同时对报表进行设计，如调整报表结构、布局等。

设计视图：用于创建报表，不仅可以设计报表的布局、排列、格式和打印页面，而且可以实现报表数据的排序、分组与汇总等。

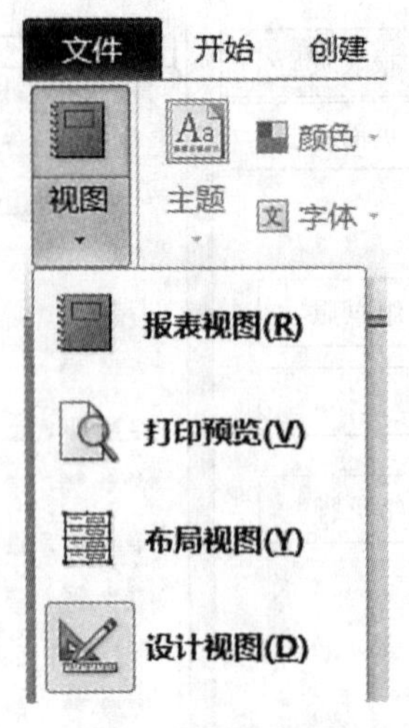

图 5-4 报表视图

5.1.3 报表类型

报表主要分为 4 种类型:纵栏式报表、表格式报表、图表报表和标签报表。

纵栏式报表以纵列方式显示同一记录中的多个字段,每行显示一个字段。纵栏式报表中可以同时显示多条记录,还可以显示汇总数据和图形,具体显示效果如图 5-5 所示。

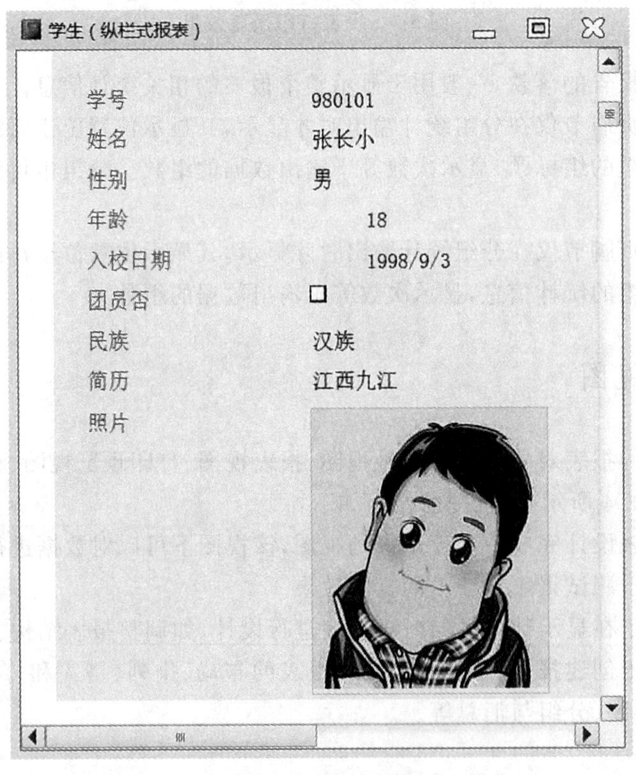

图 5-5 纵栏式报表

表格式报表以表格形式打印输出数据，一般每行显示一条记录，每列显示一个字段。表格式报表可对数据进行分组汇总，是报表中较常用的类型，具体显示效果如图 5-6 所示。

学生（表格式报表）

学号	姓名	性别	年龄	入校日期	团员	民族	简历
98010	张长	男	18	1998/9/3	☐	汉族	江西九江
98010	一军	男	21	1998/9/1	☑	汉族	山东曲阜
98010	李红	女	18	1998/9/3	☑	维吾尔	新疆乌鲁木齐
98011	成明	男	19	1998/9/2	☐	汉族	山东东营
98030	周小	男	20	1998/9/1	☑	回族	山东日照
98030	张明	男	18	1998/9/2	☐	汉族	北京顺义
98030	李元	女	23	1998/9/1	☐	汉族	北京顺义
98030	井江	女	19	1998/9/2	☑	回族	北京昌平

图 5-6　表格式报表

图表报表是以图表方式显示的数据报表类型，它的优点是可以直观地描述数据，具体显示效果如图 5-7 所示。

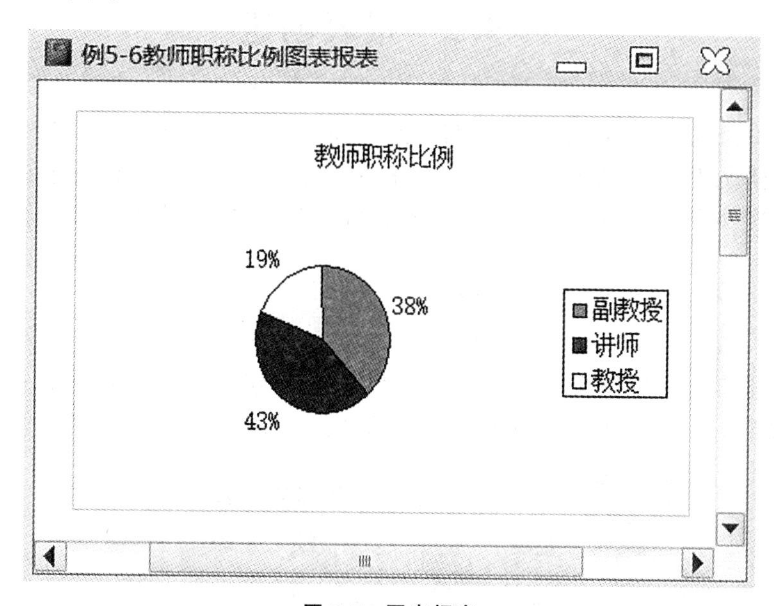

图 5-7　图表报表

标签报表是一种特殊形式的报表，可以在一页中建立多个大小、样式一致的卡片，主要用于打印产品价格、书签、名片、信封、邀请函等简短信息，具体显示效果如图 5-8 所示。

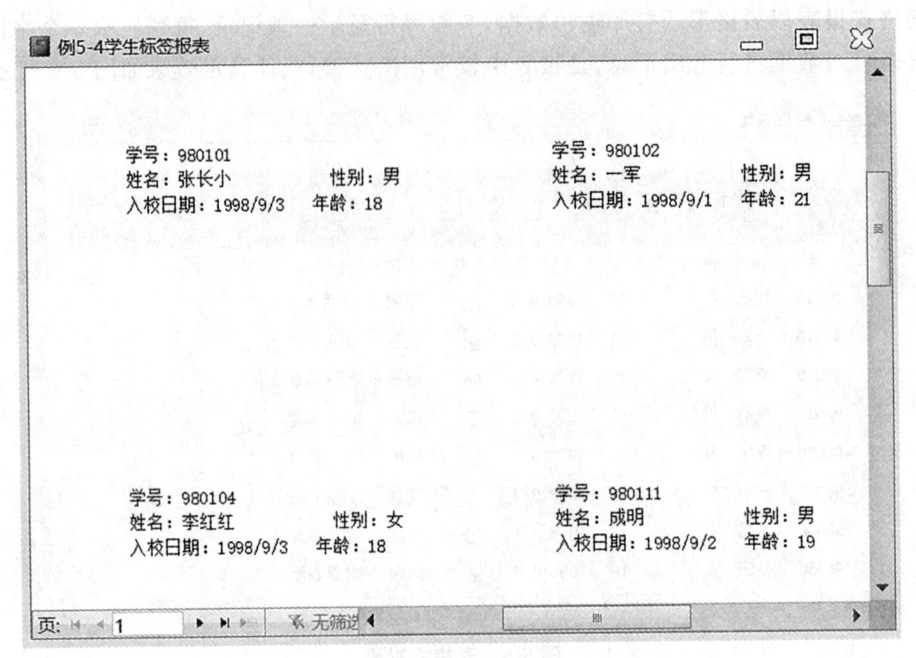

图 5-8 标签报表

5.2 报表创建

在 Access 中，可以使用“报表”“报表设计”“空报表”“报表向导”和“标签”等方法来创建报表。实际应用过程中，一般可以首先使用“报表”或者“报表向导”功能快速创建报表，然后在“设计视图”中对其外观和功能加以完善，这样可以大大提高报表设计的效率。

5.2.1 使用“报表”自动创建报表

“报表”按钮可以实现快速创建报表。使用“报表”按钮创建报表时，先选择作为报表数据源的表或查询，然后单击“报表”按钮即可完成报表的快速创建，如图 5-9 所示。

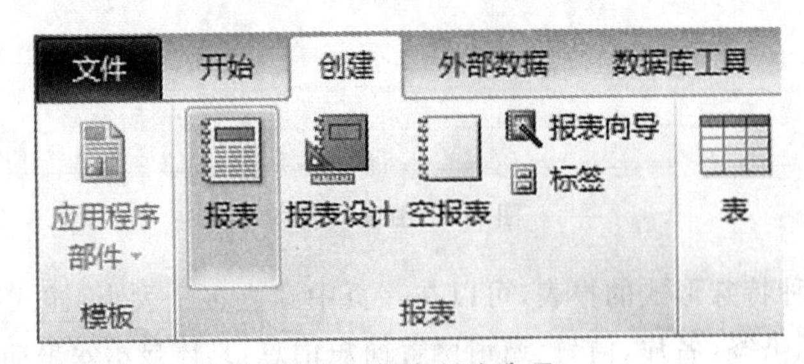

图 5-9 报表创建选项

例 5-1　为“教师”表创建教师信息报表，打印预览效果如图 5-10 所示。

例5-1使用“报表”按钮自动创建教师信息报表

教师　2017年10月 0:5

工号	姓名	性别	年龄	工作时间	政治面目	学历	职称	系别	联系电话
95010	张乐	女	44	1997/11/10	党员	大学本科	讲师	经济	65976444
96017	郭新	女	53	1989/6/25	群众	研究生	副教授	经济	65976444
98016	李红	女	44	1998/4/29	团员	研究生	副教授	经济	65976444
99015	刘利	女	47	1995/9/9	党员	大学本科	讲师	经济	65976445
99019	杨阳	男	49	1995/6/18	团员	研究生	讲师	经济	65976446
99020	高俊	男	44	1994/6/25	群众	研究生	讲师	经济	65976447
99021	李丹	男	48	1994/6/18	团员	大学本科	副教授	经济	65976448
99022	王霞	女	46	1996/6/18	群众	大学本科	副教授	经济	65976449
99023	周晓明	女	51	1991/9/18	党员	大学本科	教授	经济	65976450

图 5-10　教师信息报表

操作步骤如下：

（1）单击导航窗格“表”对象中的“教师”表。

（2）在“创建”选项卡“报表”组中，单击“报表”按钮，即可创建如图 5-11 所示的报表，单击保存按钮即可完成。

图 5-11　教师信息报表“布局视图”

注意：如需对“工号”字段进行宽度调整，可单击鼠标左键，选中“工号”列标题，鼠标停在选框的右边框上方形成黑色实心双向箭头，按住鼠标左键向右拖动即可适当调整宽度。也可单击“设计”选项卡中的“属性表”按钮，通过“宽度”属性进行宽度设置。

对自动生成的报表字段可以进行添加和删除操作。删除报表中不需要打印输出的字段，可以右键单击要删除的字段列标题，在弹出的菜单中选择“删除列”即可实现。往报表中添加其他字段，则在“设计”选项卡中单击“添加现有字段”按钮，打开“字段列表”窗格，如图 5-12 所示。在“相关表中的可用字段”中选择需要添加的字段，按住左键拖动到报表布局中两字段的列标题中间即可实现。

图 5-12 “字段列表”窗格

5.2.2 使用“空报表”创建报表

例 5-2 为“教师”表创建教师信息纵栏式报表，显示的字段包括工号、姓名、性别、职称和联系电话，打印预览效果如图 5-13 所示。

图 5-13 “空报表”创建教师信息纵栏式报表

操作步骤如下：

(1)在“创建”选项卡“报表”组中，单击“空报表”按钮，创建一个空报表，此时空报表视图为布局视图。

(2)打开“字段列表”窗格，将“教师”表的“工号”字段拖进空报表中，单击“报表布局工具”中的“排列”选项卡，单击“堆积”按钮。

(3)将“字段列表”窗格中的“姓名”字段拖至“工号”下方，如图 5-14 所示。

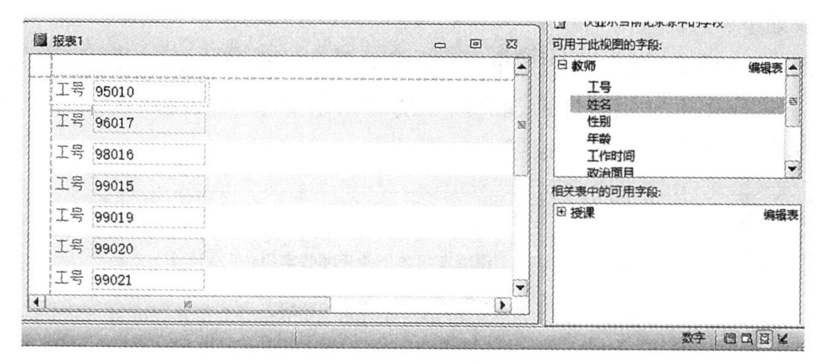

图 5-14　往空报表中增加字段

(4)依次将性别、职称和联系电话等字段拖至报表中的相应位置。

(5)单击“保存”按钮完成报表创建。

5.2.3　使用“报表向导”创建报表

如果在创建报表的过程中需要对报表的数据来源进行适当的排序、分组等,可以使用“报表向导”创建报表。在福建省二级考试中,报表的创建大多使用“报表向导”实现。

例 5-3　使用“报表向导”创建教师信息报表,按系别进行分组,按工号进行升序排序,输出信息包括工号、姓名、性别、职称、年龄和每个系教师的平均年龄(包括明细和汇总),打印预览效果如图 5-15 所示,报表名称为“例 5-3 使用‘报表向导’创建报表”。

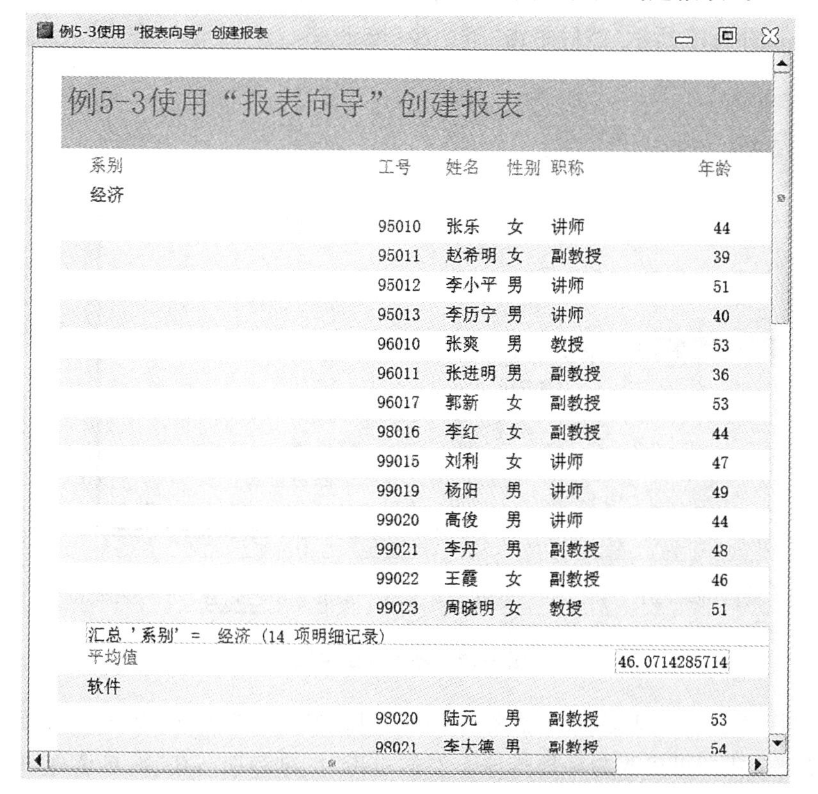
例5-3使用“报表向导”创建报表

系别	工号	姓名	性别	职称	年龄
经济					
	95010	张乐	女	讲师	44
	95011	赵希明	女	副教授	39
	95012	李小平	男	讲师	51
	95013	李历宁	男	讲师	40
	96010	张爽	男	教授	53
	96011	张进明	男	副教授	36
	96017	郭新	女	副教授	53
	98016	李红	女	副教授	44
	99015	刘利	女	讲师	47
	99019	杨阳	男	讲师	49
	99020	高俊	男	讲师	44
	99021	李丹	男	副教授	48
	99022	王霞	女	副教授	46
	99023	周晓明	女	教授	51
汇总 '系别' = 经济 (14 项明细记录)					
平均值					46.0714285714
软件					
	98020	陆元	男	副教授	53
	98021	李大德	男	副教授	54

图 5-15　使用“报表向导”创建教师信息报表

操作步骤如下：

(1)在“创建”选项卡“报表”组中，单击“报表向导”按钮，在如图 5-16 所示的窗口中，选择“教师”表，分别将工号、姓名、性别、职称、年龄和系别等字段依次双击或者单击右移按钮移到选定字段框中，单击“下一步”按钮。

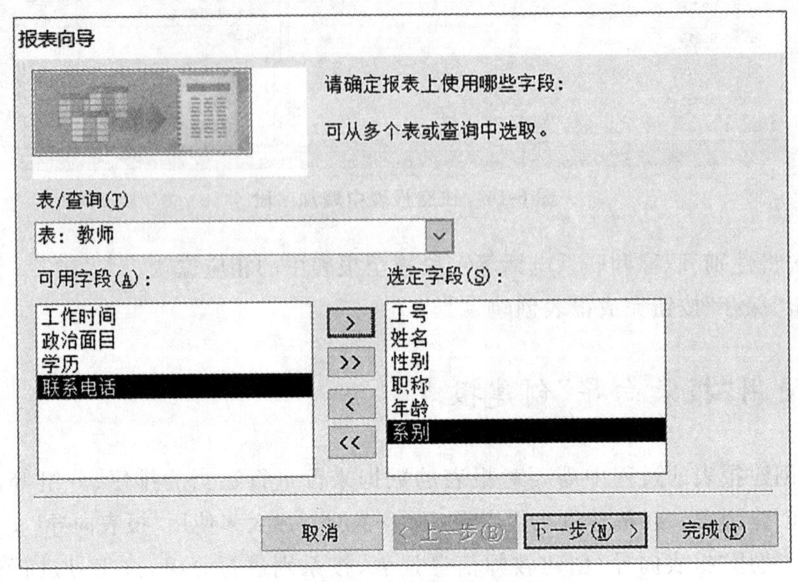

图 5-16　选定报表所需字段

(2)在“是否添加分组级别？”窗口中，双击“系别”字段或者单击右移按钮，将“系别”设置为分组字段，如图 5-17 所示，然后单击“下一步”按钮。

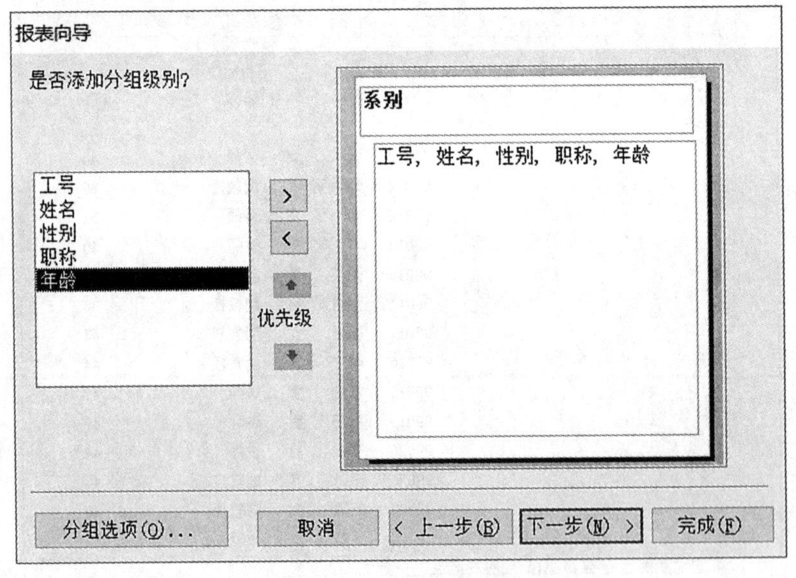

图 5-17　添加分组字段

(3)在排序和汇总信息窗口中，选择“工号”字段，默认为“升序”排序，如需设置降序，只需单击“升序”按钮即可更改为降序排序。然后单击“汇总选项”，在“汇总选项”窗口中将“平均”复选框打钩，在“显示”子窗口中选择“明细和汇总”，具体操作如图 5-18 所示，单击“确定”按钮后单击“下一步”按钮。

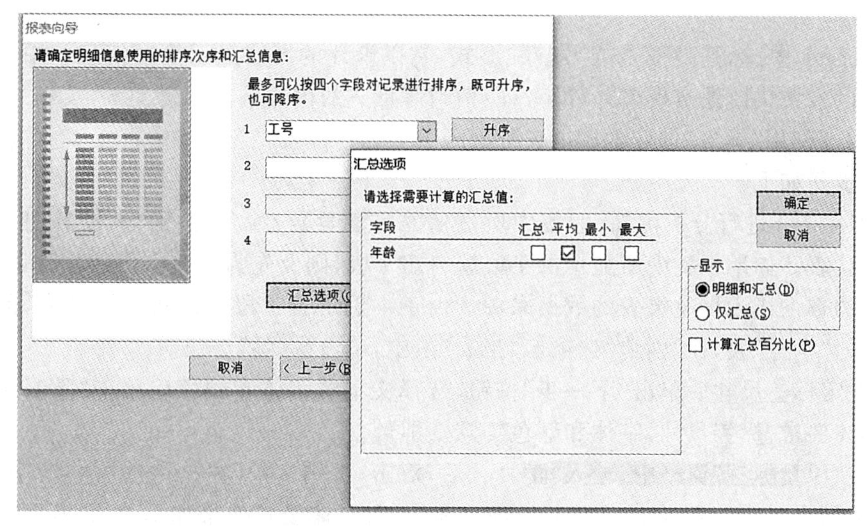

图 5-18　排序和汇总选项设置

(4)报表布局方式无具体要求时默认布局和默认方向，单击“下一步”按钮。

(5)为报表指定名称“例 5-3 使用‘报表向导’创建报表”后单击“完成”按钮即可完成报表创建。

思考：使用“报表向导”创建学生成绩报表，输出信息包括学号、姓名、性别、课程名称、成绩和每个学生平均成绩汇总项，要求“通过学生”查看成绩信息，按“课程名称”降序排序，对“成绩”进行平均值汇总，显示“明细和汇总”，打印预览效果如图 5-19 所示。

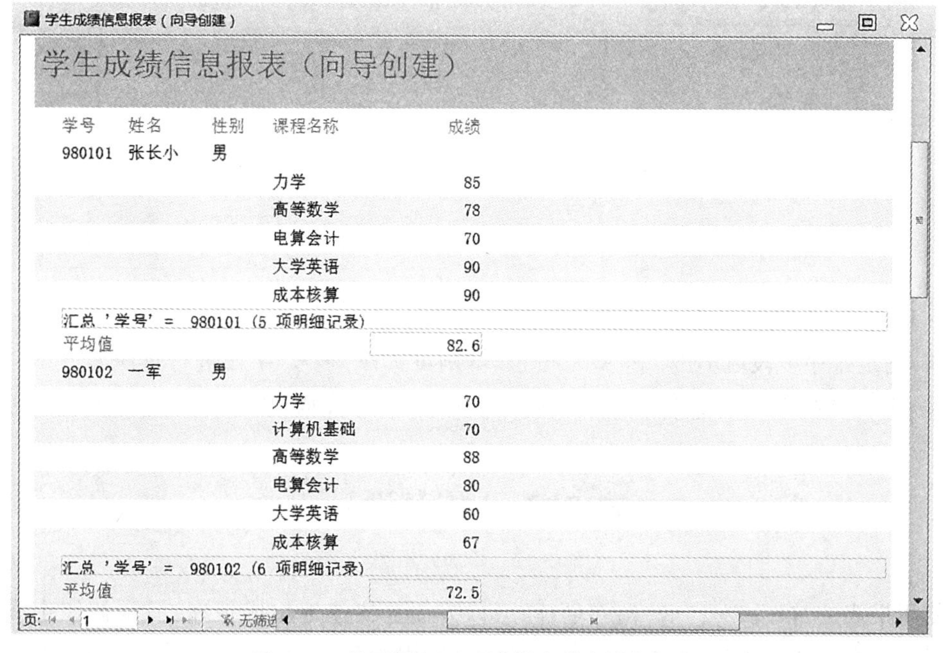

图 5-19　使用“报表向导”创建学生信息报表

5.2.4 使用“标签”创建标签报表

在 Access 中，标签是报表的另一种形式，它以卡片的形式显示简短信息。用户使用标签报表可以方便快捷地实现名片、准考证、信封等形式的内容输出。

例 5-4 使用“标签”创建如图 5-8 所示的学生标签报表。

操作步骤如下：

(1)对图 5-8 进行分析可知，标签中所显示的字段学号、姓名、性别、入校日期和年龄均来自“学生”表。如果标签中所显示的字段来自多个表，则要先为这些字段建立查询，然后利用所建立的查询作为标签报表的数据来源。由于本例所有字段均来自“学生”表，因此选择表对象中的“学生”表，在“创建”选项卡“报表”组中，单击“标签”按钮。

(2)设定标签尺寸后单击“下一步”按钮，选择文本的字体和颜色后单击“下一步”按钮。本例无具体要求，标签尺寸、字体和颜色均默认即可。

(3)在“原型标签”窗格中，输入“学号:”后，双击“可用字段”窗格中的“学号”字段，然后回车，继续剩余 4 个字段及对应文本的输入和排版，具体设置效果如图 5-20 所示，单击“下一步”按钮。

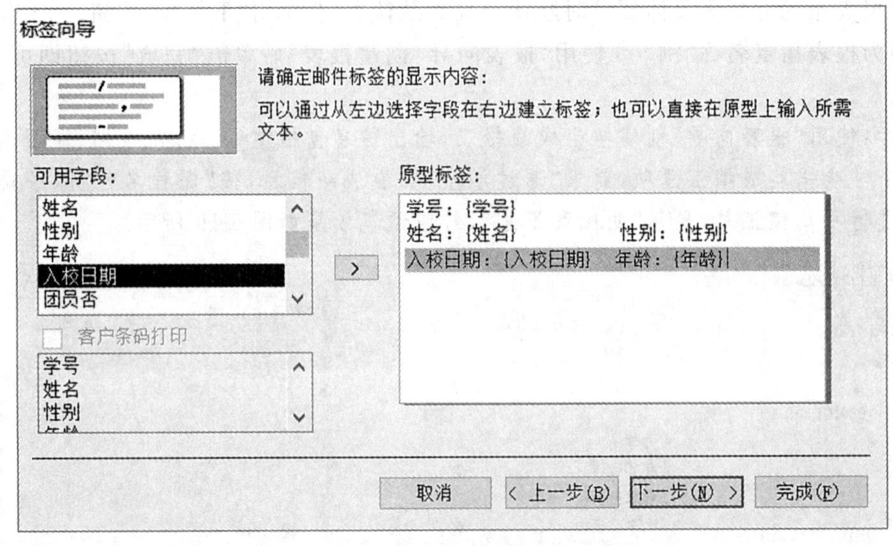

图 5-20 标签报表显示内容设置

(4)确定排序字段后单击“下一步”按钮，本例可选择“学号”字段进行排序。

(5)指定报表的名称为“例 5-4 学生标签报表”，单击“完成”按钮。

5.3 报表设计

使用报表的“自动创建”和“向导创建”可以方便且快速地生成报表，但是往往生成的报表或多或少有一些不足之处，不能完全满足实际应用的需求；另外，报表上的文字、背景和图片等的设置,以及计算型文本框及其计算表达式的设计难以通过“自动创建”或“向导创建”来完成,因此,Access 还提供了“报表设计”的方法来满足用户的实际应用需求。

5.3.1 使用“报表设计”创建报表

例 5-5 使用“报表设计”创建学生成绩信息报表,打印预览效果如图 5-21 所示。

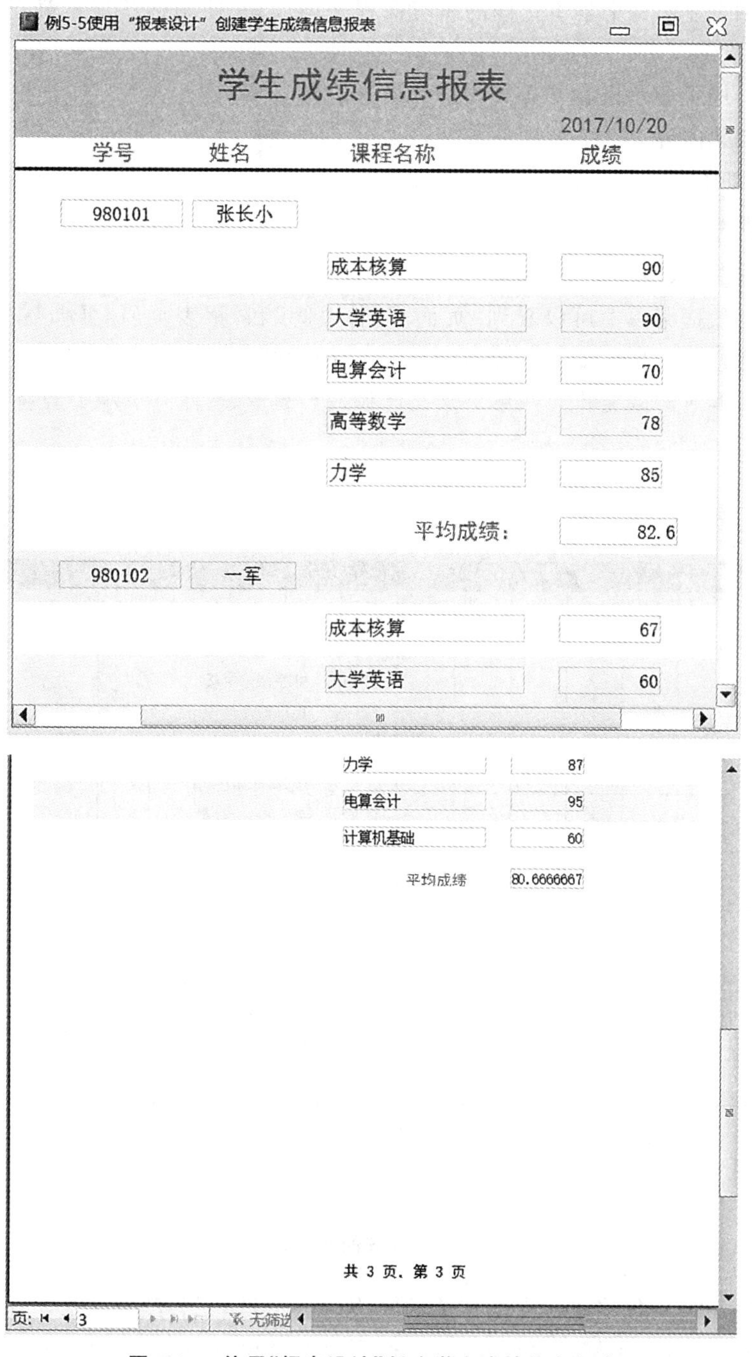

图 5-21　使用“报表设计”创建学生成绩信息报表

对图 5-21 所示效果进行分析可知，该报表包括以下几个部分：

报表页眉：用于显示报表大标题和日期。

页面页眉：用于显示列标题(学号、姓名、课程名称、成绩)和直线。

组页眉：以学号作为分组显示每个学生选修的所有课程信息，在组页眉中用文本框显示学号和姓名字段。

主体：用于列出每个学生所选修的所有课程信息，用文本框显示课程名称和成绩字段。

组页脚：用于显示每个学生选修的所有课程平均成绩，使用标签显示静态文本，使用文本框显示平均成绩。

页面页脚：用于显示报表共几页和第几页等信息。

报表页脚：无内容。

操作步骤如下：

1. 报表节的设置

在“创建”选项卡“报表”组中，单击“报表设计”按钮，创建一个空白报表，右键单击报表窗口，在弹出的快捷菜单中可以看到“页面页眉/页脚”和“报表页眉/页脚”按钮，如图 5-22 所示，通过点击这两个按钮即可实现相应节的添加与删除。

注意：页眉和页脚只能作为一组对象同时添加和删除，删除页眉和页脚将同时删除其中的控件。

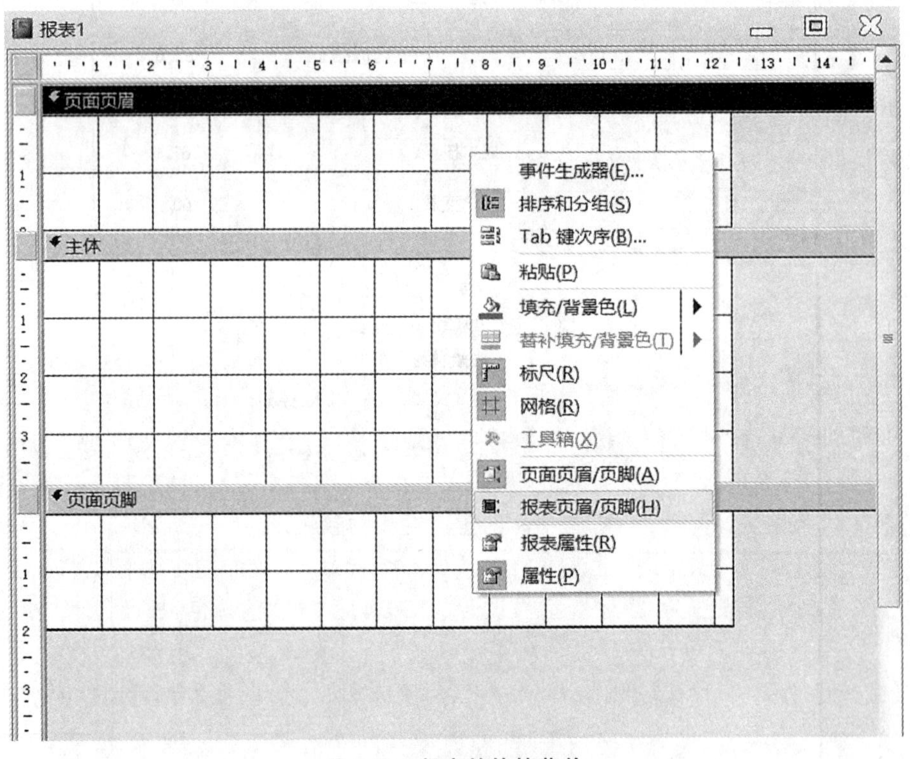

图 5-22　报表的快捷菜单

调整节的高度：可以将鼠标定位在节的底边，鼠标指针变为黑色实心上下双向箭头时，按住鼠标左键上下拖动鼠标即可调整高度，也可以通过设置节的“高度”属性来精确设置高度。报表的宽度设置同样可以通过鼠标拖动和属性设置两种方法实现，报表的所有节的宽度是统一的。

根据分析把报表所需的节显示出来，由于报表页眉和页脚是作为一组对象同时添加和删除的，因此先添加报表页眉/页脚，然后将报表页脚的高度设置为 0。报表组页眉和组页脚的设置在第 6 点中进行介绍。

2. 设置报表页眉

报表页眉的设置常用方法有两种：

方法一：使用“报表设计工具”中的“页眉/页脚”组中的“徽标”“标题”和“日期和时间”按钮进行设置。具体设置如图 5-23 所示。使用该方法设置的徽标、标题、日期和时间的显示位置相对固定于表格中，优点是快捷，缺点是位置相对固定，位置调整较麻烦。

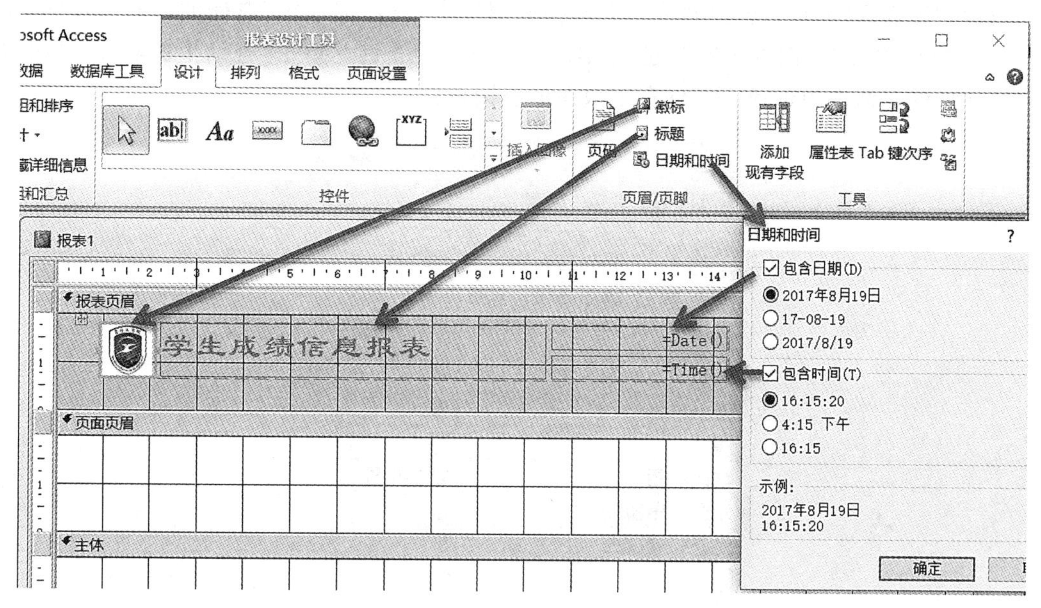

图 5-23 报表页眉设计

方法二：根据设计需求，使用报表控件自行设计。如需在报表页眉中添加标题，则往报表页眉中添加标签控件，并键入相应标题内容，通过“格式”选项卡设置字形和字号等；如需添加日期，则往报表页眉中添加文本框，并在文本框的“控件来源”属性中输入“＝Date()”。采用方法二优点是位置调整灵活，缺点是创建速度相对较慢。

本例中采用方法二实现，往报表页眉中添加一个标签，标签的内容为“学生成绩信息报表”，并将标签的字体设置为“黑体”，字号设置为“20”，标签的“前景色”属性设置为“文字 2，淡色 40％”，调整标签的显示位置使其居中显示；在报表页眉的右下角添加文本框，并在该文本框的“控件来源”属性中输入“＝Date()”，将文本框的“边框样式”属性设置为“透明”，“背景样式”属性设置为“透明”。设置效果如图 5-24 所示。

3. 设置报表的记录源

报表记录源可以是表、查询或者 SQL 语句，本例所显示的“学号”和“姓名”字段来自“学生”表，“课程名称”字段来自“课程”表，“成绩”字段来自“选修”表。因此，可以使用事先建立

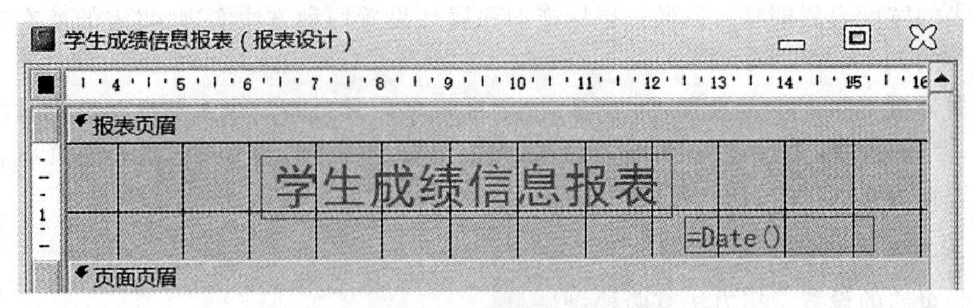

图 5-24　报表页眉设计

的查询作为报表记录源，也可以在报表的记录源中直接设计查询。本例采用在报表的记录源属性中直接设计查询。

打开“属性表”窗格，选择“报表”，并在报表属性中单击“记录源”右侧的省略号按钮，如图 5-25 所示，打开“查询生成器”，建立如图 5-26 所示的查询。单击“查询生成器”的关闭按钮，在弹出的对话框中选择“是”保存记录源的查询设置。

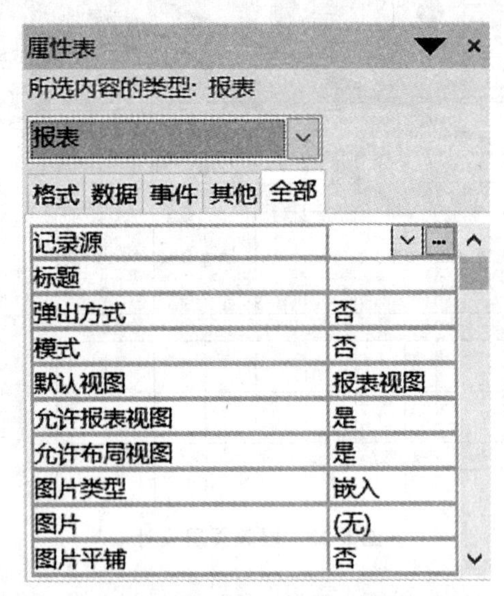

图 5-25　报表记录源设置

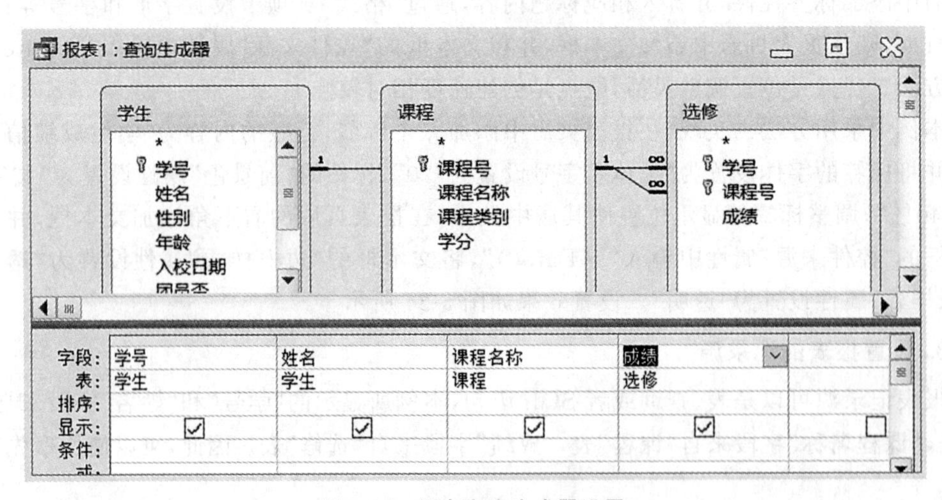

图 5-26　报表查询生成器设置

4. 设置页面页眉

在“报表设计工具”的“设计”选项卡中单击“添加现有字段”按钮，在“字段列表”窗格中分别双击“学号”“姓名”“课程名称”和“成绩”字段，将出现在主体中的 4 个字段所对应的 4 个标签移动到“页面页眉”中，调整标签位置排成一行，将标签的字体设置为黑体 12 磅，如图 5-27 所示。

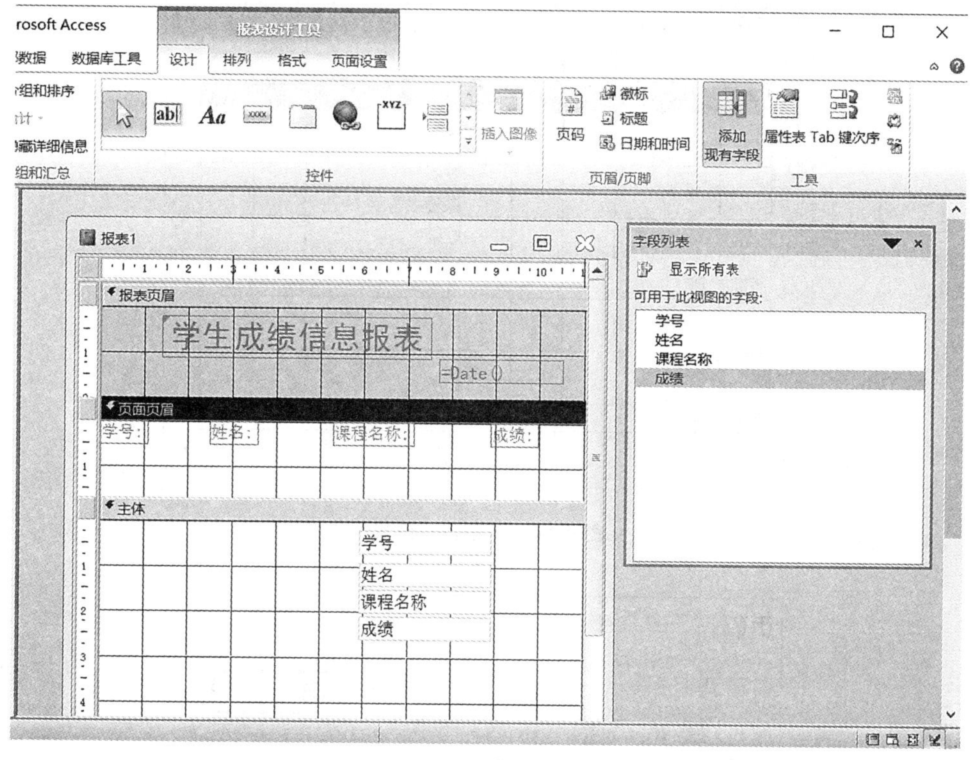

图 5-27　报表字段添加

删掉 4 个标签中的字符“:”。选择“控件”组中的“直线”控件在“页面页眉”中画直线，设置“直线”控件的“边框颜色”属性为“深蓝色”，“边框宽度”属性为“2pt”，适当调整“页面页眉”的高度，设置效果如图 5-28 所示。

5. 设置页面页脚

往“页面页脚”节中添加页码和页数只需在“报表设计工具”的“设计”选项卡中单击“页码”按钮，在弹出的“页码”对话框中进行如图 5-29 所示的设置，单击“确定”按钮后，适当调整“页面页脚”的高度。

注意：页码的对齐方式中，有“左”“居中”“右”“内”“外”5 种对齐方式。其中“内”是指奇数页页码在左侧，偶数页页码在右侧；“外”正好相反。这两种对齐方式主要使用于正反面打印的报表。

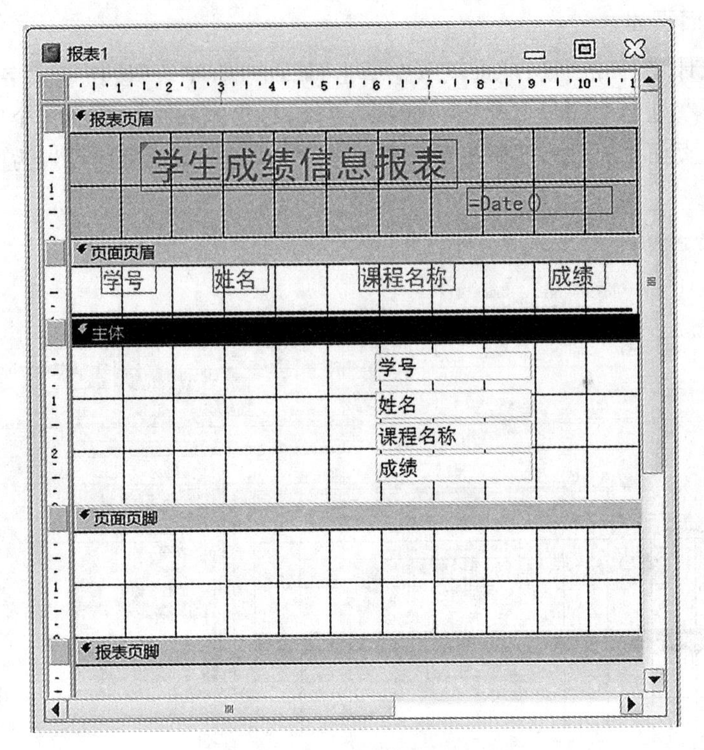

图 5-28　页面页眉设置

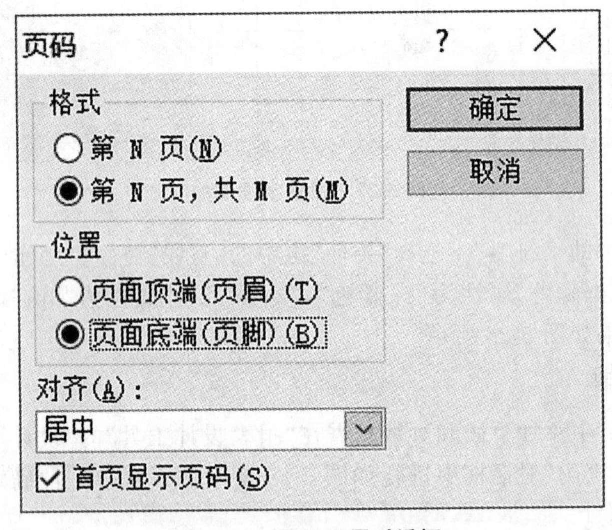

图 5-29　页码设置对话框

6. 设置组页眉

本例以“学号”作为分组字段，每个学生显示一组该生的所有课程成绩信息。在“报表设计工具”的“设计”选项卡中单击“分组和排序”按钮，显示出“分组、排序和汇总”窗格，如图 5-30 所示。

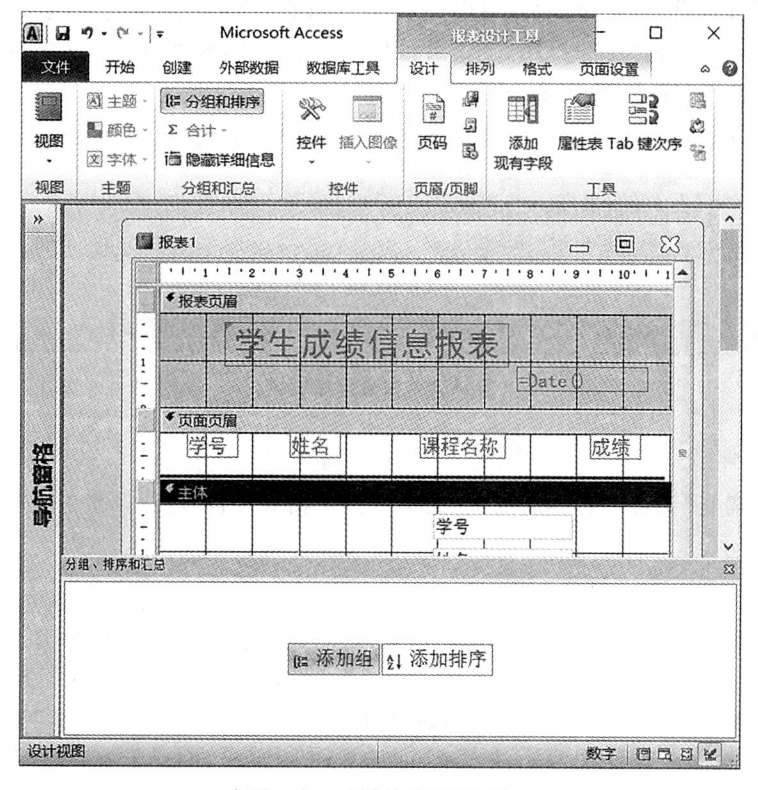

图 5-30　添加组页眉设置

单击“添加组”按钮，在弹出的对话框中选择“学号”字段。这时报表设计窗口中便增加了“学号页眉”节。把“主体”节中的“学号”和“姓名”文本框移动至组页眉中，并与“页面页眉”中的“学号”和“姓名”标签垂直对齐，然后适当调整组页眉的高度，效果如图 5-31 所示。

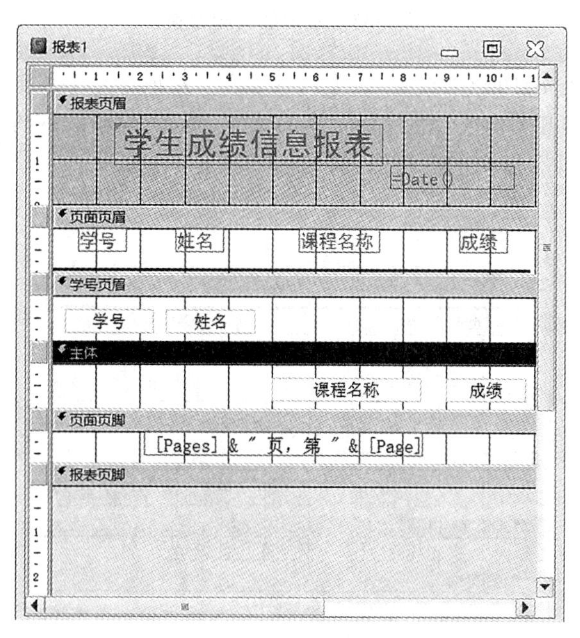

图 5-31　组页眉设置

如需进行排序设置，可单击“分组形式学号”后面的“升序”按钮进行“学号”的升序或降序设置。也可通过单击“添加排序”按钮添加其他排序方式，比如每个学生成绩信息按“课程名称”进行“升序”排序，设置效果如图 5-32 所示。

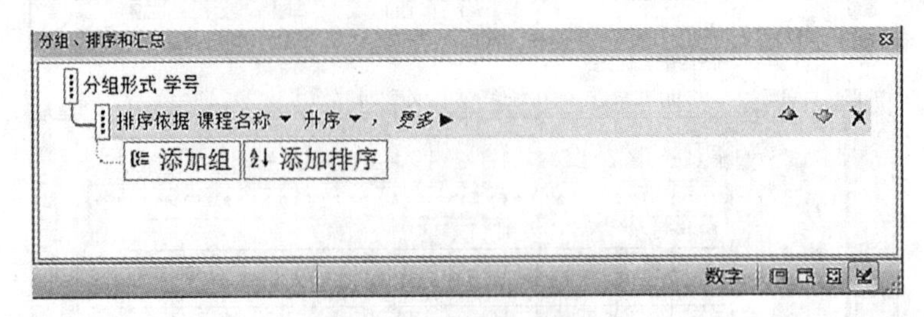

图 5-32 报表排序设置

7. 设置主体节

主体节只需将“课程名称”和“成绩”文本框移至相应位置，适当调整主体节高度即可，效果如图 5-31 所示。

8. 设置组页脚

组页眉与组页脚不是作为一组对象同时出现的，因此需进一步设置。在“分组、排序和汇总”窗格中单击“分组形式 学号”后面的“更多”按钮，在显示出来的“无页脚节”下拉列表中选择“有页脚节”，如图 5-33 所示，在报表设计窗口中就增加了“学号页脚”节。

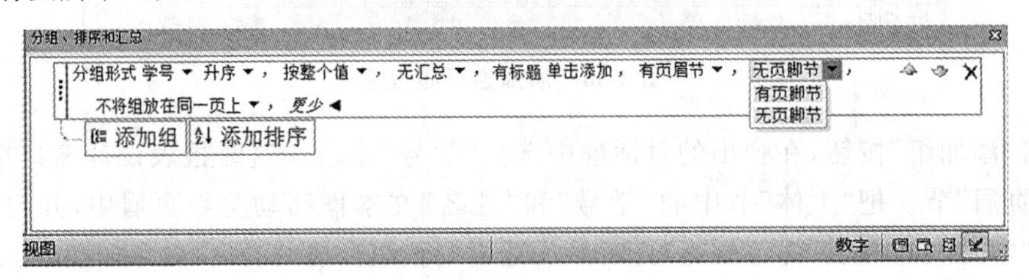

图 5-33 添加组页脚设置

在“学号页脚”节中添加一个标签，标签文本为“平均成绩：”，设置标签文本字体为黑体 12 号；往“学号页脚”节中添加一个不带标签的文本框，文本框的控件来源属性设置为“=Avg([成绩])”，调整标签和文本框的位置，效果如图 5-34 所示。

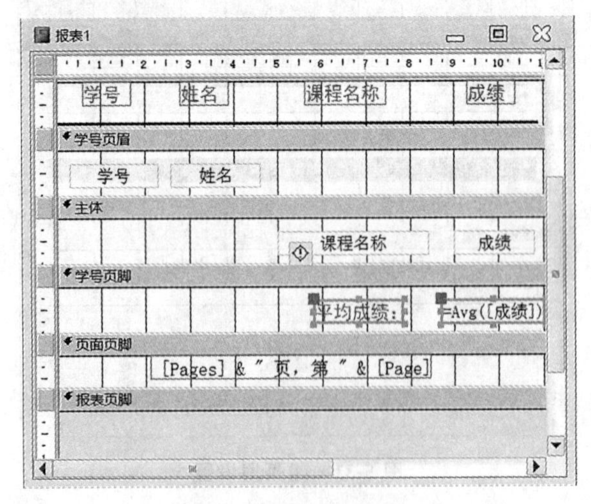

图 5-34 组页脚设置

注意：计算型文本框用于汇总数据，文本框放在组页眉或组页脚节中，则汇总的是每个组的数据；如果文本框放在报表页眉或者报表页脚节中，则汇总的是整个报表所有记录的数据，而放置在页面页眉和页面页脚则会出现错误。

9. 设置报表页脚

本例报表页脚无内容，因此只需将报表页脚的高度设置为 0 即可。最后单击“保存”按钮，将报表命名为“例 5-5 使用‘报表设计’创建学生成绩信息报表”。

5.3.2 使用“报表设计”创建图表报表

例 5-6　使用“报表设计”创建教师职称比例图表报表，打印预览效果如图 5-7 所示。

操作步骤如下：

(1)在“创建”选项卡“报表”组中，单击“报表设计”按钮，创建一个空白报表。

(2)将“设计”选项卡“控件”组中的“图表”控件添加到报表主体节中，在弹出的“图表向导”对话框中选择“教师”表，如图 5-35 所示，单击“下一步”按钮。

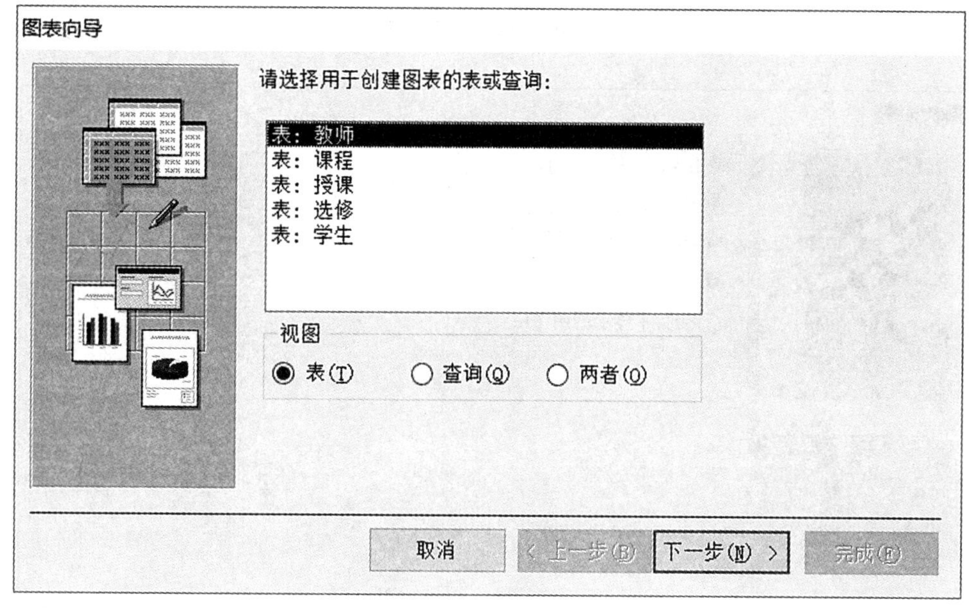

图 5-35　图表向导

(3)双击“职称”字段，单击“下一步”按钮。

(4)选择“饼图”，如图 5-36 所示，单击“下一步”按钮。

(5)图表布局默认，单击“下一步”按钮，然后指定图表标题为“教师职称比例”，选择“是，显示图例”后单击“完成”按钮，具体设置如图 5-37 所示。

(6)双击图表进入图表编辑状态，右键单击图表区域，单击“图表选项”按钮，单击“数据标签”选项卡，在“标签包括”中勾选“百分比”，具体设置如图 5-38 所示，单击“确定”按钮后点击“关闭”按钮，在弹出的对话框中选择“是”保存报表，将报表取名为“例 5-6 教师职称比例图表报表”即可完成。

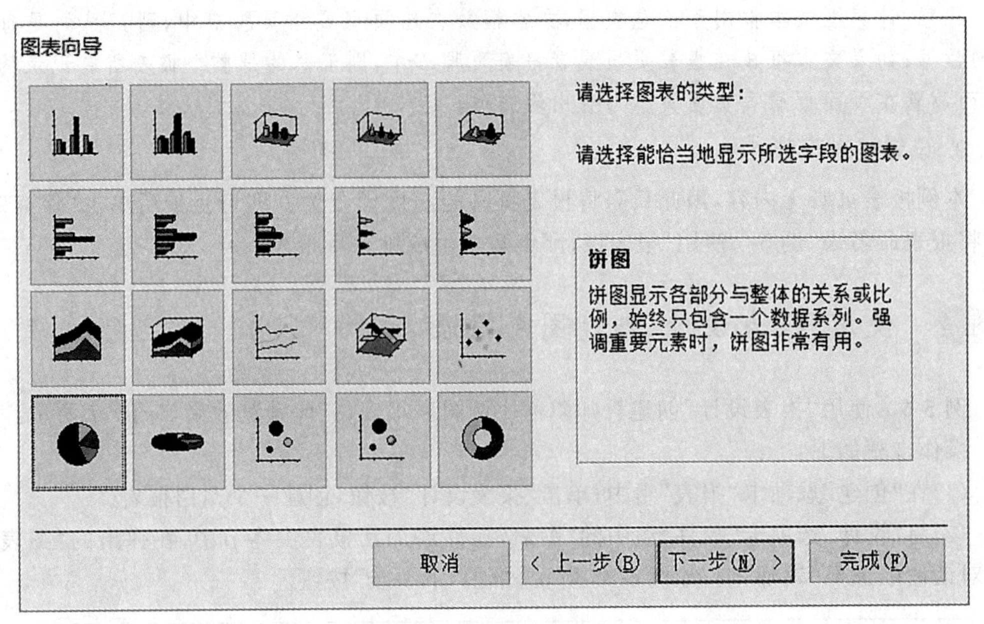

图 5-36　选择图表类型

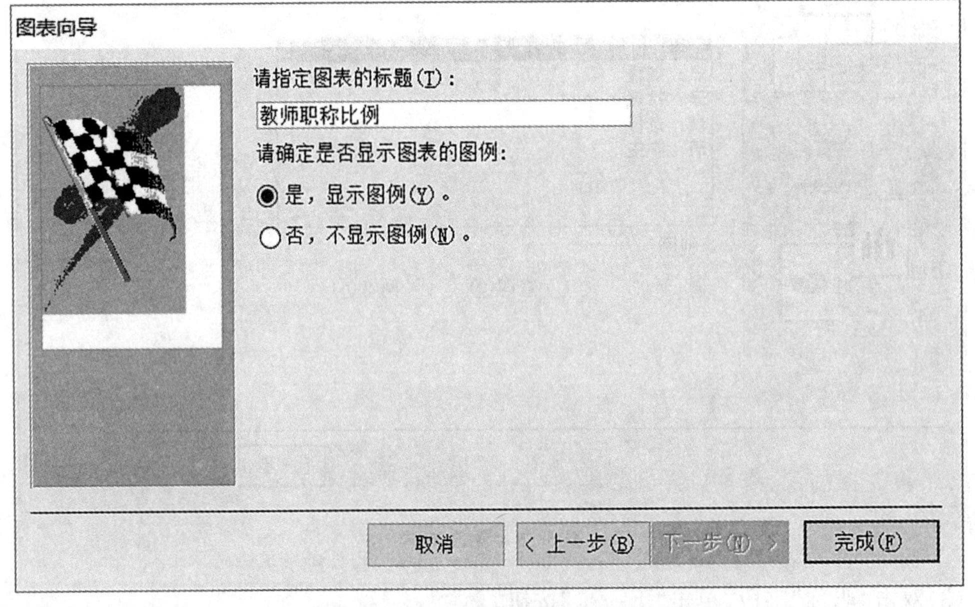

图 5-37　图表标题和图例设置

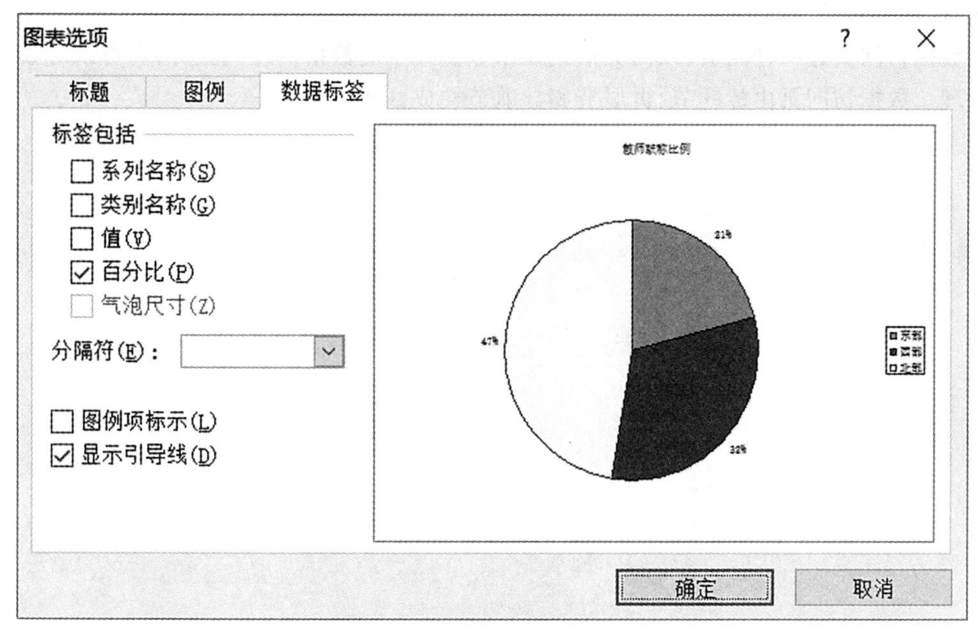

图 5-38　图表选项设置

5.4　数据访问页

数据访问页以网页形式展示数据库中的数据信息，用户通过浏览器实现对数据库中的记录进行增、删、改和查的管理功能。通俗来讲，数据访问页就是显示数据库数据的网页。数据访问页在设计时也与窗体和报表类似，可以添加各种控件，通过属性表设置各个控件的属性。它与其他对象的区别是：数据访问页不保存在 Access 数据库中，而是保存在外部独立的 HTML 网页文件中。数据访问页创建后，Access 会自动在数据库所在文件夹中生成 HTML 网页文件，在 Access 中仅保留的是该网页的快捷方式。

数据访问页由 3 节构成，分别是标题节、页眉节和导航节。由于从 Office Access 2007 开始，不再支持创建、修改或导入数据访问页的功能，因此本节仅对页对象的功能和构成做简单介绍。

本章小结

本章从报表的概念、功能、构成、视图等进行介绍，重点介绍了报表的创建方法。另外，简单介绍了数据访问页的功能和构成。

报表是数据打印输出格式，可以按用户需求输出数据，还可以进行比较和汇总数据。报表由报表页眉、页面页眉、组页眉、主体、组页脚、页面页脚和报表页脚 7 个节构成。报表有四种视图：设计视图、打印预览、布局视图和报表视图。报表的创建方法有报表、空报表、报表向导、标签和报表设计。

数据访问页是一种网页，以网页形式显示数据库中的数据信息，通过网页可以对数据进行管理。数据访问页由标题节、页眉节和导航节构成。

第6章　宏

宏是 Access 2010 数据库的对象之一，是一种功能强大的工具，通过宏将多个操作命令集合在一起，就可以自动完成各种重复性工作，从而提高工作效率。虽然数据表、查询、窗体、报表和数据页 5 种基本对象功能强大，但是彼此之间不能相互驱动，需要使用宏和模块将这些对象有机地组织起来，构成一个完整的数据库系统。

本章知识结构导航如图 6-1 所示。

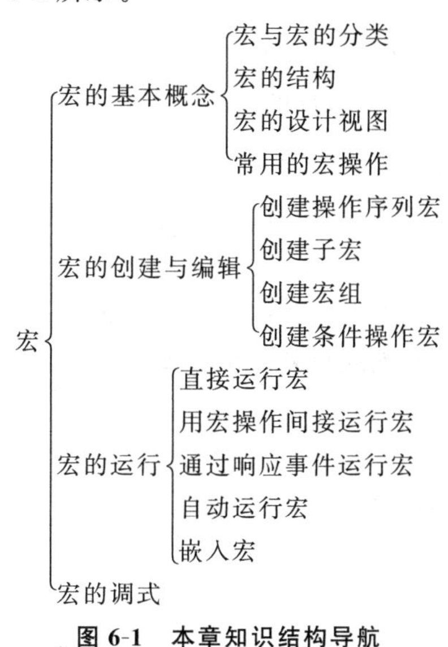

图 6-1　本章知识结构导航

6.1　宏的基本概念

6.1.1　什么是宏

宏(macro)是一组编码，是由一个或多个宏操作命令组成的集合，可以用它来增强对数据库中数据的操作能力。其中每个操作都由命令来完成，以此实现特定的功能。如打开某个窗体或打印某个报表。宏的每个操作在运行时按宏命令的排列顺序自动执行。宏可以使多个任务同时完成，使单调的重复性操作自动完成。我们可以将大量相同的工作创建为一个宏，通过运行宏使其自动完成，大大提高工作效率。

1. 根据宏所依附的位置分类

根据宏所依附的位置，宏可以分为独立的宏、嵌入的宏和数据宏。

(1)独立的宏

独立的宏对象将显示在导航窗格中的“宏”列表中。宏对象是一个独立的对象，窗体、报表或控件的任意事件都可以调用宏对象中的宏。需要在应用程序的很多位置重复使用宏，可以利用独立的宏，非常方便。通过从其他宏调用宏，可以避免在多个位置重复相同的代码。

(2)嵌入的宏

嵌入在对象的事件属性中的宏称为嵌入的宏。嵌入的宏与独立的宏的区别在于，嵌入的宏在导航窗格中不可见，它成为窗体、报表或控件的一部分。宏对象可以被多个对象及不同的事件引用，而嵌入的宏只作用于特定的对象。

(3)数据宏

数据宏是 Access 2010 中新增的一项功能，该功能允许在插入、更新或删除表中的数据时执行某些操作，从而验证和确保表数据的准确性。数据宏也不显示在导航窗格的“宏”下。

2. 根据宏中宏操作命令的组织方式分类

根据宏中宏操作命令的组织方式，宏可以分为操作序列宏、子宏、宏组和条件操作宏。

(1)操作序列宏

操作序列宏是指组成宏的操作命令按照顺序关系依次排列，运行时按顺序从第一个宏操作依次往下执行。如果用户频繁地重复一系列操作，就可以用创建操作序列宏的方式来执行这些操作。

(2)子宏

完成相对独立功能的宏操作命令可以定义成子宏，子宏可以通过其名称来调用。每个宏可以包含多个子宏。

(3)宏组

宏组是将相关操作分为一组，并为该组指定一个名称，从而提高宏的可读性。分组不会影响宏操作的执行方式，组不能单独调用或运行。分组的主要目的是标识一组操作，帮助一目了然地了解宏的功能。特别在编辑大型宏时，可将每个分组块向下折叠为单行，从而减少一定的滚动操作。

(4)条件操作宏

条件操作宏就是在宏中设置条件，用来判断是否要执行某些宏操作。只有当条件成立时，宏操作才会被执行，这样可以增强宏的功能，也使宏的应用更加广泛。利用条件操作宏，可以根据不同的条件执行不同的宏操作。

6.1.2 宏的结构

Access 2010 中的宏可以是包含一个或几个操作的宏，也可以是由几个子宏组成的宏组，还可以是使用条件限制执行的宏。一个包含了子宏和条件限制宏的宏结构如图 6-2 所示。

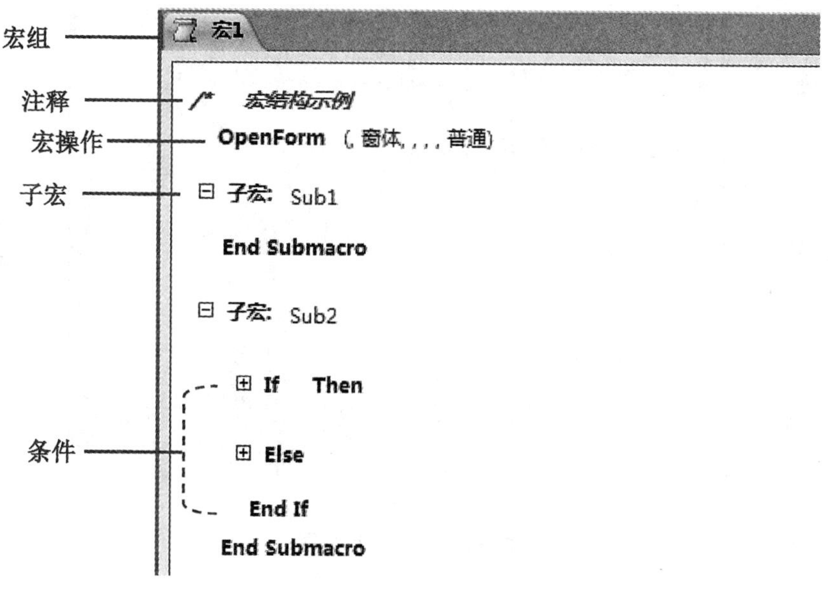

图 6-2 宏结构示例

(1)子宏:包含在一个宏名下具有独立名称的宏。它可以由多个操作组成,也可以单独运行。当一个宏中包含多个功能时,可以为每种功能创建子宏。

(2)宏组:以一个宏名来存储相关的宏的集合。宏组中的每一个子宏都有宏名,方便引用。宏组可以帮助我们更方便地对宏进行管理,对数据库进行管理。

(3)宏操作:是系统预先设计好的特殊代码,每个操作可以完成一种特定的功能,用户使用时按需设置参数即可。

(4)条件:设置了条件的宏,根据条件成立与否,执行不同的宏操作,这样可以加强宏的逻辑性,使得宏的应用更加广泛。

(5)注释:对宏的说明,一个宏中可以有多条注释。注释不是必需的,添加注释可以方便后期对宏的理解和维护。

6.1.3 宏的设计视图

在“创建”选项卡的“宏与代码”命令组中,单击“宏”命令按钮,将进入宏的操作界面,其中包括“设计”功能区、“操作目录”窗格、宏设计窗口和三大部分组成。如图 6-3 所示。

1. “设计”功能区

“设计”功能区有三个命令组,分别是“工具”“折叠/展开”和“显示/隐藏”,如图 6-3 所示。

(1)“工具”命令组:包括运行、调试宏及将宏转换为 Visual Basic 代码三个操作。

(2)“折叠/展开”命令组:提供浏览宏代码的几种方式,即展开操作、折叠操作、全部展开和全部折叠。

(3)“显示/隐藏”命令组:主要用于对“操作目录”任务窗格的隐藏和显示。

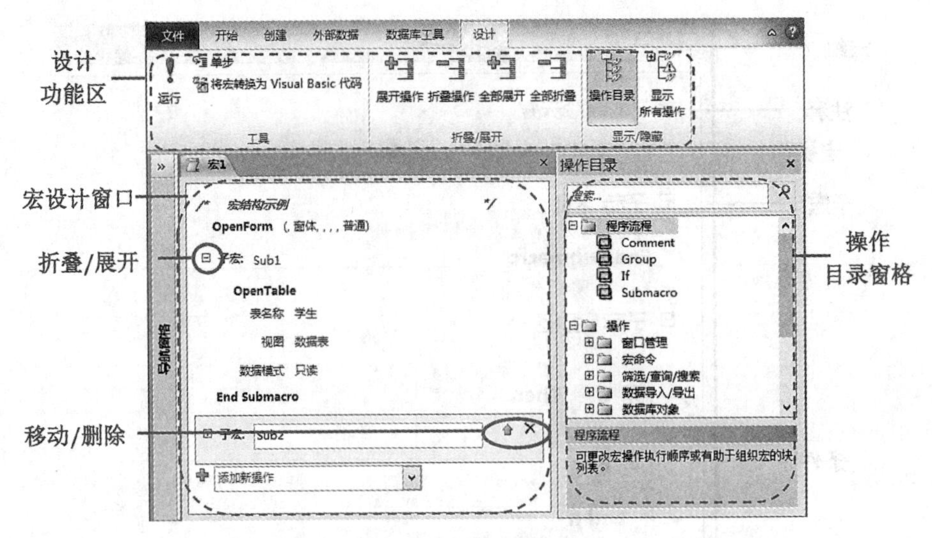

图 6-3　宏的设计视图

2. 操作目录窗格

为了方便用户操作，Access 2010 用“操作目录”任务窗格分类列出了所有宏操作命令，用户可以根据需要从中选择。当选择一个宏操作命令后，在窗格的下半部分会显示相应命令的说明信息。“操作目录”任务窗格由三部分组成，分别是程序流程控制、宏操作命令和在此数据库中包含的宏对象，如图 6-3 所示。

(1)“程序流程”部分：包括 Comment(注释)、Group(宏组)、If(条件)和 Submacro(子宏)4 项，用于实现程序流程控制。

(2)“操作”部分：把宏操作按操作性质分为 8 组，分别是“窗口管理”“宏命令”“筛选/查询/搜索”“数据导入/导出”“数据库对象”“数据输入操作”“系统命令”“用户界面命令”，总共有 86 个操作。但需要在添加宏操作命令之前，先单击“显示所有操作”命令按钮，才会列出 Access 2010 全部的 86 个宏操作命令，否则只列出 66 个常用的宏操作命令。

(3)“在此数据库中”部分：列出了当前数据库中的所有宏，以便用户可以重复使用所创建的宏和事件过程代码。

3. 宏设计窗口

当创建一个宏后，在宏设计窗口中出现一个组合框，在其中可以添加宏操作并设置操作参数，如图 6-3 所示。

宏设计创建窗口中，可以通过“添加新操作”下拉列表框添加宏操作，也可以对各种项目进行编辑、移动和删除。单击操作、条件或子宏前面的“－”可以折叠或展开参数设置提示，而单击操作名称最右边的“×”按钮可以删除该操作。

添加新的宏操作有三种方式：

(1)直接在“添加新操作”下拉列表框中输入宏操作名称。

(2)在“添加新操作”下拉列表框中选择相应的宏操作。

(3)从“操作目录”任务窗格中把某个宏操作拖曳到下拉列表框中或双击某个宏操作。

6.1.4 常用的宏操作

宏操作时，宏的基本结构单元（无论是子宏、宏组还是条件宏）都是由宏操作组成的。常用的宏操作见表 6-1。

表 6-1　常见宏操作

分类	宏操作命令	功能
打开或关闭数据库对象	OpenForm	打开窗体
	OpenQuery	打开查询
	OpenReport	打开报表
	OpenTable	打开数据表
	CloseDatabase	关闭当前数据库
查找记录	FindRecord	查找符合指定条件的第一条记录
	FindNextRecord	查找符合指定条件的下一条记录
	GotoRecord	指定当前记录
	Requery	刷新控件数据
运行和控制流程	RunApp	执行指定的外部程序
	RunCommand	执行指定的内置命令
	RunSQL	执行指定的 SQL 语句
	RunCode	执行 VB 的过程
	RunMacro	执行宏
	StopMacro	终止当前正在运行的宏
	QuitAccess	退出数据库
控制窗口	MaximizeWindow	将窗口最大化
	MinimizeWindow	将窗口最小化
	RestoreWindow	将窗口恢复原来大小
	CloseWindow	关闭当前窗口或指定窗口
通知或警告	Beep	发出嘟嘟的提示声
	Messagebox	消息框
菜单操作	AddMenu	创建菜单栏
	SetMenuItem	设置菜单项状态
设置值	SetValue	设置字段、控件或属性的值
	SetWarning	关闭或打开系统的所有信息

6.2 宏的创建与编辑

宏的创建方法与其他对象的创建方法稍有不同,其他对象的创建可以通过自动方式、手动方式、向导创建,或者通过设计视图创建,但宏只能通过设计视图创建。

6.2.1 创建操作序列宏

要创建宏,需要在宏设计窗口中添加宏操作命令、提供注释说明及设置操作参数。选定一个操作后,在宏设计窗口的操作参数设置区会出现与该操作对应的操作参数设置表,在弹出的下拉列表中选择操作参数。

例 6-1 创建操作序列宏。创建一个"Opentable1"的宏,作用是以只读方式打开"学生"表,最大化窗口显示,并且发出"嘟"的提示音,最后弹出"学生表已打开!"的提示框。

操作步骤如下:

(1)首先在"创建"选项卡"宏与代码"命令组中,单击"宏"命令按钮,新建一个宏,进入宏设计窗口。

(2)在"操作目录"任务窗格中,把"程序流程"部分的"Comment"拖到"添加新操作"下拉列表框中,或双击"Comment",在宏设计器中出现相应的注释行,输入"打开学生表"。

(3)单击"添加新操作"下拉列表框,选择"OpenTable"操作,修改表名称和数据模式,如图 6-4 所示。

(4)单击"添加新操作"下拉列表框,选择"MaximizeWindow"操作,最大化窗口显示。

(5)单击"添加新操作"下拉列表框,选择"Beep"操作,发出"嘟"的声音。

(6)单击"添加新操作"下拉列表框,选择"MessageBox"操作,输入提示信息,如图 6-4 所示。

(7)保存宏为"Opentable1",关闭宏窗口。

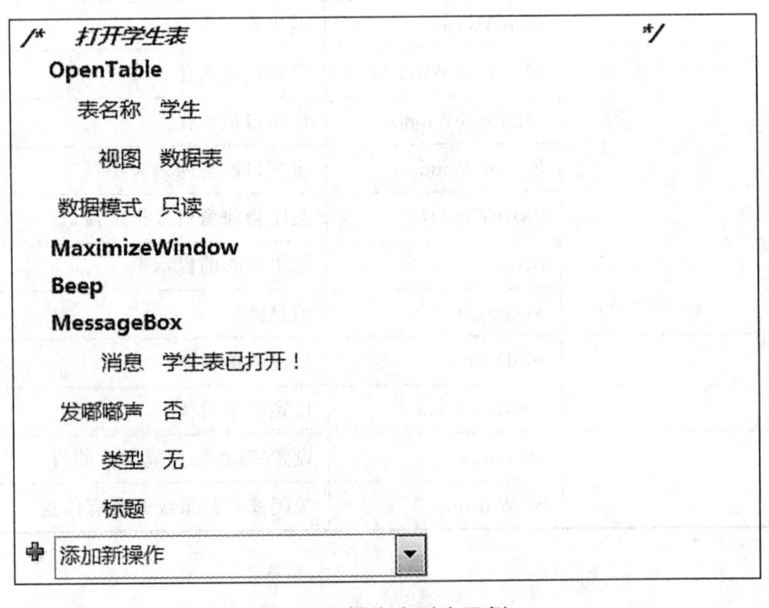

图 6-4 操作序列宏示例

6.2.2 创建子宏

创建子宏是通过“操作目录”任务窗格中“程序流程”的“Submacro”来实现的。可通过与添加宏操作相同的方式将“Submacro”块添加到宏，然后将宏操作添加到该块中，并给不同的块加上不同的名字。也可以选择一个或多个操作，然后右击它们，在弹出的快捷菜单中选择“生成子宏程序块”命令，直接创建子宏。

子宏必须始终是宏中最后的块，不能在子宏下添加任何操作，除非有更多子宏。

如果运行的宏仅包含多个子宏，但没有指定要运行的子宏，则只会运行第一个子宏，在导航窗格中的宏名称列表中将显示宏的名称。如果要引用宏中的子宏，其引用格式为“宏名.子宏名”。

例 6-2 创建子宏。创建打开和关闭“学生”表和“教师”表的两个子宏，并且打开和关闭都要求用消息框提示操作。

操作步骤如下：

(1)首先在“创建”选项卡“宏与代码”命令组中，单击“宏”命令按钮，新建一个宏，进入宏设计窗口。

(2)在“操作目录”任务窗格中，把“程序流程”部分的“Submacro”拖到“添加新操作”下拉列表框中，或双击“Submacro”，在子宏名称文本框中默认名称为“Sub1”，把名称修改为“宏 1”。在“添加新操作”下拉列表框中选择“MessageBox”和“CloseWindow”命令，按照图 6-5 设置操作参数。

(3)按照上面的方法设置宏 2，并保存宏为“子宏”，关闭宏窗口。

图 6-5 子宏示例

6.2.3 创建宏组

创建宏组通过“操作目录”任务窗格中“程序流程”部分的“Group”来实现。首先将“Group”块添加到宏设计窗口中，在“Group”块顶部的文本框中，输入宏组的名称，然后将宏操作添加到“Group”块中。如果要分组的操作已在宏中，可以选择要分组的宏操作，右击所选的操作，然后选择“生成分组程序块”命令，并在“Group”块顶部的文本框中输入宏组的名称。“Group”块可以包含其他“Group”块，最多可以嵌套 9 级。“Group”块不会改变宏操作的执行方式，组不能单独调用或运行，按组的排列顺序依次执行。

例 6-3 创建宏组。将例 6-2 的子宏改为宏组，执行宏组。

操作步骤如下：

(1)先将例 6-2 的“子宏”另存为“宏组”，并打开宏组。

(2)添加“Group”块，修改名称为“组 1”，利用宏操作命令右侧的“上移”“下移”按钮，将原来“宏 1”中的操作移入“组 1”，再利用右侧的“删除”按钮，删除“宏 1”，如图 6-6 所示。

(3)利用同样的方法，添加和修改“组 2”。

(4)运行“宏组”将依次执行“组 1”和“组 2”中的操作。

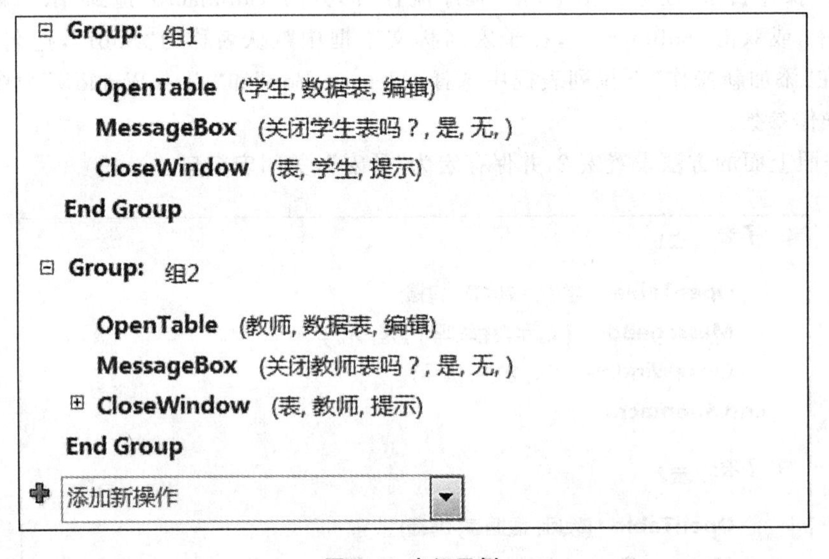

图 6-6 宏组示例

6.2.4 创建条件操作宏

如果希望当满足指定条件时才执行宏的一个或多个操作，可以使用“操作目录”任务窗格中的 If 流程控制，通过设置条件来控制宏的执行流程，形成条件操作宏。

这里的条件是一个逻辑表达式，返回值是真“True”或假“False”。运行时将根据条件的结果，决定执行对应的操作。

例 6-4 创建条件操作宏。创建一个宏，宏的作用是弹出一个提示信息内容为“是否只显示学分为2的课程信息?”的消息框,单击“确定”按钮时,只显示“课程”表中2学分的课程信息,单击“取消”按钮则显示全部课程信息。

操作步骤如下:

(1)首先在“创建”选项卡“宏与代码”命令组中,单击“宏”命令按钮,新建一个宏,进入宏设计窗口。

(2)单击“添加新操作”下拉列表框,添加“If”程序块,单击“条件表达式”右边按钮,打开“表达生成器”对话框,按照图6-7所示生成If条件表达式。

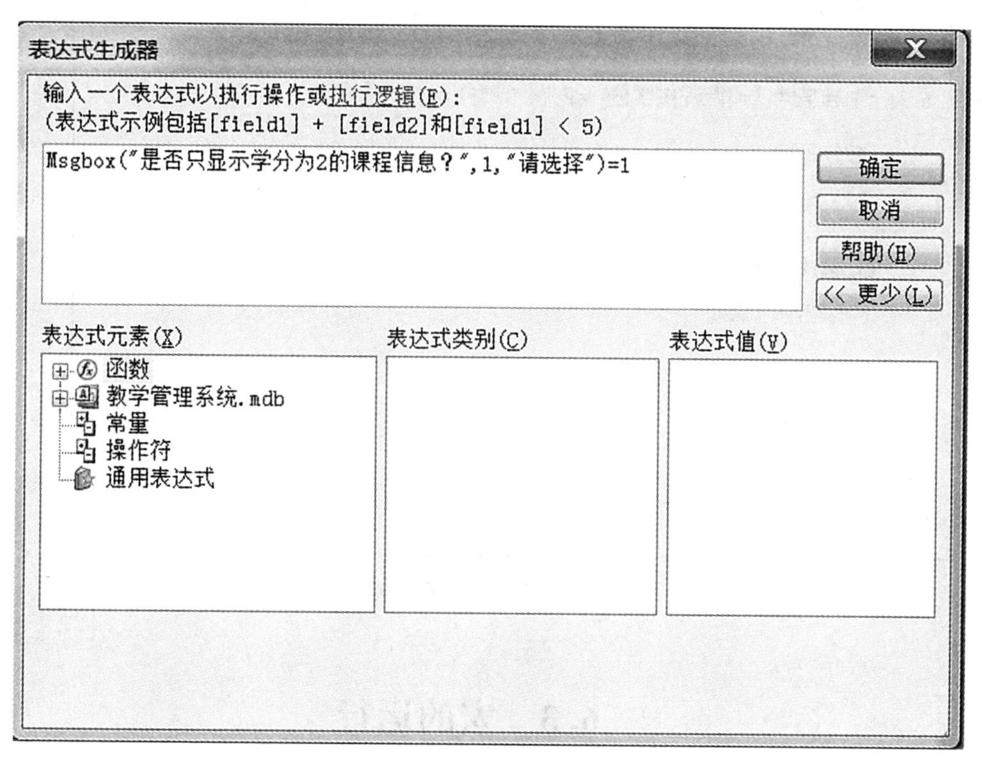

图6-7　If条件表达式

(3)在“If”块里,按照图6-8所示添加“OpenTable”操作,修改“数据模式”为“只读”,并添加“ApplyFilter”操作,设置“当条件=”参数项为“[课程]![学分]=2”,只显示2学分的课程信息。点击“添加Else”按钮,在“Else”块中添加“OpenTable”操作,修改“数据模式”为“只读”,不设置其他参数,显示所有课程信息。

(4)保存宏为“查询课程”,关闭宏窗口。

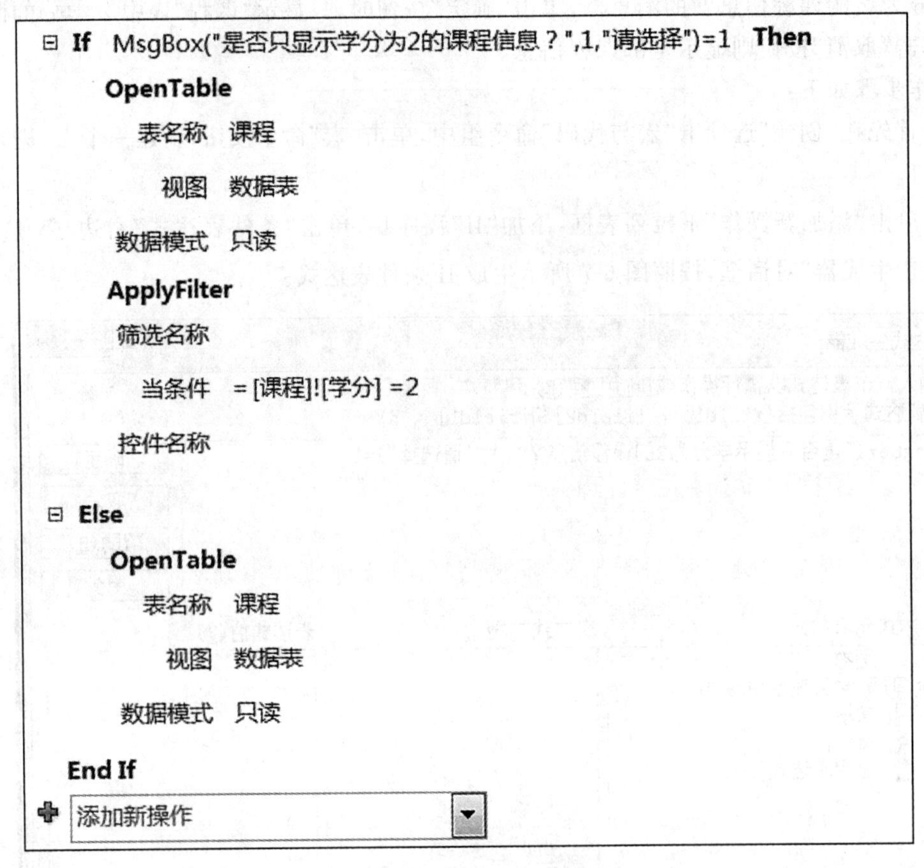

图 6-8 条件序列宏示例

6.3 宏的运行

创建了宏之后，通过运行宏可以执行宏中的操作。运行宏时，Access 2010 将从宏的起始点启动，并执行宏中的所有操作，直到出现另一个宏或宏的结束点。运行宏的方法有多种，可以直接运行某个宏，也可以从其他宏中运行宏，还可以通过响应窗体、报表或控件的事件来运行宏。下面详细介绍这几种常用的方法。

6.3.1 直接运行宏

直接运行宏主要是为了对创建的宏进行调试，以测试宏的正确性。直接运行宏有以下三种方式。

(1)在宏设计视图中，单击“设计”选项卡“工具”组中的“运行”命令按钮。

(2)在导航窗格中选择“宏”对象，然后双击宏名。

(3)在“数据库工具”选项卡的“宏”命令组中单击“运行宏”命令按钮，弹出“执行宏”对话框，如图6-9所示，在“宏名称”下拉列表框中选择要运行的宏，单击“确定”。可以选择执行宏组，也可以选择执行宏组中的某个子宏，宏组中的子宏用“宏组名.子宏名”来引用。

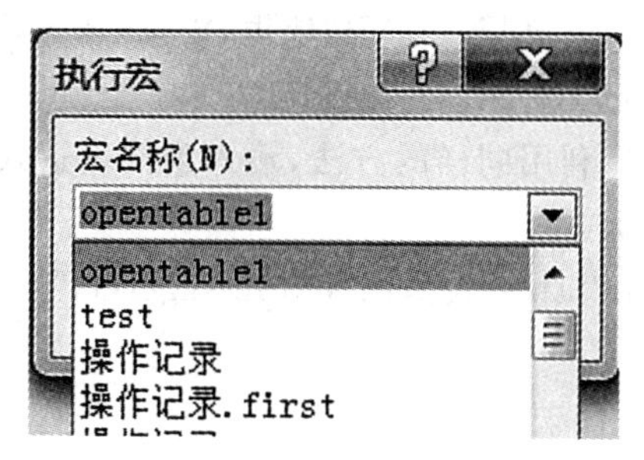

图6-9 “执行宏”对话框

6.3.2 用宏操作间接运行宏

如果要从其他宏中运行另一个宏，必须在宏设计视图中使用“RunMacro”宏操作命令，将要运行的另一个宏的宏名作为操作参数。

例6-5 宏操作间接运行宏。创建一个宏，宏的作用是先弹出一个输入框，如图6-10所示，若输入“1”，则运行“子宏.宏1”；若输入“2”，则运行“子宏.宏2”；如果输入其他内容，弹出“非法输入”的消息框。如图6-11所示。

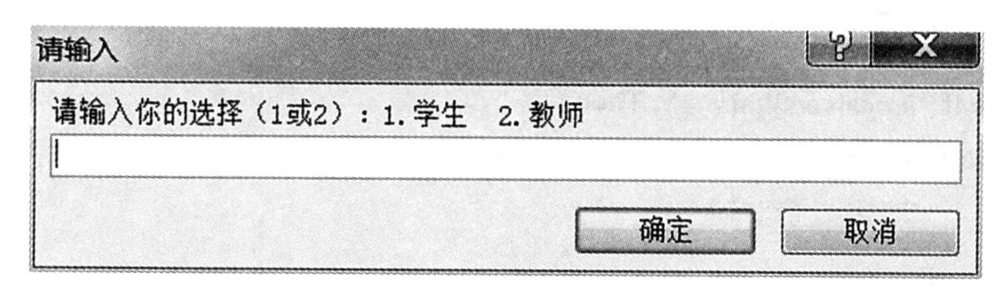

图6-10 “请输入”输入框

图6-11 “非法输入”消息框

操作步骤如下：

(1)首先在“创建”选项卡“宏与代码”命令组中，单击“宏”命令按钮，新建一个宏，进入宏设计窗口。

(2)在“添加新操作”下拉列表框中选择“SetLocalVar”命令，按照图6-12所示设置参数，其作用是定义一个本地变量a，其值为“表达式”参数的值，“表达式”参数右边的“InputBox”函数会弹出一个输入框，用户输入的结果记录在“表达式”中。其操作的作用是将用户在输入框中输入的信息存放在变量 a 中。

(3)单击“添加新操作”下拉列表框，添加“If”程序块，打开“表达生成器”对话框，输入 If 条件表达式“[LocalVars]![a]="1"”。在“If”块里，添加“RunMacro”操作，在宏名称下拉列表里选择“子宏.宏 1”，如图 6-12 所示。

(4)添加“Else If”程序块，利用同样的方法，输入条件表达式，添加“RunMacro”操作，设置宏名称参数，如图 6-12 所示。

(5)添加“Else”程序块，在“Else”块里添加“MessageBox”操作，输入提示信息，如图 6-12 所示。

(6)保存宏为“例 6-5”，关闭宏窗口。

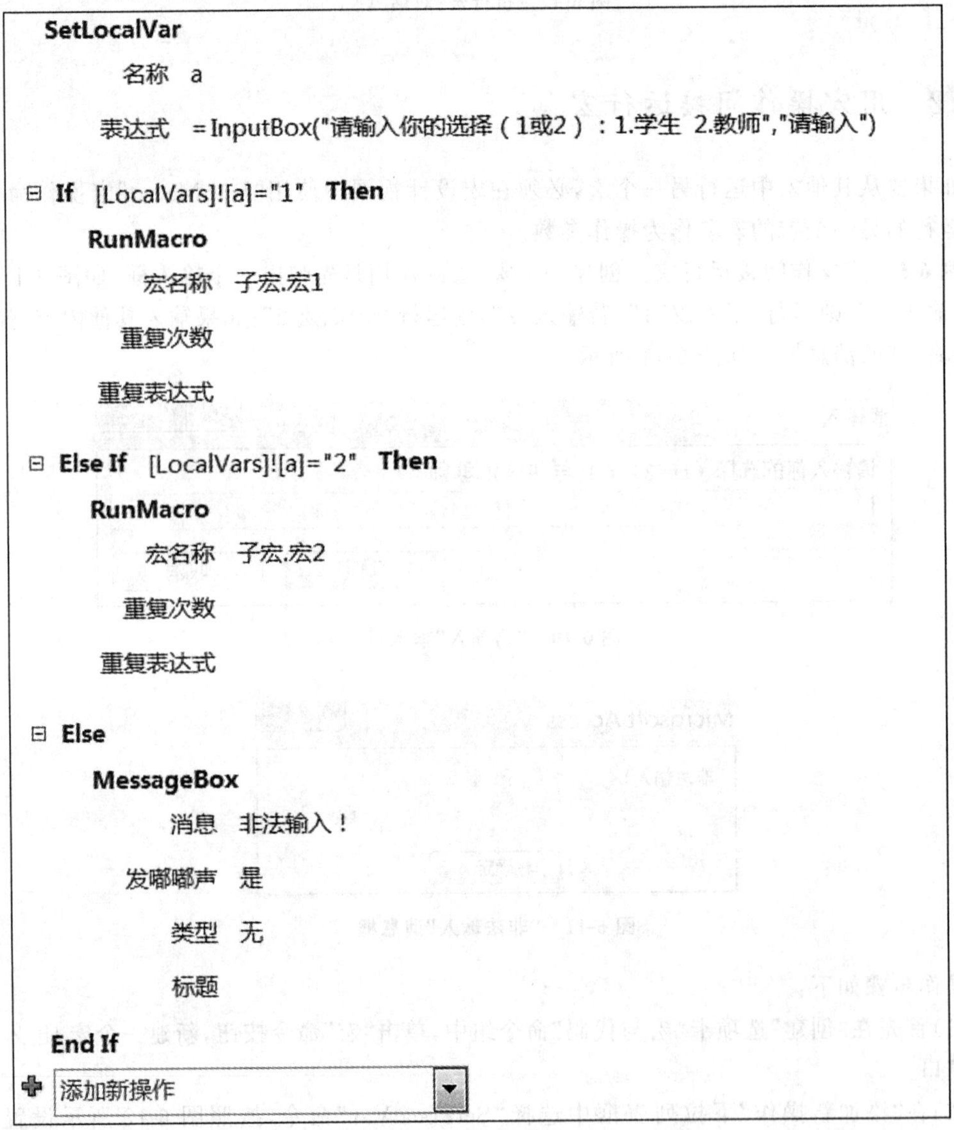

```
SetLocalVar
    名称  a
    表达式  =InputBox("请输入你的选择（1或2）：1.学生 2.教师","请输入")
⊟ If  [LocalVars]![a]="1"  Then
    RunMacro
        宏名称  子宏.宏1
        重复次数
        重复表达式
⊟ Else If  [LocalVars]![a]="2"  Then
    RunMacro
        宏名称  子宏.宏2
        重复次数
        重复表达式
⊟ Else
    MessageBox
        消息  非法输入！
        发嘟嘟声  是
        类型  无
        标题
  End If
✚ 添加新操作
```

图 6-12 “例 6-5”示例

6.3.3 通过响应事件运行宏

在实际应用系统中，更多的是通过窗体、报表或控件上发生的事件触发响应的宏或事件过程。例如，可以将某个宏指定到命令按钮的单击事件上，用户单击按钮时就会运行相应的宏。

例 6-6 通过响应事件运行宏。创建一个窗体，如图 6-13 所示，分别设置两个按钮"学生信息"和"教师信息"，单击"学生信息"的按钮时运行子宏"子宏.宏 1"，单击"教师信息"的按钮时运行子宏"子宏.宏 2"。

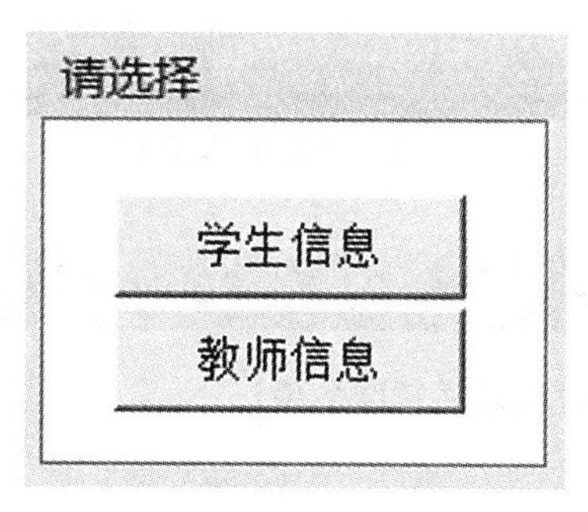

图 6-13 例 6-6 窗体

操作步骤如下：

(1)首先在"创建"选项卡"窗体"命令组中，单击"窗体设计"命令按钮，创建一个空白窗体，并添加两个命令按钮"Comment1"和"Comment2"。

(2)将两个命令按钮的标题属性分别设置为"学生信息"和"教师信息"。

(3)将"Comment1"的"单击"事件属性设置为"子宏.宏 1"，"Comment2"的"单击"事件属性设置为"子宏.宏 2"，如图 6-14 所示。

图 6-14 命令按钮单击事件设置

(4)保存窗体为"例 6-6"，关闭窗体。

6.3.4 自动运行宏

Access 2010 在打开数据库时，将查找是否存在名为"AutoExec"的宏，如果找到将自动运行该宏，可以在该宏中设置数据库初始化的相关操作。如果不希望在打开数据库的时候运行“AutoExec”宏,可在打开数据库的时候按住“Shift”键。

例 6-7 自动运行宏。创建一个自动运行宏,当打开“教学管理系统”数据库时,先弹出一个“验证”的输入框,如图 6-15 所示。当用户输入的密码为“admin”时,出现“欢迎登录教学管理系统!”的消息框,如图 6-16 所示;密码输入错误时,出现“密码错误,关闭数据库!”的警告消息框,如图 6-17 所示,并关闭 Access。

图 6-15 “验证”输入框

图 6-16 登录成功的消息框

图 6-17 密码错误的消息框

操作步骤如下:

(1)首先在“创建”选项卡“宏与代码”命令组中,单击“宏”命令按钮,新建一个宏,进入宏设计窗口。

(2)单击“添加新操作”下拉列表框,添加“If”程序块,在条件表达式里按照图 6-18 所示输入。

(3)在“If”程序块里的“添加新操作”下拉列表框中选择“MessageBox”操作,输入“欢迎登录教学管理系统!”,如图 6-18 所示,在“添加新操作”下拉列表框中选择“StopMacro”操作。

(4)添加“Else”程序块,在“Else”块里添加“MessageBox”操作,输入“密码错误,关闭数据库!”,参数设置如图 6-18 所示,并添加“QuitAccess”操作。

(5)保存宏为“AutoExec”,关闭宏窗口。

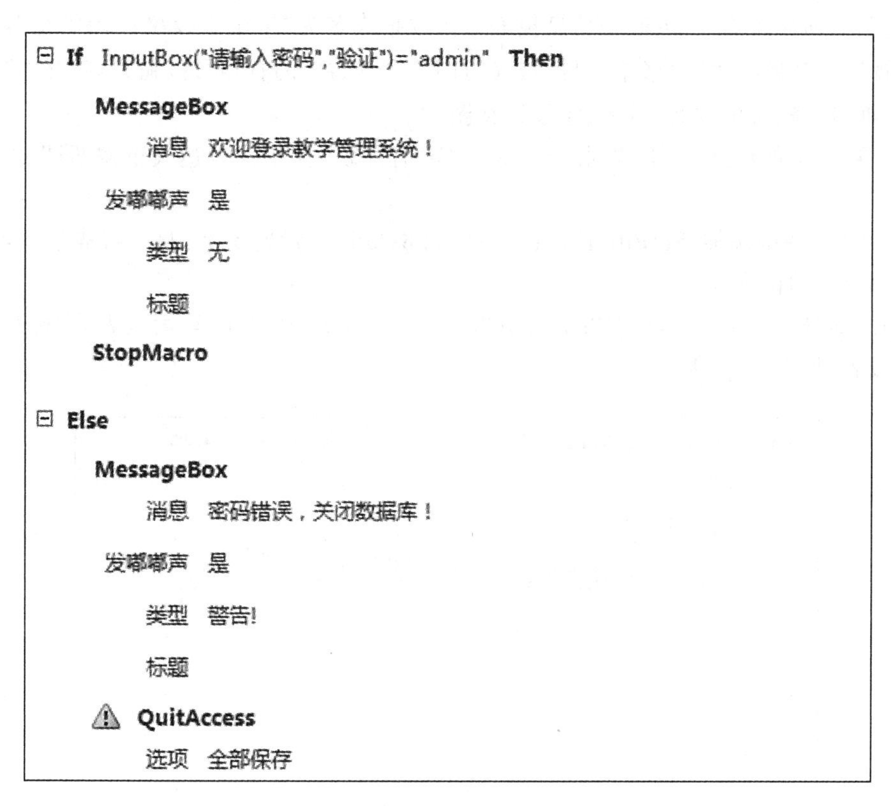

图 6-18　“AutoExec”宏示例

6.3.5　嵌入宏

前面例子介绍的宏，都是在导航窗格的“宏”列表中可见的独立对象，称为“独立宏”。独立宏与窗体、报表或控件等对象并无附属关系。而嵌入宏则是存储在窗体、报表或控件的事件属性中，并不作为独立的对象显示在导航窗格的“宏”列表中。利用嵌入宏，使数据库更易于管理，使宏的功能更强大、更安全。

例 6-8　嵌入宏。在报表中创建嵌入宏，打开报表前弹出“请选择”消息框，如图 6-19 所示。如果选择“是”，则打开报表，并显示不及格成绩的记录；如果选择其他选项，则不能打开报表。

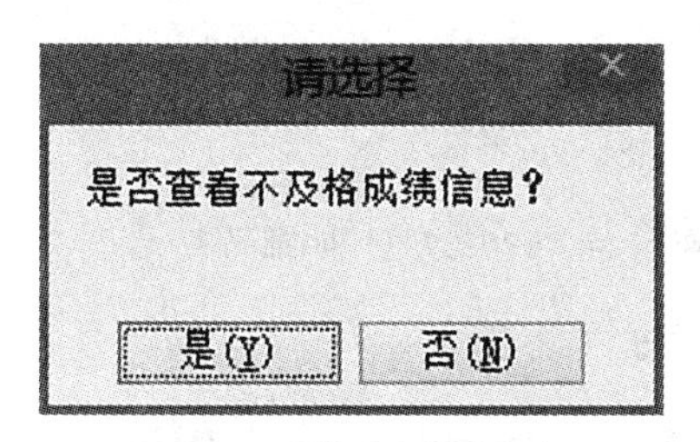

图 6-19　“请选择”消息框

操作步骤如下：

(1)利用向导新建“学生成绩信息报表”,修改报表名为“学生不及格成绩信息”,打开报表设计视图,在“属性表”窗格中,单击报表“打开”事件右边的省略号按钮…,打开“选择生成器”对话框,选择“宏生成器”,进入宏设计视图。

(2)单击“添加新操作”下拉列表框,添加“If”程序块,在条件表达式里按照图 6-20 所示输入。

(3)在“If”块中添加“SetFilter”操作,按照图 6-20 所示设置参数,打开报表过滤器,只显示成绩不及格的记录。

(4)添加“Else”程序块,在“Else”块中添加“CancelEvent”操作,取消报表的“打开”事件,不打开报表,如图 6-20 所示。

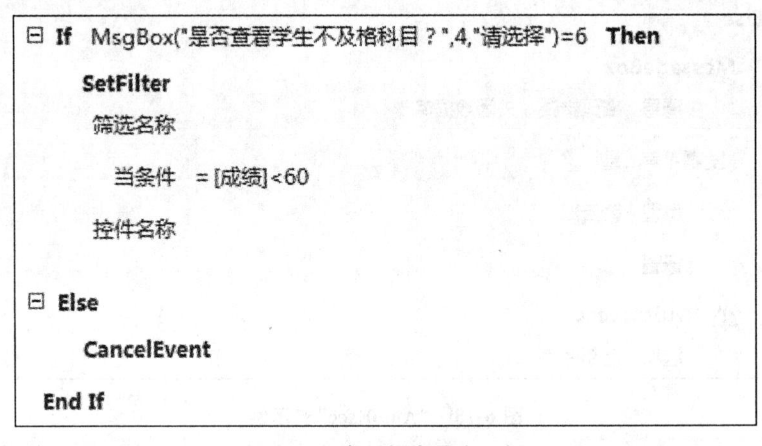

图 6-20　嵌入报表的宏示例

(5)保存该宏,关闭宏设计窗口。

(6)保存该报表,关闭报表的设计窗口。

设置完成后,双击报表“学生不及格成绩信息”,打开如图 6-19 所示的消息框,选择“是”按钮后,则显示如图 6-21 所示的结果。

学生成绩信息（向导创建）

学号	姓名	性别	课程名称	成绩
980312	文清	女		
			电算会计	56
			力学	51
汇总 '学号' = 980312 (2 项明细记录)				
平均值				53.5
980317	叶飞	男		
			电算会计	56
汇总 '学号' = 980317 (1 明细记录)				
平均值				56
990401	吴东	男		
			高等数学	52
汇总 '学号' = 990401 (1 明细记录)				
平均值				52

2017年10月21日

图 6-21　例 6-8 的报表预览效果

☑ 6.4　宏的调试

对于包含较复杂操作的宏，运行时出现错误而错误不容易被发现，可以使用宏的调试工具进行检查，帮助我们找出存在问题的操作。在 Access 2010 中，对宏的调试可以采用单步运行宏的方法，即一次只执行一个操作的调试。这样可以观察宏的执行流程和每一步操作的结果，便于分析和修改宏中的错误。

打开宏的设计视图，在“设计”选项卡的“工具”命令组中，单击“单步”命令按钮，使其处于按下的状态，再单击“运行”按钮，将依次运行宏操作，并打开“单步执行宏”对话框，如图 6-22 所示。

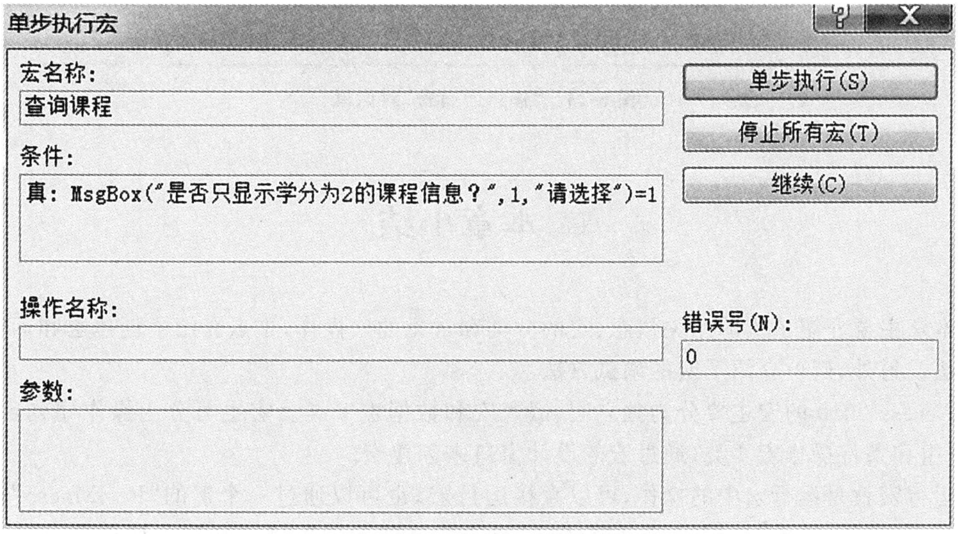

图 6-22　“单步执行宏”对话框

“单步执行宏”对话框中有 3 个命令按钮。“单步执行”按钮执行“单步执行宏”对话框中的操作；“停止所有宏”按钮停止宏的运行并关闭对话框；“继续”按钮关闭单步执行并继续执行宏未完成的操作。

在“单步执行宏”对话框中可以列出宏名称、每一步执行的宏操作的“条件”是否成立、宏的操作名称、宏操作的参数和错误号等信息，通过查看这些信息，可以得知宏操作是否按预期的结果执行。

如果宏操作有错误，则会显示“停止所有宏”对话框，如图 6-23 所示。

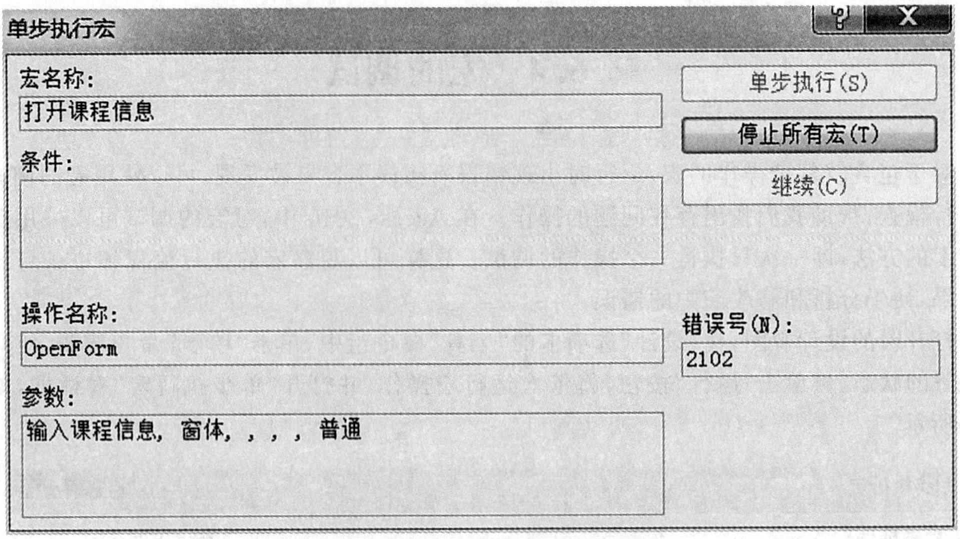

单步执行宏

宏名称:
打开课程信息
条件:
操作名称:
OpenForm
参数:
输入课程信息, 窗体, , , , 普通
单步执行(S)
停止所有宏(T)
继续(C)
错误号(N):
2102

图 6-23 "停止所有宏"对话框

☑ 本章小结

本章主要介绍了宏的相关概念、宏的分类和常见的宏操作,重点介绍了创建宏和运行宏的方法。另外,简单介绍了宏的调试方法。

Access 2010 的宏主要分为独立宏、嵌入宏和数据宏 3 类。宏也可分为操作序列宏、子宏、宏组和条件操作宏 4 类,通过宏的设计窗口来创建宏。

运行宏就是运行宏中的操作,可以直接运行宏,也可以通过一个宏的"RunMacro"操作来间接运行另一个宏,还可以通过窗体、报表或控件的触发事件运行宏。如果存在宏名为"AutoExec",则打开数据库时会自动运行该宏。还介绍了嵌入宏的主要概念和嵌入宏的编辑与运行。

使用宏的调试工具可以进行检查并排除出现问题的操作。在 Access 2010 中,对宏的调试采用单步运行宏的方法来实现。

第 7 章　VBA 编程

VBA 的全称是 Visual Basic for Application，它是 Access 内置的程序语言，主要用于模块对象的设计。利用它可以实现复杂的处理和必要的判断控制，从而开发出更具灵活性和自动性的数据库应用系统。

本章主要学习 Access 模块的基础概念，在熟悉 VBA 编程窗口和 VBA 语法特点的基础上，学习模块的创建方法，学会 VBA 编程基础，掌握 VBA 程序结构及编写程序的基本方法，学会过程和自定义函数的应用。本章知识结构导航如图 7-1 所示。

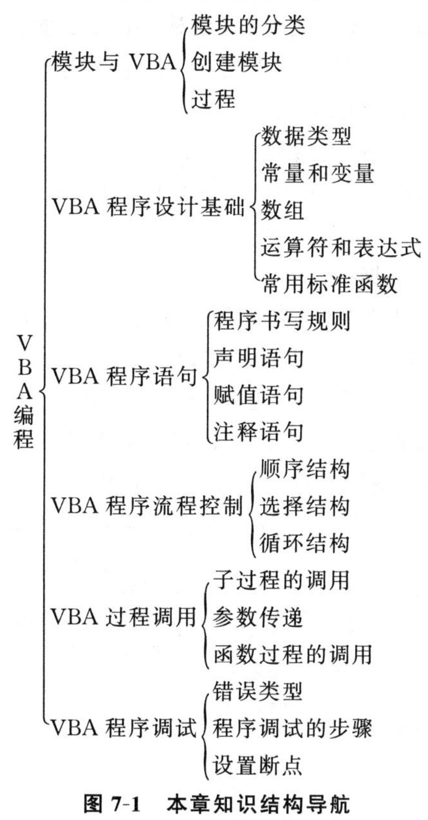

图 7-1　本章知识结构导航

7.1　模块与 VBA

模块是 Access 数据库的又一个重要对象。VBA 的程序代码保存在模块中，所以模块是保存 VBA 代码的容器。模块是由一个或多个过程组成的，每个过程可实现单一的功能，模块就是过程的集合。

7.1.1 模块的分类

在 Access 中,模块包括类模块和标准模块两种类型。其中,窗体和报表模块都属于类模块,窗体模块与某一特定窗体关联,报表模块与某一报表相关联。它们都含有事件过程,由事件驱动模块,而过程响应事件进行处理。标准模块是独立于窗体和报表的模块,属于 Access 数据库的"模块"对象。标准模块中定义的过程都是通用过程,默认的作用范围是公共的,可供任何模块中的过程调用。

7.1.2 创建模块

类模块的创建在前面第 4 章窗体部分就已经介绍过了,例 4-12 就是一个类模块的创建实例。从中可以看出,一个窗体(或报表)一旦创建,Access 便自动创建一个对应的窗体模块(或报表模块)。可以在窗体模块(或报表模块)中为特定事件编写一段 VBA 代码,在事件发生时便会执行代码,完成指定动作。

本小节主要阐述标准模块的创建过程。

例 7-1 在"教学管理系统"数据库中创建一个标准模块。

操作步骤如下:

(1)打开"教学管理系统"数据库。

(2)在"数据库工具"选项卡的"宏"功能组中单击"Visual Basic"按钮,或在"创建"选项卡的"宏与代码"功能组中单击"Visual Basic"按钮。

(3)在弹出来的 VBA 的编程窗口中,选择"插入"菜单下的"模块"命令,或单击标准工具栏上的"插入模块"按钮,即创建了一个标准模块。如图 7-2 所示。

图 7-2 为编辑和调试 VBA 程序的环境,在 Access 中,我们称为 VB 编辑器,简称 VBE。VBE 窗口主要由菜单栏、标准工具栏、工程资源管理器窗口、代码窗口、属性窗口等组成。

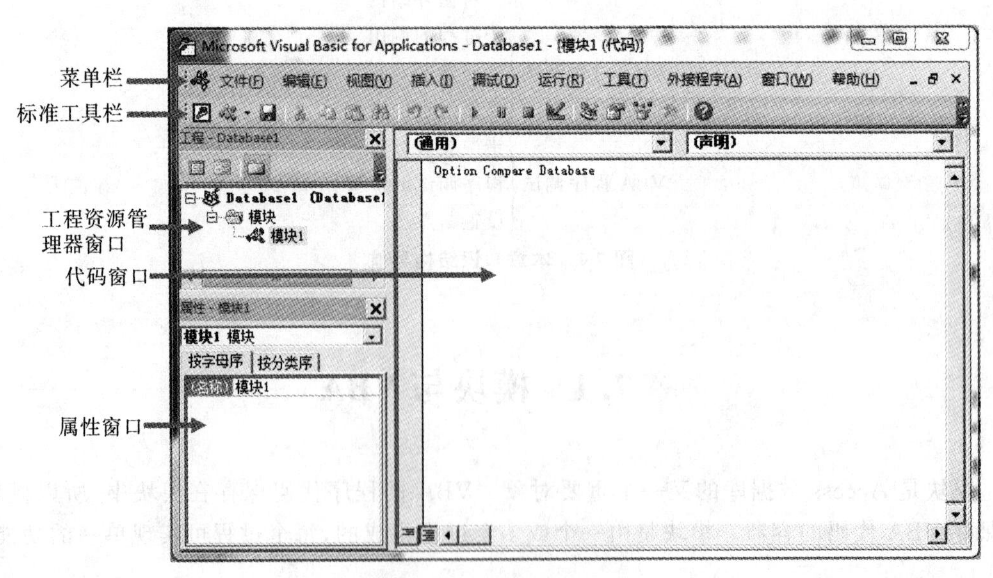

图 7-2 VBA 编程窗口

①标准工具栏：是 VBE 默认显示的工具栏，从左到右，各主要按钮的功能如图 7-3 所示。

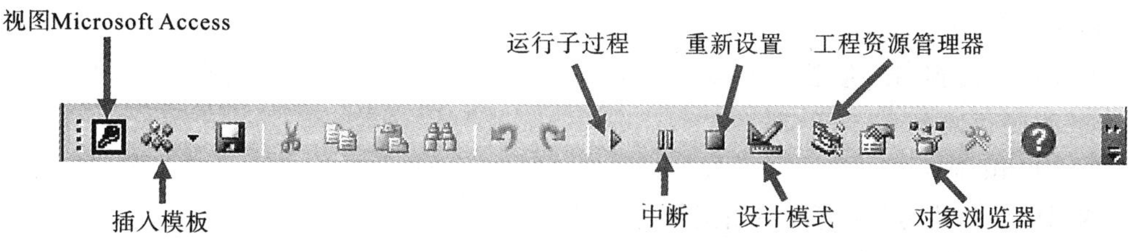

图 7-3　标准工具栏

a."视图 Microsoft Access"按钮：切换到 Access 数据库窗口。

b."插入模板"按钮：插入模板或过程。

c."运行子过程"按钮：可以运行模块中的过程。

d."中断"按钮：中断正在运行的程序。

e."重新设置"按钮：结束正在运行的程序。

f."设计模式"按钮：在设计模式和非设计模式之间切换。

g."工程资源管理器"按钮：用于打开工程窗口。

h."对象浏览器"按钮：用于打开对象浏览器窗口。

②工程资源管理器窗口：单击菜单栏中的"视图→工程资源管理器"，或直接单击标准工具栏中的"工程资源管理器"按钮即可打开此窗口。在该窗口中列出了应用程序的所有模块，双击其中的一个模块，该模块相应的代码窗口就会显示出来。

③代码窗口：单击菜单栏中的"视图→代码窗口"即可打开此窗口。在代码窗口中，可以编辑 VBA 程序代码。后续所有代码的编写都在此窗口中进行。

④属性窗口：单击菜单栏中的"视图→属性窗口"，或直接单击标准工具栏中的"属性窗口"按钮即可打开此窗口。在属性窗口中，列出了所选择对象的全部属性，可以按照"按字母序"和"按分类序"两种方法查看。用户可以直接在属性窗口中编辑对象的属性，这是对象属性的"静态"设置方法。当然，用户也可以在代码窗口中用 VBA 代码编写对象的属性，这是对象属性的"动态"设置方法。

7.1.3　过程

过程是模块的单元组成，由 VBA 代码编写而成。只有在过程里的代码才可运行。过程分两种类型：Sub 过程和 Function 函数过程。

1. Sub 过程

又称子过程。执行一系列操作，无返回值。

格式：

```
Sub 过程名([形参列表])
  [程序代码]
End Sub
```

调用子过程的方法：直接引用过程名或使用关键字 Call。

2. Function 过程

又称函数过程。执行一系列操作，有返回值。

格式：

```
Function 过程名([形参列表])
  [程序代码]
End Function
```

调用函数过程方法：直接引用函数过程名。

注意：不能使用 Call 来调用。

例 7-2　在例 7-1 中的标准模块中创建一个子过程 proc1()。

操作步骤如下：

(1)在菜单栏中选择“插入→过程”命令，弹出如图 7-4 所示“添加过程”对话框。

(2)在“名称”文本框中输入所建过程的名称“proc1”。

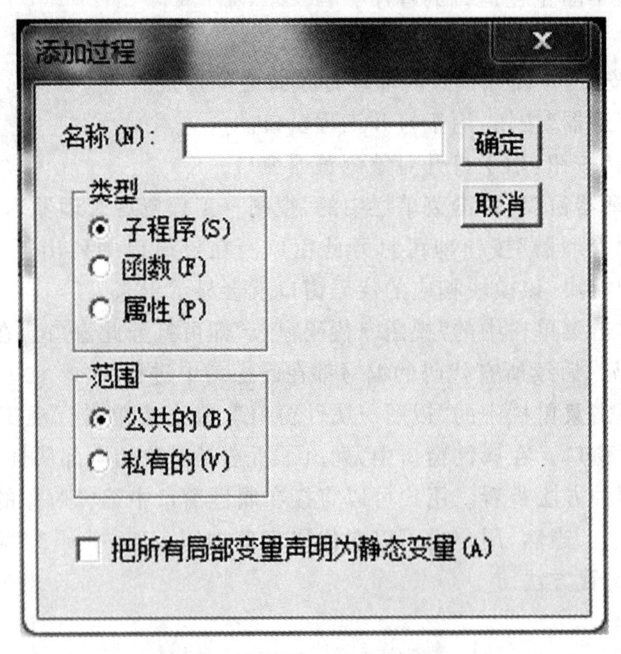

图 7-4　“添加过程”对话框

(3)选择该过程的类型、作用范围，本例选择“子程序”“公共的”。

(4)单击“确定”按钮，自动生成子过程框架。

(5)根据编程需求，在子过程框架内输入过程代码即可。

注意：不使用上述方法，直接在标准模块的代码窗口中手动输入代码也可。

7.2　VBA 程序设计基础

使用 VBA 编写应用程序时，主要的处理对象是各种数据，所以首先要掌握数据的类型和数据运算等基础知识。

7.2.1　数据类型

Access 数据表中的字段使用的数据在 VBA 中都有对应的类型。不同数据类型的数据有不同的存储形式和取值范围，所能进行的运算也是不同的。VBA 支持多种数据类型(OLE 对象和备注字段数据类型除外)，为用户编程提供了方便。表 7-1 中列出了 VBA 常用的基本数据类型。

表 7-1　VBA 的数据类型

VBA 类型	符号	字段类型	取值范围	字节数
Byte		字节	0～255 的整数	1
Integer	%	整型	－32768～32767 的整数	2
Long	&	长整型	－2147483648～2147483647 的整数	4
Single	!	单精度型	负数：－3.402823E38～－1.401298E－45 正数：1.401298E－45～3.402823E38	4
Double	#	双精度型	负数：－1.79769313486232E308～－4.94065645841247E－324 正数：4.94065645841247E－324～1.79769313486232E308	8
Currency	@	货币型	－922337203685477.5808～922337203685477.5807	8
String	$	字符型	根据字符串长度而定	不定
Boolean		逻辑型	true 或 false	1
Date		日期型	January 1,100 到 December 31,9999	8
Variant		变体型		不定

7.2.2　常量和变量

1. 常量

常量是指在程序运行的过程中，其值不能被改变的量。常量的使用可以增加代码的可读性，并且使代码更加容易维护。常量分为直接常量、符号常量、固有常量和系统常量 4 种类型。

(1)直接常量

直接常量是指在程序代码中直接给出的数据，其表示形式决定了它的数据类型和值。常用的直接常量有以下几种类型。

①整型常量：整型、长整型常量由数字和正负号组成，不带小数点和指数符号，如 10、－20。

可以根据表 7-1 中所示数的取值范围来区分一个整数是整型常量还是长整型常量。还可以在整数的末尾加上类型符“%”或“&”，以标识该常量是整型常量还是长整型常量。如 6786& 表示 6786 是长整型常量。

②浮点型常量：一般包括单精度型常量和双精度型常量，均有小数和指数两种表示形式。

小数形式由数字、小数点和正负号组成，如1.26、－15.68。

指数形式采用科学计数法，以10的整数幂表示数，其中，单精度数以“E”代表底数10，双精度数则以“D”代表底数10。如－14.33E－17表示-14.33×10^{-17}。

注意：可用类型符“!”和“#”来分别标识单精度型常量和双精度型常量。如1234!。

③字符型常量：由双引号引起来的字符串。如"AB"、"VBA程序设计"等。

④日期型常量：由符号“#”将数据括起来，如#2017-9-1#、#2017/9/2#。

⑤逻辑型常量：只有两个值True和False。

(2)符号常量

在程序中，某个常量多次被使用，则可以使用一个符号来代替该常量，这样不仅在书写上方便，而且有效地改进程序的可读性和可维护性，可以做到“一改全改”。

VBA中使用关键字Const声明符号常量。其格式如下：

Const 常量名[as 类型名|类型符]＝常量值

如：Const PI＝3.1415926 或 Const PI as Single＝3.1415926

说明：符号常量名一般用大写字母，以便与变量名区分。如果符号常量定义在模块声明区，所有模块的过程都能使用该符号常量，通常在前面加上Global或Public。如：Public Const PI＝3.14。如果符号常量定义在事件的过程中，则该符号常量只在本过程中可用。

(3)固有常量(内置常量)

固有常量是系统预先定义的常量，用户可以直接引用。通常以两个前缀字母表示定义该常量的类库。Access类库的常量以“ac”开头，ADO类库的常量以“ad”开头，Visual Basic类库的常量则以“vb”开头。如acForm、adAddNew、vbCurrency等。

注意：这些内部常量名不能作为用户自定义的变量名或符号常量。

(4)系统常量

系统常量共4个：True和False表示逻辑值；Empty表示变体型变量，尚未指定初始值；Null表示一个无效数据。

2. 变量

变量是指在程序运行过程中值会发生变化的数据。在程序中每个变量都用唯一的名称来标识，用户可以通过变量名来访问内存中的数据。

一个变量有3个基本要素：变量名、变量类型和变量的值。

(1)变量命名规则

①变量名由字母、数字、下划线组成，且必须以英文字母或汉字开头。

②变量名不能包含空格以及除下划线之外的标点符号。

③变量名不能用VBA的关键字。

④变量名的长度不得多于255个字符。

⑤变量名不区分大小写。

例如，grade、num、student均是合法的标识符，可以作为变量名。而3max(数字开头)、* name(含特殊字符)、if(关键字)均不是合法的标识符，不能作为变量名。

注意：常量名的命名规则与变量名的命名规则相同，对变量进行命名时，最好遵循“见名知义”的原则。

(2)变量声明

一般来说,在程序中使用变量时需要先声明后使用。变量声明可以起到两个作用,一是指定变量的名称和数据类型,二是指定变量的取值范围。在 VBA 中,可以显式或隐式声明变量。

①用 Dim 语句声明变量

格式:Dim 变量名[As 类型名|类型符][,变量名 As 类型名|类型符][…]

声明语句功能说明:定义变量并为其分配内存空间。其中,Dim 为关键字,As 用于指定变量的数据类型。如果缺省,则默认定义变量为变体类型。变体类型变量比其他类型变量占用更多的内存资源。可以用 Dim 同时定义多个变量,变量之间用西文逗号分隔,每一个变量都应该用 As 声明类型。

例如:Dim name As string

Dim x As integer,y As integer

Dim i

说明:第一句声明了一个字符型变量 name;第二条语句同时声明了两个变量 x 和 y;第三句声明没有指定数据类型,则 i 为变体类型变量(Variant),可以储存任何类型数据。

②用类型说明符声明变量类型

VBA 允许变量不在声明语句中声明,而在首次使用时,直接加类型说明符进行声明。

例如:b1%=125 表示变量 b1 是整型,值是 125。mystring $ ="welcome"表示 mystring 是一个字符型变量。

③隐式声明

如果一个变量未在声明语句中声明,末尾也没有类型符,即不加声明直接使用变量,则该变量被隐式声明为变体型(Variant)。

例如:newvar=1234,变量 newvar 是变体型,值是 1234。

注意:变体型(Variant)是一种特殊的数据类型,它可以存储所有类型的数据,而且当赋予不同类型值时可以自动进行类型转换。Variant 变量在尚未指定初始值时,其值为 Empty。

在 VBA 编程中应该尽量减少隐式变量的使用,大量使用隐式变量会增加识别变量的难度,为调试程序带来困难。可以通过以下两种方法对程序强制显式声明:一是在标准模块或类模块的通用声明段(位于模块的顶部、所有过程之前)中加入语句“OPTION EXPLICIT”;二是在“工具”菜单选择“选项”命令,在“选项”对话框的“编辑器”选项卡中,选中“要求变量声明”选项,则后续模块的声明段中会自动插入“OPTION EXPLICIT”语句。

(3)变量的初始化

变量声明后,可对变量进行赋值。例如:

Dim name As string

name="张小山"

当然,直接在声明的同时就可对变量进行初始化。如上例可写为:name $ ="张小山"。若声明变量后未对变量进行初始化,则 Access 默认数值型变量为 0,字符型变量为零长度字符串,变体型变量为 Empty。

(4)变量的作用域

变量的作用域是变量在程序中起作用的范围。分3个层次,从低到高依次为局部、模块、全局。

①局部变量:又称为本地变量,仅在声明变量的过程中有效。在过程内部用Dim声明或不声明直接使用的变量都是局部变量。局部变量在本地拥有最高级,当存在同名的模块变量时,模块变量被屏蔽。

②模块变量:模块变量在所声明模块的所有函数和所有过程都有效,变量定义在模块所有过程之外的起始位置,通常是窗体变量或标准模块变量。

③全局变量:又称为公共变量,指在模块的通用声明段中用Public语句声明的变量,作用域是所在数据库中所有模块的任何过程。

定义格式:Public 变量名 As 数据类型

7.2.3 数组

数组是由一组具有相同数据类型的变量(称为数组元素)构成的集合。为了识别数组中不同的元素,数组元素可以通过下标来访问,数组下标默认从0开始。

数组按下标个数分为一维数组、二维数组和多维数组。一维数组相当于数学中的数列、向量,二维数组相当于数学中的矩阵。本小节只介绍一维数组和二维数组。

注意:在VBA中,数组要先声明后使用,VBA不允许隐式声明数组。同一过程中数组名不能与其他变量名重名。

1. 一维数组的声明

声明语句格式:Dim 数组名([下标下界 to]下标上界)[As 数据类型]

说明:

(1)如果不定义数组下标的下界,默认下标下界为0。可以将默认下界改为1,方法是在模块的声明段中加入语句:Option Base 1。

(2)如果设置下标下界非0,要使用to选项。

(3)下标下界和上界都必须为整型常量或整型常量表达式,且上界必须大于等于下界,一维数组的元素个数为:上界－下界＋1。

(4)若缺省As子句,则数组类型默认为变体型(Variant)。

声明数组后,每个数组元素都被当作单个变量使用。

例如:

①Dim a(6)As Integer

功能:声明了有7个元素的整型数组a,元素下标从0到6。

②Dim b(－2 to 6)As String

功能:声明了有9个元素的字符串数组b,下标从－2到6。

③Option Base 1

Dim c(6)As Integer

功能:声明了有6个元素的整型数组c,元素下标从1到6。

2. 二维数组的声明

声明语句格式:Dim 数组名([下标 1 下界 to]下标 1 上界,[下标 2 下界 to]下标 2 上界)[As 数据类型]

说明:

(1)数组元素个数:(下标 1 上界－下标 1 下界＋1) *(上标 2 上界－下标 2 下界＋1)。

(2)如果省略下标下界,则默认值为 0。其他性质都和一维数组一样。

例如:

①Dim d(3,4)As Integer

功能:声明有 4 * 5＝20 个元素的数组 d,行下标从 0 到 3,列下标从 0 到 4。

②Dim f(1 to 3,2 to 4)As Integer

功能:声明有 3 * 3＝9 个元素的数组 f,行下标从 1 到 3,列下标从 2 到 4。

3. 数组引用

声明数组后,可以在程序中使用。数组的使用是对数组元素的引用。

一维数组元素的引用格式:数组名(下标)。

二维数组元素的引用格式:数组名(下标 1,下标 2)。

例如,可以引用前面声明的数组。

a(2)表示引用了一维数组 a 的第 3 个元素,数组下标下界为 0。

d(1,2)表示引用了二维数组 d 的第 2 行第 3 列的元素,数组行、列下标下界均为 0。

7.2.4　运算符和表达式

运算是对数据的加工,运算符就是描述运算的符号,表达式就是由常量、变量、运算符、函数、逻辑量和括号等按一定的规则组成的式子。表达式通过运算得出结果,运算结果的类型由操作数的数据和运算符共同决定。

VBA 根据运算符的不同,将运算符和表达式分为算术运算符和表达式、连接运算符和表达式、关系运算符和表达式、逻辑运算符和表达式以及对象运算符和表达式 5 种。

1. 算术运算符和表达式

算术运算符是常用的运算符,用来执行简单的算术运算。它可以对数值型数据进行运算,算术表达式的运算结果是数值型。

VBA 提供了 8 种算术运算符,如表 7-2 所示。对表 7-2 做几点说明:

(1)整除(\)运算时,如果参与运算的数不是整数,则系统先将带小数的数据四舍五入成为整数后再进行运算。如 5.8\2.1 的值是 3。

(2)求余(mod)运算是求整数除法的余数。所以当有小数参与运算时,系统也是先四舍五入成为整数后再进行运算。如 6.8 mod 2 的值是 1。

(3)同级时,优先级从左向右。不同级时,优先级的值越大,所表示的优先级越低。

优先级值为 6 代表了最低的优先级。

表 7-2 算术运算符及表达式

运算符	功能	表达式示例	结果	优先级
^	一个数的乘方	2^3	8	1
—	对一个数取负	—7	—7	2
*	两个数相乘	5*2	10	3
/	两个数相除	5/2	2.5	3
\	两个数整除(结果不四舍五入)	5\2	2	4
mod	两个数求余	5 mod 2	1	5
+	两个数相加	5+2	7	6
—	两个数相减	5—2	3	6

2. 连接运算符和表达式

连接运算符主要是用来将两个字符串连接起来生成一个新的字符串,连接表达式的运算结果是字符型。VBA 提供的连接运算符如表 7-3 所示。

表 7-3 连接运算符及表达式

运算符	功能	表达式示例	结果	优先级
&	字符串连接	"12" & "34" 12 & 34	1234	同级
+	当操作数都是字符串时,与 & 相同	"12"+"34"	1234	

对表 7-3 作几点说明:

(1)"&"运算符用来强制两个表达式作为字符串连接。它两边的操作数可以是字符型,也可以是数值型。

(2)在使用"&"运算符时,操作数与运算符"&"之间需要加一个空格。

(3)只有当两侧操作数都是字符型时,运算符"+"才是连接运算符。如果两侧是数值型操作数,或者一个是数值型,另一个是字符型数字串,则运算符"+"执行的是加法运算。其他情形则出错。

3. 关系运算符和表达式

关系运算符也称为比较运算符,用来比较两个表达式的值,比较的结果是逻辑型数据,关系表达式成立则结果为"True",否则为"False"。

VBA 提供的关系运算符如表 7-4 所示。对表 7-4 做几点说明:

(1)数值型数据按照大小进行比较。

(2)字符型数据按照其 ASCII 码值进行比较。

(3)汉字按照区位码进行比较。

(4)汉字字符大于英文字符。

表 7-4　关系运算符及表达式

运算符	功能	表达式示例	结果	优先级
＜	小于	3＜9	True	同级
＜＝	小于等于	4＜＝7	True	
＞	大于	"小红"＞"小明"	False	
＞＝	大于等于	"1021a"＞＝"1021c"	False	
＝	等于	7＝7	True	
＜＞	不等于	＃8/4/2017＃＜＞＃4/8/2017＃	True	
like	字符串匹配	"abcd" like "ab"	True	

4. 逻辑运算符和表达式

逻辑运算符也称为布尔运算符，它用来连接多个逻辑型数据或关系表达式，实现多个关系运算的组合。逻辑表达式的运算结果为逻辑型数据。

VBA 提供了 3 种逻辑运算符，如表 7-5 所示。

表 7-5　逻辑运算符及表达式

运算符	功能	表达式示例	结果	优先级
Not	逻辑非	Not 5＞3	True	1
And	逻辑与	1＋5＝6 And 20＜＝20	True	2
Or	逻辑或	11＜10 Or 5/2＝2	False	3

逻辑运算符的优先级是各种运算符中最低的，即优先级从高到低依次为：

算术运算符＞连接运算符＞关系运算符＞逻辑运算符

5. 对象运算符和表达式

对象运算表达式中使用“!”和“.”两种运算符。“!”运算符的作用是引用窗体、报表或控件对象。“.”运算符的作用是引用窗体、报表或控件对象的属性。

在实际应用中，“!”运算符和“.”运算符通常是配合使用的，用于标识引用一个对象或对象的属性。例如：

(1)窗体对象的引用格式为:Forms!窗体名!控件名[.属性名]

(2)报表对象的引用格式为:Reports!报表名!控件名[.属性名]

其中，Forms 表示窗体对象集合，Reports 表示报表对象集合。父对象与子对象之间用“!”分隔。[.属性名]中的内容为可选项，若省略，则默认使用该控件对象的默认属性名。

7.2.5　常用标准函数

标准函数实际上是系统事先定义好的内部程序，用来完成特定的功能。在 VBA 中提供了大量的标准函数，供用户在编程时使用。

函数的调用形式为:函数名(参数列表)。其中,参数可以是常量、变量或表达式。函数可以没有参数,也可以有一个或多个参数,多个参数之间用逗号进行分隔。每个函数被调用时,都会有一个返回值。根据函数的不同,参数与返回值都有特定的数据类型与之对应。

内置函数按其功能可分为数学函数、字符串函数、日期函数、转换函数和格式输出函数等。

1. 数学函数

数学函数完成数学计算功能,表 7-6 列出了常用的数学函数。其中 num、n 为数值型参数。

表 7-6　常用数学函数

函数	含义	示例	结果
Abs(num)	返回 num 的绝对值	Abs(－1)	1
Fix(num)	返回不小于 num 的最大整数	Fix(4.9) Fix(－5.4)	4 －5
Int(num)	返回不超过 num 的最大整数	Int(4.9) Int(－5.4)	4 －6
Round(num,n)	对 num 保留 n 位小数	Round(5.4,0) Round(－5.471,1)	5 －5.5
Sqr(num)	返回 num 的平方根	Sqr(3)	9
Rnd	返回一个大于等于 0 且小于 1 的单精度随机数	Rnd	产生[0,1)间的数
Sgn(num)	返回 num 的符号	Sgn(2.3) Sgn(－2.3) Sgn(0)	1 －1 0

对表 7-6 做几点说明:

(1)注意 Int(num)、Fix(num)与 Round(num,n)3 个函数的区别。

(2)对于 Rnd(x),若 x＞0,每次产生不同随机数;若 x＝0,产生最近生成的随机数;若 x＜0,每次产生相同随机数。当 x＞0 时可直接写成 Rnd,省略括号和参数。

例如:

Int(100 * Rnd),产生 0～99 的随机整数。

Int(100 * Rnd＋1),产生 1～100 的随机整数。

2. 字符串函数

常用字符串函数如表 7-7 所示。其中 x、s 为字符型参数,n、m 为整型参数。

表 7-7　常用字符串函数

函数	含义	示例	结果
Instr(x,s)	返回串 s 在串 x 中最早出现的位置	InStr("student","tu")	2
Lcase(x)	将字符串 x 中的大写字母转小写	Lcase("LdF")	"ldf"
Ucase(x)	将字符串 x 中的小写字母转大写	Ucase("LdF")	"LDF"
Left(x,n)	截取字符串 x 左侧 n 个字符	Left("studen",3)	"stu"
Mid(x,n,m)	截取字符串 x 从第 n 个字符开始的 m 个字符	Mid("studen",2,2)	"tu"
Right(x,n)	截取字符串 x 右侧 n 个字符	Right("studen",3)	"den"
Len(x)	返回字符串 x 的长度	Len(Microsoft)	9
Ltrim(x)	去掉字符串 x 的首部空格	Ltrim(" ldf")	"ldf"
Rtrim(x)	去掉字符串 x 的尾部空格	Rtrim("ldf ")	"ldf"
Trim(x)	去掉字符串 x 的首部和尾部空格	Trim(" ldf ")	"ldf"
Space(n)	返回由 n 个空格组成的字符串	Space(2)	" "
String(n,x))	返回由 n 个字符串 x 的首字符组成的串	String(4,"tu")	"tttt"

3. 日期时间函数

常用的日期/时间函数如表 7-8 所示。其中 d 为日期/时间型参数。

表 7-8　常用日期/时间函数

函数	含义	示例	结果
Date()	返回系统当前日期		系统当前日期
Day(d)	返回日期 d 的日数	Day(＃2017-8-17＃)	17
Month(d)	返回日期 d 的月份	Month(＃2017-8-17＃)	8
Year(d)	返回日期 d 的年份	Year(＃2017-8-17＃)	2017
Now()	返回系统当前日期和时间		系统当前日期和时间
Time()	返回系统当前时间		系统当前时间

4. 类型转换函数

类型转换函数是将某种数据类型的数据转换成指定类型的数据。VBA 中提供的类型转换函数如表 7-9 所示。其中 s 为数字型字符串参数，x 为字符型参数，n 为数字或数字表达式。

表 7-9 常用转换函数

函数	含义	示例	结果
Asc(x)	返回字符串 x 首字符的 ASCII 码	Asc("Abc")	65
Chr(n)	返回由 ASCII 码值 n 对应字符组成的串	Chr(65)	"A"
Str(n)	将数字 n 的值转换为字符串	Str(77)	"77"
Val(s)	将数字型字符串 s 转换为数字	Val("777") Val("7aa7")	777 7

注意:使用 Val(s)函数时,转换时自动将空格、制表符、换行符去掉,当遇到第一个不能识别为数字的字符时即停止读入。

5. 输入/输出函数

输入/输出函数在第 6 章宏中用到过,VBA 提供了 InputBox 函数实现输入,MsgBox 函数或过程实现输出。

(1)InputBox 输入函数

语法格式:InputBox(提示信息[,[标题][,默认值]])

功能:该函数显示一个输入对话框,等待用户输入。当用户单击“确定”按钮时,函数返回输入的值;当用户单击“取消”按钮时,函数返回空字符串。

参数说明:

①“提示信息”是必选项,它是一个字符串,显示在输入框中。

②“标题”是可选项,用来设置对话框标题栏中的显示信息。省略此项,标题栏将显示“Microsoft Access”。

③默认值是可选项,用来设置输入默认值。省略此项,输入文本框为空。

④函数返回值类型默认为字符型,且每执行一次 InputBox 函数只能输入一个值。

例如:

```
Dim username As string
username=InputBox("请输入用户名:","登陆","用户名")
```

执行后弹出对话框如图 7-5 所示。若在对话框中输入“mary”,单击“确定”按钮,则 username的值为“mary”。

图 7-5 InputBox 输入对话框

如果对话框中不用指定标题，则上述代码可改为：

username＝InputBox("请输入用户名：",,"用户名")

值得一提的是，如果InputBox函数的第2个参数省略但第3个参数不省略，则3个参数之间的逗号均应保留。

(2)MsgBox输出函数和过程

MsgBox分为函数和过程两种调用形式，格式分别为：

函数语法格式：MsgBox(显示信息[,[按钮形式][,标题]])

过程语法格式：MsgBox 显示信息[,[按钮形式][,标题]]

功能：可以在一个对话框中显示消息，等待用户单击按钮，并返回一个整数值来告诉系统用户单击的是哪个按钮。

参数说明：

①"显示信息"是必选项，它是一个字符串，显示在输出框中。若输出多项内容，可使用"&"运算符进行连接；若需分行输出，可使用"Chr(10)＋Chr(13)"(即回车＋换行)强制换行。

②"按钮形式"是可选项，它是一个整型表达式，用来指定显示按钮类型、图标类型和默认按钮。如表7-10所示。

表7-10　MsgBox按钮形式

按钮形式	常数	值	描述
按钮类型	vbOKOnly	0	只显示"确定"按钮
	vbOKCancel	1	显示"确定""取消"按钮
	vbAbortRetryIgnore	2	显示"终止""重试""忽略"按钮
	vbYesNoCancel	3	显示"是""否""取消"按钮
	vbYesNo	4	显示"是""否"按钮
	vbRetryCancel	5	显示"重试""取消"按钮
图标类型	vbCritical	16	显示停止图标
	vbQuestion	32	显示询问图标
	vbExclamation	48	显示警告图标
	vbInformation	64	显示信息图标
默认按钮	vbDefaultButton1	0	第一个按钮为默认按钮
	vbDefaultButton2	256	第二个按钮为默认按钮
	vbDefaultButton3	512	第三个按钮为默认按钮

③函数返回值的含义如表7-11所示。若不需要返回值，可以使用MsgBox的过程形式。

表 7-11　MsgBox 返回值

常数	返回值	单击的按钮
vbOK	1	确定
vbCancel	2	取消
vbAbort	3	放弃
vbRetry	4	重试
vbIgnore	5	忽略
vbYes	6	是
vbNo	7	否

例如：

```
Dim n As Integer
n=MsgBox("是否要设定主键?",4+32+256,"主键设置")
```

执行后弹出消息框如图 7-6 所示。若在消息框中单击"是"按钮，则 n 的值为 6。

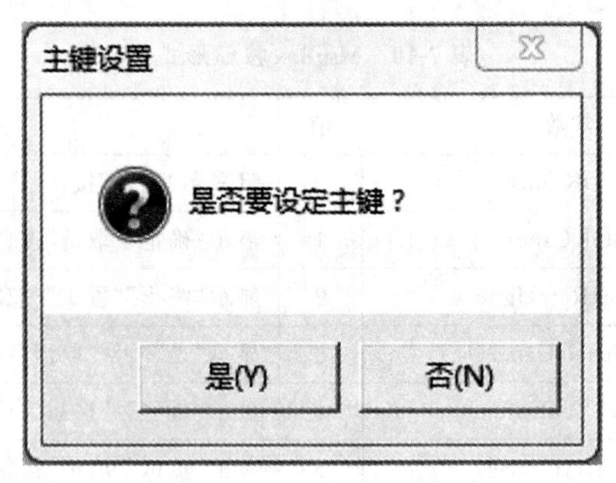

图 7-6　MsgBox 输出框

注意：使用 MsgBox 两种不同的调用时，MsgBox 函数将调用函数赋值给一个整型变量，而 MsgBox 过程可作为一个独立的语句使用。如：

```
n=MsgBox("需要继续吗?")
MsgBox "需要继续吗?"
```

7.3　VBA 程序语句

VBA 程序是语句的集合，语句是一条能够完成某项操作的命令，可以包含关键字、运算符、变量、常量和表达式等。

VBA 语句一般分为声明语句、赋值语句、注释语句和执行语句等。声明语句用来为变量、常量、过程定义命名，指定数据类型。赋值语句用来为变量指定一个值或表达式。注释语句用来对程序或程序中的语句进行说明、备注。执行语句用来进行赋值操作，调用过程，实现各种流程控制。

7.3.1 程序书写规则

用 VBA 编写程序时，应遵守以下书写规则：

(1)通常将一条语句写在一行内。若语句较长时，可用续行符“_”(空格＋下划线)作为第一行结尾，将剩余语句写在下一行。

(2)语句较短时，允许多条语句写在一行，语句之间用冒号“:”分隔。

(3)如果一行语句输入完成后显示为红色，表示该语句存在错误。

(4)语句中不区分字母的大小写。语句的关键字和函数名，VBA 会自动将其首字母转换成大写。

(5)语句中所有的运算符、标点、括号等必须使用英文格式。

(6)为提高程序可读性，建议采用缩进格式书写程序，同时对程序作一些必要的注释。

7.3.2 声明语句

声明语句通常放在程序的开始部分，它可以用来定义常量、变量、数组和过程。当声明一个变量、数组或过程时，也同时定义了它们的初始值、生命周期、作用域等内容。

其中，初始值由数据类型决定，如 Integer、String。生命周期由定义的位置决定，如局部、模块、全局。作用域由定义时所使用的关键字决定，如 Dim、Public。

7.3.3 赋值语句

赋值语句用来为变量指定一个值。

语法格式：变量名＝值或表达式

功能说明：

(1)格式中的等号(＝)称为赋值号，与数学中等号意义不同。如表达式 a＝a＋1 在数学中不能用，在赋值语句中常用。

(2)赋值语句有计算和赋值双重功能，将赋值号右边的计算结果赋给赋值号左边的变量。

(3)赋值号左边只能是变量名，不能是常量和表达式。如 6＝a＋b 或 a＋b＝7 都是错误的赋值语句。

(4)赋值号两边要类型匹配。例如，表达式 a%＝"abc"会返回错误提示，因为该操作把字符串赋给整型变量，类型不匹配。

(5)不能在一个赋值语句中同时给多个变量赋值。如 a＝b＝c＝0 语句没有语法错误，但是运行结果是错误的。

7.3.4 注释语句

注释语句是非执行语句，用来提高程序的可读性，不被解释和编译。注释语句显示为绿色。在 VBA 程序中，可以使用以下两种方法添加注释。

(1)格式 1：Rem 注释内容

(2)格式 2：'注释内容

说明：注释语句可以单独占据一行，也可以写在某个语句之后。但是当在语句后用 Rem 格式进行注释时，必须在语句与 Rem 之间用冒号“:”分隔。用单引号引导的注释语句，放在其他语句后面时则无须使用冒号“:”分隔。如：

```
Dim a1 As Integer,a2 As Integer:Rem 定义两个整型变量
a1=12        '给两个变量赋值
a2=34
Rem 将两个变量的和赋给变量 a1
a1=a1+a2
```

7.4 VBA 程序流程控制

VBA 是一种结构化程序设计语言，常用的程序控制结构可以分为 3 种：顺序结构、选择结构和循环结构。

7.4.1 顺序结构

顺序结构是一种最简单的程序结构，是在程序执行时，按照程序中语句的书写顺序依次执行的语句序列。

例 7-3 输入两个数，交换两个数的值并显示交换后的结果。

分析：要想交换两个数，需借助一个中间变量 t 来临时保存交换的值。整个流程由 3 个步骤构成：获取文本框中的数据，交换数据，显示交换后的数据。

操作步骤如下：

(1)打开“教学管理系统”数据库，在窗体对象下，创建一个名为“例 7-3 交换两个数”的窗体。窗体布局如图 7-7 所示。

(2)在 7-7 窗体中，将窗体“标题”属性设置为“交换两个数”。从上到下，两个文本框的名称分别设置为 num1 和 num2。命令按钮的名称设置为 Command0。

(3)为 Command0 命令按钮编写单击事件代码。在代码窗口中的 Command0 命令按钮的 Click 事件过程中输入如下的程序代码：

```
Private Sub Command0_Click()
    Dim a As Integer,b As Integer,t As Integer
    a=num1.Value
```

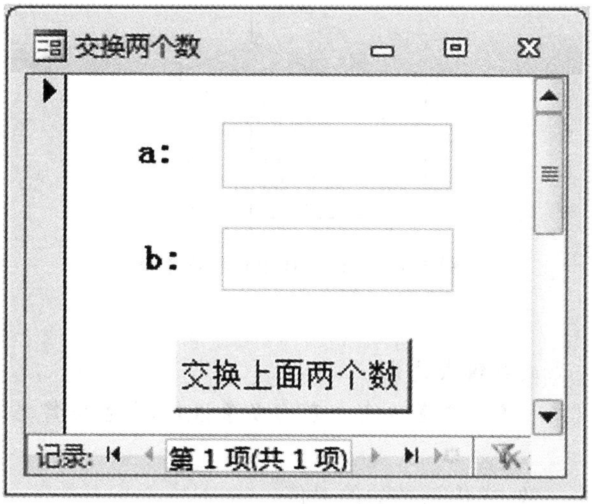

交换两个数

a:

b:

交换上面两个数

记录: 第 1 项(共 1 项)

图 7-7　“交换两个数”窗体布局

```
    b=num2. Value       '获取文本框 num1 和 num2 的值,分别保存在变量 a,b 中
    t=a
    a=b
    b=t                 '实现变量 a 与变量 b 的值交换
    num1. Value=a
    num2. Value=b       '最后将交换后的值显示在相应的文本框中
End Sub
```

(4)保存代码,并切换到窗体的“窗体视图”。向窗体中分别输入 7,9,点击“交换上面两个数”按钮,成功实现交换功能。

7.4.2　选择结构

选择结构,又称为条件结构,是指在程序执行时,根据不同的条件选择执行不同的操作。VBA 提供了以下几种形式来实现选择结构。

1. 单分支 If 语句

单分支 If 语句有两种语法格式。

语法格式 1:

```
If 条件 Then
  语句序列
```

语法格式 2:

```
If 条件 Then
  语句序列
End If
```

功能描述:当条件为真时,执行语句或语句序列,否则,什么也不做。其执行流程如图 7-8 所示。

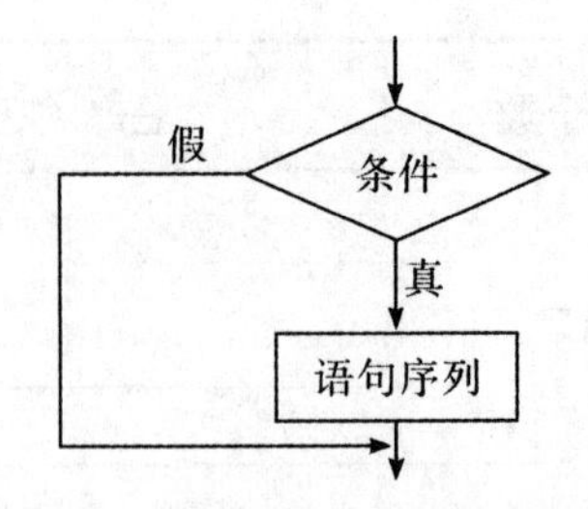

图 7-8　单分支 If 语句执行流程

说明：

(1)条件一般为关系或逻辑表达式。

(2)语句序列可以是一条或多条语句。若为多条语句，则各语句之间用冒号“:”隔开，必须写在一行上。

例 7-4　输入一个整数，求出该数的绝对值。

建立一个标准模块，编写 Sub 过程代码如下：

```
Public Sub abs_sub()
  Dim num As Integer
  num=InputBox("请输入一个数!")
  If num<0 Then
    num=-num
  End If
  MsgBox "您刚刚输入数的绝对值是:" & num
End Sub
```

此例中的 If 结构还可改写成语法格式 1：If num<0 Then num=-num。

值得一提的是，可改用 Print 方法将结果输出到立即窗口，见如下语句：

```
Debut.Print "您刚刚输入数的绝对值是:"& num
或 Debut.Print "您刚刚输入数的绝对值是:",num
```

注意：(1)可通过在 VBE 窗口中，“视图”→“立即窗口”命令打开立即窗口，查看运行结果。(2)使用 Print 方法可输出多个表达式的值，表达式之间用逗号“,”或分号“;”分隔。

2. 双分支 If 语句

双分支 If 语句的格式为：

```
If 条件 Then
  语句序列 1
Else
  语句序列 2
End If
```

功能：当条件为真时，执行语句序列 1，否则，执行语句序列 2。其执行流程如图 7-9 所示。

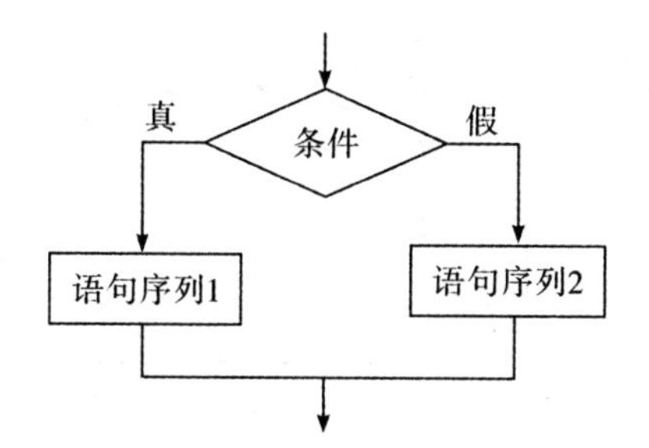

图 7-9　双分支 If 语句执行流程

例 7-5　输入两个数，比较并输出其中的较大值。

建立一个标准模块，编写 Sub 过程代码如下：

```
Sub max_sub()
   num1%=InputBox("请输入第 1 个数!")
   num2%=InputBox("请输入第 2 个数!")
   If num1>num2 Then
      max=num1
   Else
      max=num2
   End If
   Debug.Print "最大值为" & max
End Sub
```

3. 多分支 If 语句

当判断条件比较复杂时，可以使用多分支 If 结构。它的语法格式为：

```
If 条件 1 Then
   语句序列 1
ElseIf 条件 2 Then
   语句序列 2
      ⋮
ElseIf 条件 n Then
   语句序列 n
[Else
   语句序列 n+1]
End If
```

功能：当条件 1 为真时，执行语句序列 1；否则当条件 2 为真时，则执行语句序列 2；依此类推，当所有条件均为假时，则执行 Else 后面的语句序列 n+1。其执行流程如图 7-10 所示。

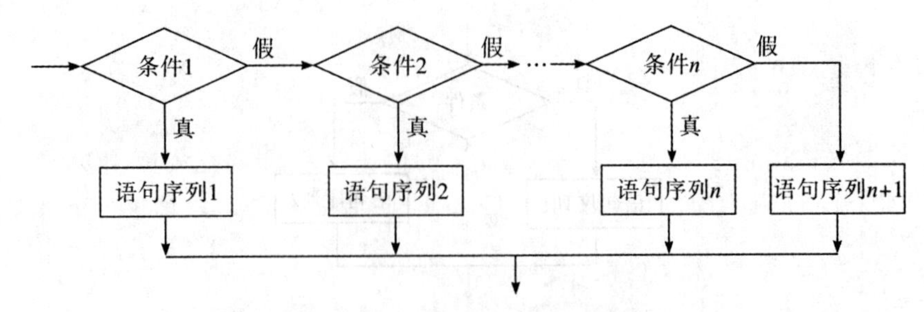

图 7-10 多分支 If 语句执行流程

说明:(1)If 与 EndIf 必须成对出现,且 ElseIf 不能写成 Else If。

(2)注意:语句序列中的语句不能与前面的 Then 在同一行上,否则系统会报错。

例 7-6 如果当前系统时间为 6 到 12 点之间,则显示"上午好!",系统时间为 13 到 18 点之间,则显示"下午好!",其他时间均显示"欢迎下次光临!"。

分析:获取系统当前时间,可使用系统函数 Time(),获取时间中的小时数可使用系统函数 Hour()。

```
Sub time_sub1()
  Dim currenttime As Integer,result As String
  currenttime=Hour(Time())
  If currenttime>=6 And currenttime<=12 Then
    result="上午好!"
  ElseIf currenttime>=13 And currenttime<=18 Then
    result="下午好!"
  Else
    result="欢迎下次光临!"
  End If
  MsgBox result
End Sub
```

4. Select Case 多分支语句

Select Case 多分支语句可以根据多个表达式的值,从多个操作中选择一个对应的执行。当把一个表达式的不同取值情况作为不同的分支时,此种结构比多分支 If 语句更加方便。它的语法格式为:

```
Select Case 表达式
  Case 值 1
    [语句序列 1]
  [Case 值 2
    [语句序列 2]]
        ⋮
  [Case 值 n
    [语句序列 n]]
```

```
[Case Else
   [语句序列 n+1]]
End Select
```

功能:根据表达式的值,按顺序与每个 Case 的值比较,如果匹配成功,则执行该 Case 后的语句块,如果没有相匹配的值,则执行 Case Else 后面的语句。其执行流程如图 7-11 所示。

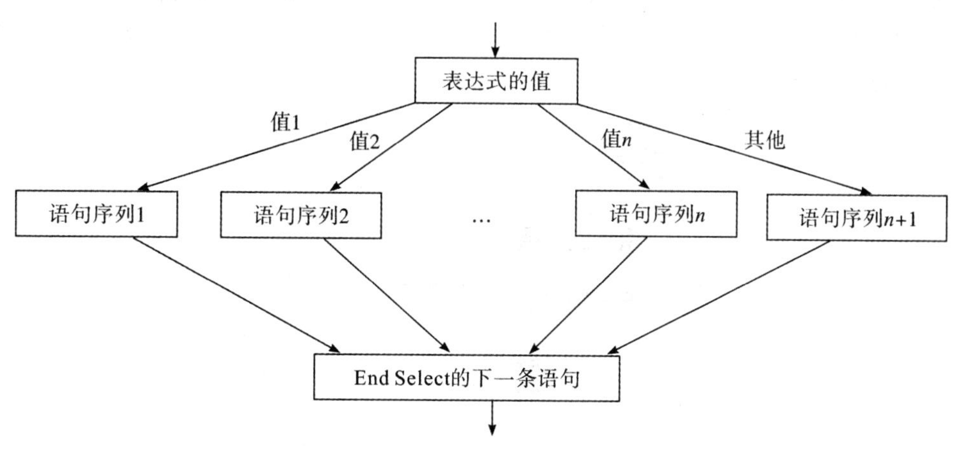

图 7-11　Select Case 语句执行流程

说明:

(1)Select Case 后面的表达式通常是一个变量的名字,且只能是数值型或字符型。

(2)Select Case 与 End Select 必须成对出现,且 End Select 之间要有空格。

(3)多个 Case 分支中只能选择执行一个,执行了第一个符合条件的分支以后,即使有其他分支符合条件也不再执行。

(4)Case 后面的值可以是以下形式之一,或以下形式的组合(用逗号分隔),且数据类型应与测试表达式一致:

①单一数值或一行值,相邻两个值之间用逗号分隔,如 Case 5,Case 2,4,6。

②用关键字 To 指定值的范围:数值 1 To 数值 2,且前一个值必须比后一个值小,如 Case "A" To "Z"。

③用关键字 Is 指定条件:Is 关系运算符值,如 Case Is>10。

例 7-7　改成 Select Case 语句实现例 7-6 程序。

```
Sub time_sub2()
  Dim currenttime As Integer,result As String
  currenttime=Hour(Time())
  Select Case currenttime
    Case 6 To 12
      result="上午好!"
    Case 13 To 18
      result="下午好!"
    Case Else
```

```
        result="欢迎下次光临!"
    End Select
    MsgBox result
End Sub
```

5. 选择结构综合示例

例 7-8 设计如图 7-12 所示界面，要求实现输入一个学生的百分制成绩，点击“转换”按钮，显示该学生的五分制成绩。转换规则是：80～100 为优秀，70～79 为中等，60～69 为及格，0～59 为不及格。

图 7-12 成绩转换界面

设计步骤如下：

(1)打开“教学管理系统”数据库，在窗体对象下，创建一个名为“例 7-8 显示五分制成绩”的窗体。窗体布局如图 7-12 所示。

(2)将窗体的“标题”属性设置为“成绩转换”，在窗体中添加两个文本框 Text1 和 Text2，标签设置为“百分制成绩”和“五分制成绩”，再添加一个命令按钮 Command0，并将标题设置为“转换”。

(3)对“转换”按钮编写的“单击”事件代码如下：

```
Private Sub Command0_Click()
  Dim score As Integer,grade As String
  score=Text1. Value
  Select Case score
    Case 80 To 100
      grade="优秀"
    Case Is>=70
      grade="良好"
    Case Is>=60
      grade="及格"
    Case Else
      grade="不及格"
  End Select
```

```
    Text2=grade
End Sub
```

例 7-9　设计如图 7-13 所示界面，要求如下：(1)初始运行时，提示“请输入用户名和密码！”；(2)输入的密码显示为“＊”，单击“登录”按钮后，判断用户名和密码是否分别为“aaa”和“123”，若是，显示“登录成功！”，否则显示“用户名或密码错误！”；(3)按“退出”按钮，将关闭当前窗体。

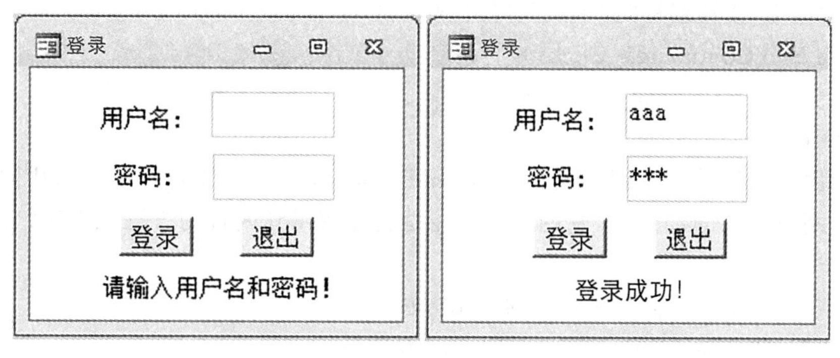

图 7-13　登录界面

设计步骤如下：

(1)打开“教学管理系统”数据库，在窗体对象下，创建一个名为“例 7-9 登陆”的窗体。窗体布局如图 7-13 所示。窗体及控件的相关属性如表 7-12 所示。

表 7-12　窗体及控件属性

对象	名称	属性	属性值
窗体		标题	登陆
		滚动条	两者均无
		记录选择器	否
		导航按钮	否
标签	Label1	标题	用户名：
		文本对齐	居中
文本框	Text1		
标签	Label2	标题	密码：
		文本对齐	居中
文本框	Text2	输入掩码	密码
标签	Label3	标题	请输入用户名和密码！
命令按钮	Command0	标题	登陆
命令按钮	Command1	标题	退出

(2)对“登陆”按钮编写的“单击”事件代码如下：

```
Private Sub Command0_Click()
```

```
  If Text1. Value="aaa" And Text2. Value="123" Then
    Label3. Caption="登陆成功!"
  Else
    Label3. Caption="用户名或密码错误!"
  End If
End Sub
```

(3)对“退出”按钮编写的“单击”事件代码如下：

```
Private Sub Command1_Click()
  DoCmd.Close  '关闭当前窗体
End Sub
```

在编写“退出”功能代码中，使用到 DoCmd 对象。DoCmd 对象是 Access 中除数据库的 7 个对象之外的一个重要对象，它的主要功能是通过调用其内置的方法在 VBA 中运行 Access 的操作。

DoCmd 对象还提供了一些其他的常用方法。

如打开窗体“登陆”：DoCmd.OpenForm "登陆"；

打开报表“成绩单”：DoCmd.OpenReport "成绩单"；

打开查询“人数统计”：DoCmd.OpenQuery "人数统计"。

7.4.3 循环结构

在编程过程中，当某一程序段需要反复执行时可以用循环结构来实现。循环结构能够使某些语句重复执行多次。一般来说，它对应两类循环语句：先判断后执行的循环语句（当型循环结构）和先执行后判断的循环语句（直到型循环结构）。VBA 提供了 3 种形式来实现这两类循环结构，分别是 For…Next 循环、While…Wend 循环和 Do…Until 循环。

1. For…Next 循环

For…Next 循环能使语句序列运行指定次数，循环中有一个计数器变量，变量的值随每一次循环增加或减少。For…Next 循环是当型循环结构，先判断后执行。它的语法格式如下：

```
For 循环变量=初值 To 终值 [Step 步长]
  循环体
Next [循环变量]
```

功能描述：先将初值赋给循环变量，再来判断循环变量的当前值是否超过终值，如果不超过终值，则执行循环体且循环变量增加一个步长值。接下来继续进行比较，如果仍然不超过终值，则继续循环，直到超过终值，则结束循环，执行 Next 的下一条语句。其执行流程如图 7-14 所示。

说明：

(1)For 和 Next 必须成对出现，Next 之后的循环变量可以省略。

(2)步长可以是整数或小数，步长为 1 时，Step 1 可以省略。

(3)步长大于 0 时，判断循环变量的当前值是否大于终值；步长小于 0 时，判断循环变量的当前值是否小于终值。步长为 0 时导致循环无法结束,所以步长不能为 0。

(4)除第一次循环以外,其他循环必须增加一个步长后再与终值比较。

(5)For 循环的循环次数=(终值-初值)\步长+1。

(6)在 For 循环中可以用 Exit For 语句强行中止循环。

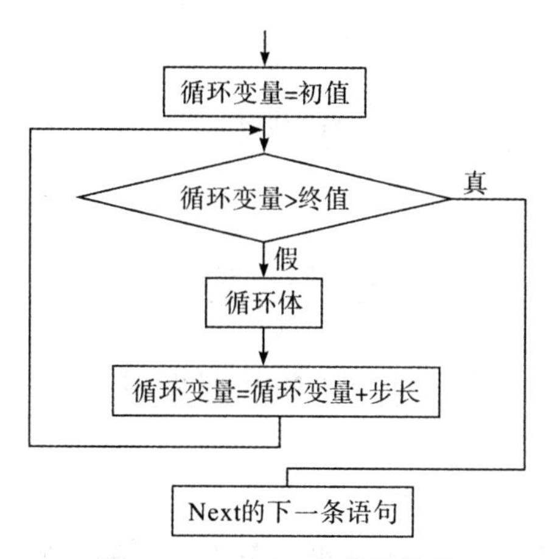

图 7-14　For…Next 执行流程

例 7-10　求 100 以内的奇数之和,即求 1+3+…+99 的和。

分析:要实现累加求和,很明显"求和"是一个重复操作。定义一个累加和变量 sum,其初值为 0,循环累加可用:sum=sum+i。要想实现奇数和,累加的步长每次递增 2 即可,直到 i 超过 100 结束。

建立一个标准模块,编写 Sub 过程代码如下:

```
Sub sum_sub1()
  Dim sum As Integer,i As Integer
  sum=0
  For i=1 To 100 Step 2
    sum=sum+i
    Next i
  Debug.Print "1 到 100 的奇数和为:" & sum
End Sub
```

2. While…Wend 循环

For…Next 循环适合于事先知道循环次数的情况。当循环次数不明确,但是知道循环的条件时,可以使用 While…Wend 循环。While…Wend 循环也是当型循环结构,先判断后执行。它的语法格式如下:

```
While 循环条件
  循环体
Wend
```

功能描述:先检查循环条件是否成立,若条件为真,则执行循环体。然后再判断条件是否为真,若条件仍然为真,则继续执行循环体,直到条件为假时退出循环,执行 Wend 的下一条语句。其执行流程如图 7-15 所示。

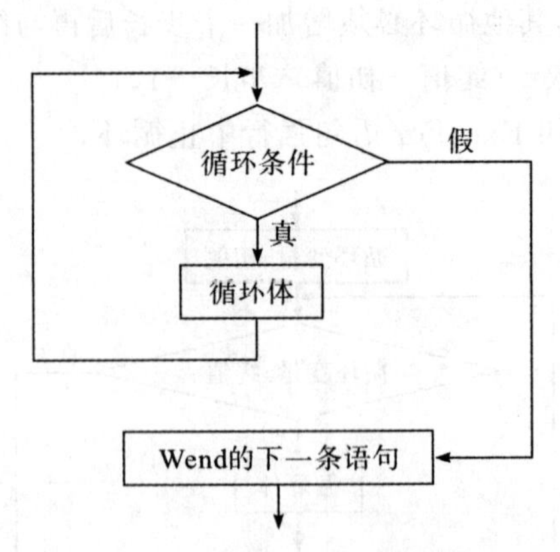

图 7-15　While…Wend 执行流程

说明：

(1)While 和 Wend 必须成对出现。

(2)While…Wend 循环中如果一开始循环条件就不成立，则循环体一次也不执行。

(3)使用 While…Wend 循环一定要在循环体内设置相应语句来修改循环条件，使得整个循环趋于结束，以避免死循环。

例 7-11　用 While…Wend 循环改写求自然数 1～100 的奇数和。

```
Sub sum_sub2()
  Dim sum As Integer,i As Integer
  sum=0:i=1
  While i<=100
    sum=sum+i
    i=i+2
  Wend
  Debug.Print "1 到 100 的奇数和为：" & sum
End Sub
```

3. Do…Loop 循环

Do…Loop 也可以实现循环结构。它有 4 种语法格式，如表 7-13 所示。既可以先判断条件后执行循环体(当型循环结构)，也可以先执行循环体再判断条件(直到型循环结构)。

表 7-13　Do…Loop 循环的 4 种语法格式

格式 1	格式 2	格式 3	格式 4
do [while 条件] 　循环体 Loop	do [Until 条件] 　循环体 Loop	do 　循环体 Loop [while 条件]	do 　循环体 Loop [Until 条件]
当型 Do 语句		直到型 Do 语句	

功能描述：格式 1、格式 2 都是先判断条件，再执行循环体。二者的区别是，格式 1 是当条件为真时继续执行循环体，其执行流程如图 7-16(a)所示。而格式 2 是当条件为假时继续执行循环体。其执行流程如图 7-16(b)所示。

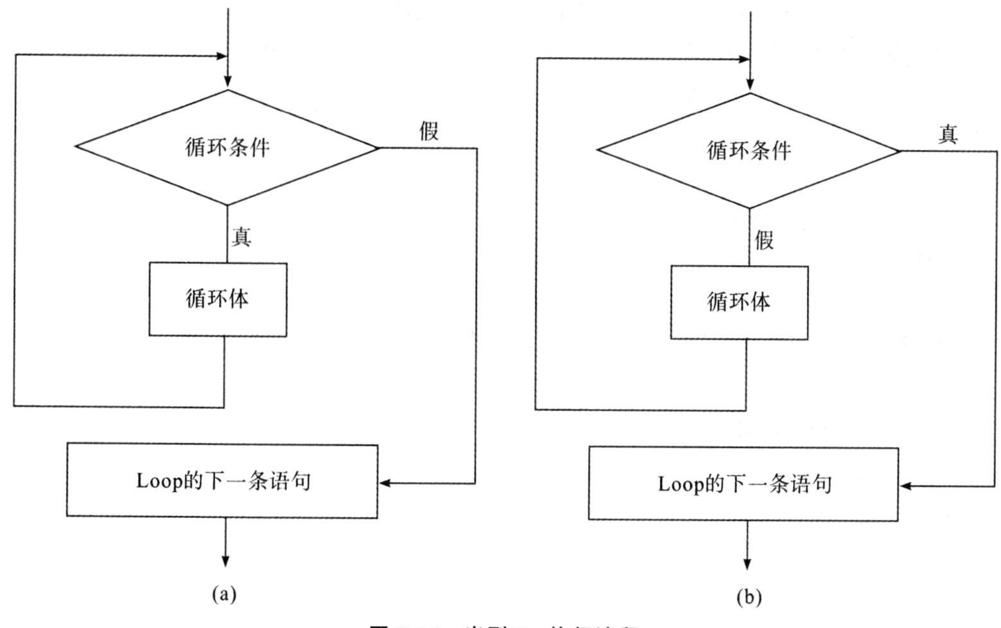

图 7-16　当型 Do 执行流程

格式 3、格式 4 都是先执行循环体，再判断条件。二者的区别是，格式 3 是当条件为真时继续执行循环体，其执行流程如图 7-17(a)所示。而格式 4 是当条件为假时继续执行循环体，其执行流程如图 7-17(b)所示。

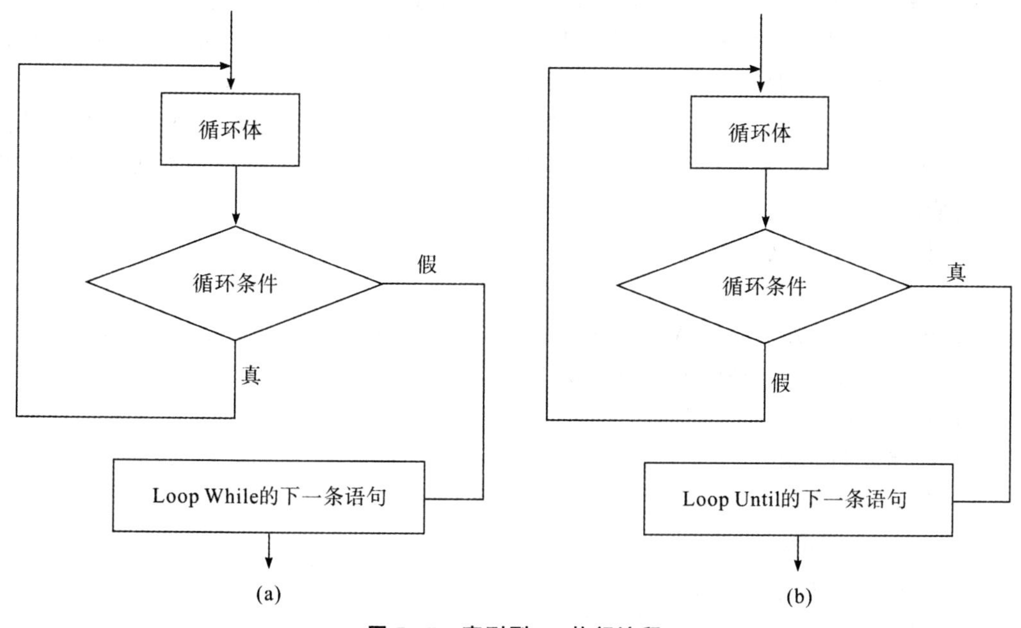

图 7-17　直到型 Do 执行流程

说明：

(1)Do 和 Loop 必须成对出现。

(2)当型 Do 的循环体可能 1 次也不执行，而直到型 Do 的循环体则至少被执行 1 次。

(3)可在循环体内用 Exit Do 语句强制退出 Do 循环。

(4)Do 语句中的 While 或 Until 条件可省略，但省略时循环体内一定要有 Exit Do 语句，如以下程序段，否则为死循环。

```
Do
  语句序列 1
  If 条件 Then Exit Do
  语句序列 2
Loop
```

例 7-12 用 Do…Loop Until 循环改写求自然数 1～100 的奇数和。

```
Sub sum_sub3()
  Dim sum As Integer,i As Integer
  sum=0:i=1
  Do
    sum=sum+i
    i=i+2
  Loop Until i>100
  Debug.Print "1 到 100 的奇数和为:" & sum
End Sub
```

4. 循环结构综合示例

例 7-13 任意输入一个整数，判断该数是否为素数并输出判断结果。

分析：素数是指在一个大于 1 的自然数中，除了 1 和此整数自身外，不能被其他自然数整除的数。判断 num 是否为素数的方法是：设定一个标志变量 flag，初始值为 true。用 num 依次除以从 2 到 num－1 的数，如果有一个数能整除，则 flag=false，并退出循环。否则 n+1，继续检测是否能够整除。循环结束后，根据 flag 的值判断是否为素数，为真时，是素数，为假时，不是素数。

建立标准模块，编写 Sub 过程代码如下：

```
Sub num_sub()
  Dim num As Integer,i As Integer,flag As Boolean
  num=InputBox("请输入一个整数!")
  flag=True
  For i=2 To num-1
    If num Mod i=0 Then
      flag=False
      Exit For
    End If
    Next i
```

```
    If flag=False Then
      Debug.Print num & "不是素数!"
    Else
      Debug.Print num & "是素数!"
    End If
End Sub
```

例 7-14　设计如图 7-18 所示界面，要求实现输入一串字符串，点击"提取"按钮，能够根据刚刚输入的字符串，顺序提取其中的英文字母并显示在标签控件上。

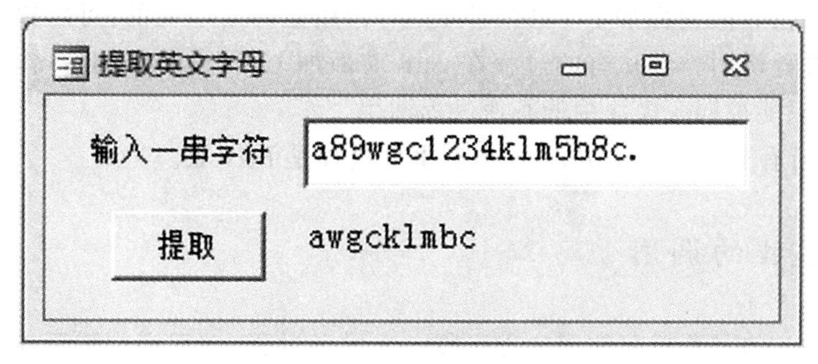

图 7-18　字符串提取界面

分析：解决本题的关键是使用循环结构。循环体是：使用 Mid()函数从用户所输字符串中提取 1 个字符，然后判断它是不是字母，若是，将其保存在 resultstr 变量中。最后将 resultstr中的值显示在标签上。

设计步骤如下：

(1)打开"教学管理系统"数据库，在窗体对象下，创建一个名为"例 7-14 提取字符串"的窗体。窗体布局如图 7-18 所示。

(2)窗体的"标题"属性设置为"提取英文字母"，在窗体中添加一个文本框 Text1，标签设置为"输入一串字符"。再添加一个命令按钮 Command0 和一个标签控件 Label2，并将命令按钮的标题设置为"提取"。

(3)对"转换"按钮编写的"单击"事件代码如下：

```
Private Sub Command0_Click()
  Dim inputstr As String,temp As String,resultstr As String
  Dim num As Integer
  inputstr=Trim(Text1. Value):num=Len(inputstr):resultstr=""
  For i=1 To num
    temp=Mid(inputstr,i,1)
    If(temp>="A" And temp<="Z")Or(temp>="a" And temp<="z")Then
      resultstr=resultstr & temp
    End If
    Next i
  Label2. Caption=resultstr
End Sub
```

☑ 7.5 VBA过程调用

在前面的小节中已经介绍了过程的基础知识，本小节重点阐述过程的调用方法和参数的传递形式。在前面很多例子中我们已用到过过程了，其中有的例子如例7-14，在Sub的前面还有一个关键字Private，这实际上表示的是过程可被访问的范围，也称过程的作用域。VBA提供两种过程的作用范围，分别为公共的Public和私有的Private。

公共的过程在Sub前面加上Public关键字，作用范围是全局的，可以被当前数据库中任何模块中的过程调用。而私有的过程在Sub前面加上Private关键字，作用范围是在它所在的模块内，只能被同一模块中的其他过程调用。

VBA默认所有通用过程是Public，所有事件过程是Private。

7.5.1 子过程的调用

在编程时通常将某些反复使用的程序段定义成子过程，在程序中需要使用这些程序段时，调用相应的子过程，达到简化程序设计的目的，实现了程序的复用。

Sub子过程的调用有两种格式。

格式1：子过程名[实参列表]

格式2：Call子过程名[(实参列表)]

注意：用Call关键字调用时，实参必须用圆括号括起来。而使用格式1调用时，实参不必使用圆括号。

例7-15 改写例7-3：定义一个子过程swap，实现将两个参数a和b的值进行交换，并在图7-7所示窗体中调用该子过程。

操作步骤如下：

(1)创建一个标准模块，建立公共的子过程swap_sub，用参数a和b传回交换后的值。代码如下：

```
Public Sub swap_sub(a As Integer,b As Integer)
  Dim t As Integer
  t=a
  a=b
  b=t
End Sub
```

(2)在图7-7所示窗体中，改写Command0的“单击”事件代码如下：

```
Private Sub Command0_Click()
  Dim x As Integer,y As Integer
  x=num1. Value
  y=num2. Value
  Call swap_sub(x,y)
```

```
  num1. Value=x
  num2. Value=y
End Sub
```

7.5.2 参数传递

在调用过程中,如果主调方(调用过程的语句)与被调方(过程)存在数据传递关系,表现这种传递关系的数据就是参数。参数分为形参(形式参数)和实参(实际参数)。其中,形参用在被调方,只能是变量名或数组名。实参用在主调方,可以是常量、已赋值的变量、有计算结果的表达式。如在例 7-15 中,变量 a、b 就是形参,变量 x、y 就是实参。

当形参和实参都是变量时,存在两种参数传递方式:值传递与地址传递。

1. 参数的值传递

如果在过程的形参前加 ByVal 说明符,则参数的传递方式为“传值”。值传递的含义是指在过程中另外开辟存储单元存放从实参传过来的值,一旦过程结束,过程中开辟的存储单元被释放,该单元数据的改变不会保留下来。

例 7-16 将例 7-15 中的标准模块改为值传递方式。

子过程代码如下:

```
Public Sub swap_sub(ByVal a As Integer,ByVal b As Integer)
  Dim t As Integer
  t=a
  a=b
  b=t
End Sub
```

为了更好地展示值传递的含义,将命令按钮 Command0 的“单击”事件代码改为:

```
Private Sub Command0_Click()
  Dim x As Integer,y As Integer
  x=Text1. Value
  y=Text2. Value
  Debug.Print x,y   '调用交换过程前输出实参 x,y 的值
  swap_sub x,y      '调用过程的另一种格式
  Debug.Print x,y   '调用交换过程后再输出实参 x,y 的值
End Sub
```

运行结果如图 7-19 所示。

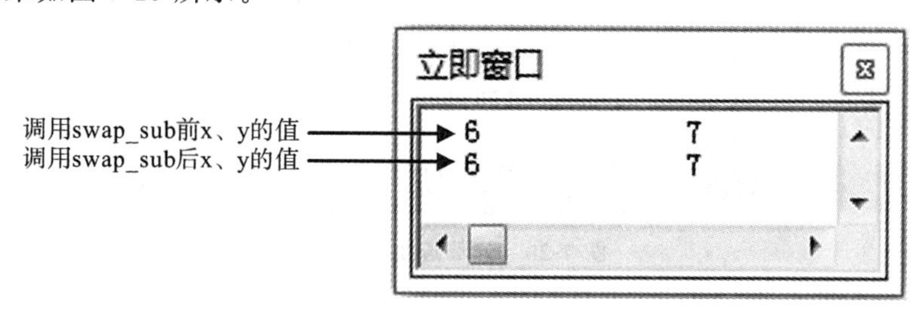

图 7-19 传值调用结果

从结果可以看出，当调用子过程将实参 x、y 传递给形参 a、b，子过程对形参 a、b 进行交换，但形参 a 与 b 交换后，并不能影响实参 x 与 y 的值，最终结果并没能实现"交换"功能。

2. 参数的地址传递

如果在过程的形参前加 ByRef 说明符或缺省，参数的传递方式为"传地址"。如在例 7-15 中，在实参和形参前没有加任何说明符，则默认它们做的是地址传递。

地址传递的含义是指调用过程中将实参的地址传给形参。如果在被调用过程中修改了形参的值，则调用过程中的实参值也随之改变。即在例 7-15 中，当调用 swap_sub 子过程后，可以成功地实现"交换"功能。

如果想显示进行的地址传递，例 7-15 的子过程代码可更改如下：

```
Public Sub swap_sub(ByRef a As Integer,ByRef b As Integer)
  Dim t As Integer
  t=a
  a=b
  b=t
End Sub
```

7.5.3 函数过程的调用

Function 过程又称为函数，函数也是一种过程。VBA 中提供了大量的可以直接使用的标准函数。用户也可以根据自己的需要来定义函数，完成某些特定的功能。Sub 子过程与 Function 函数之间的最大区别是 Sub 子过程没有返回值，而 Function 函数有返回值。

函数过程的调用格式是：变量＝函数过程名([实参表])

注意：无论函数过程有无参数，函数过程名后的一对圆括号都不能省略。

例 7-18 输入一个整数 m，点击"计算连加"按钮，计算 1＋2＋…＋m 的和，设计效果如图 7-20 所示。将连加和编写为一个函数。

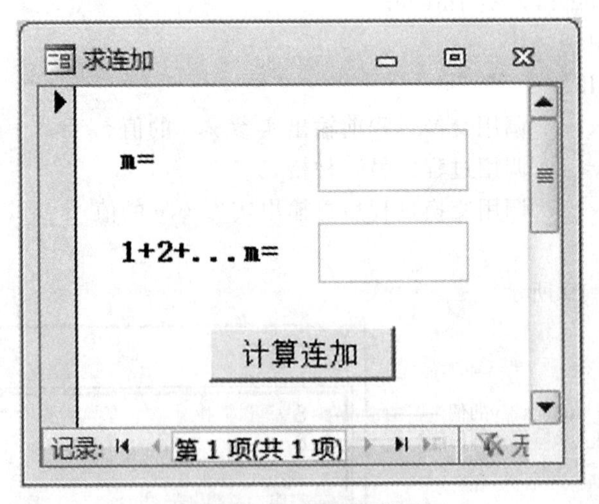

图 7-20 计算连加界面

设计步骤如下：

(1)创建一个如图 7-20 所示的名为“例 7-18 连加和”的窗体。

(2)设置窗体的“标题”属性值为“求连加”。在窗体中添加 2 个文本框和 1 个命令按钮。在文本框 num1 中输入 1 个整数，单击命令按钮后，在文本框 num2 中显示连加和结果。

(3)编写程序代码。定义“求连加”函数名为“totalsum”，代码如下：

```
Function totalsum(n As Integer)As Integer      '返回值为整型
  Dim i As Integer
  totalsum=0
  For i=1 To n
    totalsum=totalsum+i      '与函数名同名的变量值作为函数的返回值
    Next i
End Function
```

命令按钮 Command0 的“单击”事件代码如下：

```
Private Sub Command0_Click()
  Dim m As Integer,result As Integer
  m=num1.Value
  result=totalsum(m)
  num2.Value=result
End Sub
```

7.6　VBA 程序调试

程序运行时可能出现各种错误，在程序中查找并改正错误的过程称为程序调试。

VBA 程序调试包括设置断点、单步跟踪、设置监视窗口等方法。本节简单介绍在程序编写过程中常见的几种错误类型和在调试过程中常用的几种解决方法。

7.6.1　错误类型

程序中的错误主要有语法错误、运行错误和逻辑错误等几种类型。

1. 语法错误

语法错误是在程序编写过程中出现的，主要由语句的语法错误引起，如命令拼写错误、括号不匹配、数据类型不匹配、If 语句中缺少 Else 等。

当编辑程序时输入了错误的语句后，编译器会随时指出。如果输入的语句显示为红包，则表示该语句出现了错误，需要根据系统提示及时改正。

2. 运行错误

运行错误是在程序运行过程中发生的错误。如出现了除数为 0 的情况、调用函数的参数类型不符等情况。系统将暂停运行并给出错误的提示信息和错误的类型。语法错误和运行错误都比较容易检验出来。

3. 逻辑错误

如果程序运行后得到的结果与期望的结果不同，则可能是程序中存在逻辑错误。产生逻辑错误的原因有很多方面，是最难查找和处理的错误，需要对程序进行认真的分析，找出错误之处并进行改正，需要个人的一些经验和技巧。

为了让用户更有针对性地去找出逻辑错误出错的地方，现总结出一些常见的逻辑错误：

(1)数据类型错误。如：应为 Long 型，却写成 Integer；应为 Boolean 型，却写成 String。

(2)赋值语句错误。如：应为 k=i 型，却写成 k=j。

(3)字符串运算错误。如：s=s & t 与 s=t & s 会导致不同的结果。

(4)字符串函数使用错误。如：Cstr(i)与 Str(i)(含符号位)会产生不同的字符串。

(5)分支结构判断条件错误。如：应为 If a(i)>=b2 Then b2=a(i)，却写成 If a(i)<b2 Then b2=a(i)。

(6)Do…Loop 循环条件错误。如：应为 While i<= Len(St)，却写成 Until i<= Len(St)。

(7)For…Next 循环中初值/终值/步长错误。如：应为 For k=2 To n，却写成 For k=1 To n。

(8)退出循环/过程错误。如：应为 Exit Function，却写成 Exit For。

(9)出循环后循环变量错误。如：For i=1 to 10 … Next i，循环结束后，i 的值应为 11，而被误认为是 10。

(10)随机函数错误。如：产生两位随机正整数应为 Int((90) * Rnd)+10，却写成了Int(100 * Rnd)。

(11)公用函数参数错误。如：应为 Mid(s,p+1,Len(s)-p)，却写成 Mid(s,p,Len(s)-p)。

(12)数组元素错误。如：应为 Array(n+1)=k，却写成 Array(n)=k。

(13)参数传递错误。如：①传值与传址颠倒错误。②形参实参结合错误：包括传值参数赋值不兼容；传址参数数据类型不匹配；形参和实参一个是数组，一个是变量等。

(14)循环内外或函数/过程内外赋初值错误。如：应在函数内赋初值 n=1，却写成 n=0。

(15)调用过程错误。如：应为 Call Command2_Click，却写成 Call Command_Click。

(16)语句位置错误。如：语句应在循环体内却写在循环体外等。

7.6.2 程序调试的步骤

程序调试考查的是用户的综合应用能力。一般来说，可归纳为以下几个步骤：

(1)在理解题意的基础上，需要先大致读懂给定代码所表述的含义。

(2)执行程序，调试出语法错误和运行错误。

(3)在适当的语句处设断点，调出本地窗口，并将必要的表达式添加至监视窗口，观察相关变量、数组、函数的值。

(4)必要时结合使用单步调试的方法，逐步观察相关变量、数组、函数的值，寻找其中有悖设计原意之处。

7.6.3　设置断点

当程序执行到设置了断点的语句时会暂停运行进入中断状态。设置或取消断点的方法有以下几种。

方法 1:在 VBE 代码窗口中,选择需要设置断点的语句行,单击菜单中“调试切换断点”命令。

方法 2:选择需要设置断点的语句行,单击该语句左侧的灰色边界条。

方法 3:选择需要设置断点的语句行,按下 F9 键。

设置完断点后,当运行窗体时会暂停在断点位置,这时可以使用“调试工具栏”或“调试”菜单中的相应功能来查看程序的执行过程和状态。可通过在 VBE 代码窗口中,单击“视图”→“工具栏”→“调试”打开调试工具栏。调试工具栏如图 7-21 所示,调试工具栏上的按钮名称和功能如表 7-14 所示。

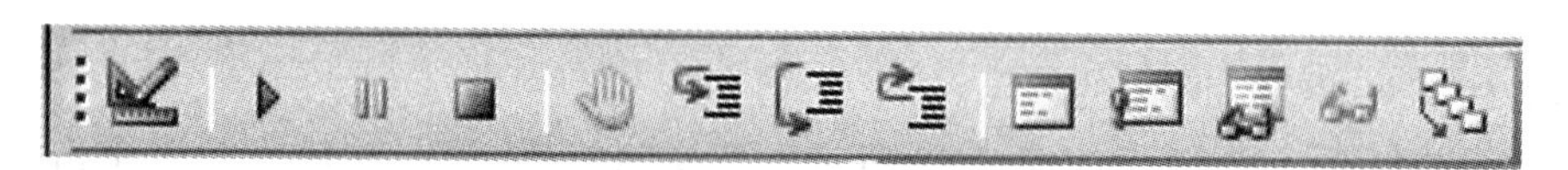

图 7-21　调试工具栏

表 7-14　调试工具栏功能介绍

按钮图标	名称	功能
	设计模式	打开/退出设计模式
	运行子过程/用户窗体	继续运行至下一个断点位置或结束程序
	中断	暂停中断程序运行
	重新设置	终止程序调试运行,返回编辑状态
	切换断点	在当前行设置或取消断点
	逐语句	一次执行一条语句代码。如果执行到调用过程语句时,会跟踪到调用过程的内部去执行
	逐过程	一次执行一条语句代码。如果执行到调用过程语句时,不会跟踪到调用过程的内部去执行,而在本过程内部单步执行
	跳出	结束被调用过程的调试,返回到调用过程
	本地窗口	自动显示在当前过程中所有变量的名称、值和类型

续表

按钮图标	名称	功能
	立即窗口	在立即窗口中显示变量的值
	监视窗口	显示表达式值的变化情况
	快速监视窗口	显示选定的表达式值的变化情况
	调用堆栈	显示当前活动的过程调用

在监视窗口中添加需要监视的表达式的方法是：在打开的“监视窗口”中单击右键，在弹出的快捷菜单中，选择“添加监视…”命令，则打开“添加监视”对话框，输入需要观察的表达式即可。

例 7-19 调试例 7-18 中的代码。

按照调试步骤，设置断点如图 7-22 所示。切换到“窗体视图”，输入“5”，单击“计算连加”，此时代码停留在断点处。单击菜单“运行继续”（单步跟踪），在立即窗口中显示变量 i 和 totalsum 的值，如图 7-23 所示。

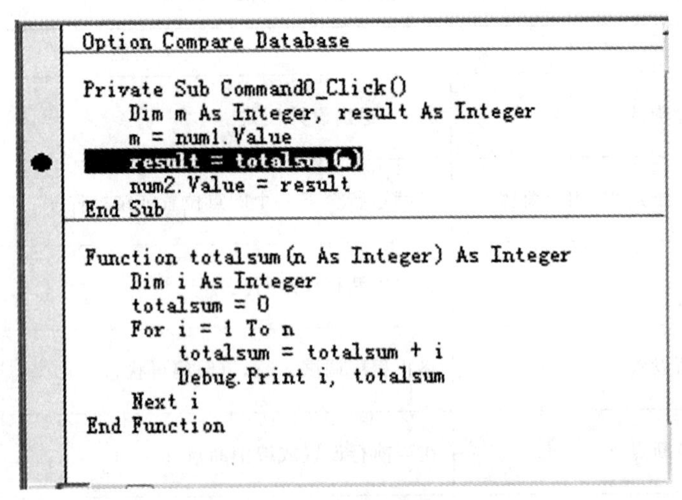

图 7-22 设置断点

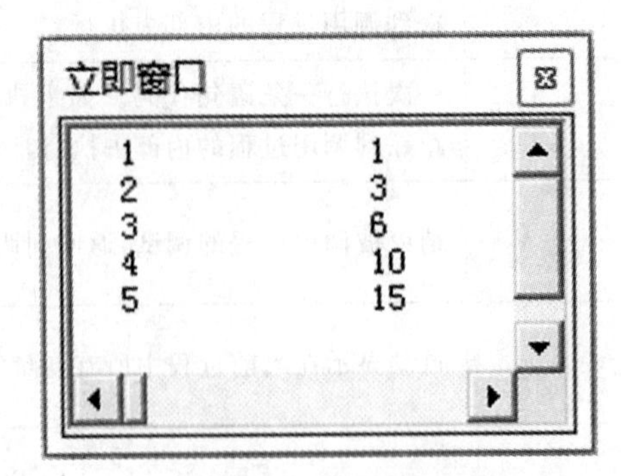

图 7-23 立即窗口

如若需要监视表达式的值，还可按照上述方法打开监视窗口，查看相关表达式的值。

☑ 本章小结

本章对 VBA 程序设计的基本概念、程序语句、流程控制以及过程调用、调试等方面进行了介绍，重点介绍了 VBA 程序设计的基础知识和流程控制，包括数据类型、常量和变量、数组、运算符、表达式以及标准函数。VBA 程序语句有 3 种，分别是声明语句、赋值语句和注释语句。流程控制结构主要有顺序结构、选择结构和循环结构。通过多个例子的介绍让同学们重点掌握 VBA 程序的编程思想。

读者应该着重理解编程时的思路，尤其是当使用循环结构时，注意 Do…While 循环和 For…Next 循环之间的区别。在编程中，若使用函数，请注意函数的定义和调用方式以及参数传递的过程。

第 8 章　VBA 数据库编程技术

在开发 Access 数据库应用系统时，为了能开发出更实用、更有效的 Access 数据库应用程序，以便能快速、有效地管理好数据，还应当学习和掌握 VBA 的数据库编程方法。

本章知识结构导航如图 8-1 所示。

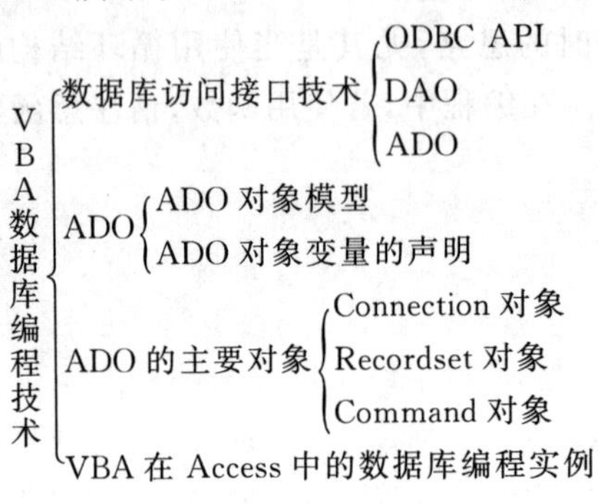

图 8-1　本章知识结构导航

8.1　常用的数据库访问接口技术

为了在 VBA 程序代码中能方便地实现对数据库的数据访问功能，VBA 语言提供了相应的通用接口方式。

VBA 是通过 Microsoft Jet 数据库引擎工具来支持对数据库的访问。所谓数据库引擎实际上是一组动态链接库(DLL)，当程序运行时被连接到 VBA 程序而实现对数据库的数据访问功能。数据库引擎(database engine)是应用程序与物理数据库之间的桥梁，它是一种通用的接口方式，用户可以使用统一形式和相同的数据访问与处理方法来访问各种类型的数据库。常用的数据库访问接口技术包括 ODBC、DAO 和 ADO 等。

8.1.1　ODBC

ODBC(Open Database Connectivity API，开放数据库互连应用程序接口)是 WOSA(Windows Open Services Architecture，Windows 开放服务结构)中有关数据库的一个组成部分，它建立了一组规范，并提供了一组对数据库访问的标准 API(Application Programming Interface，应用程序编程接口)。这些 API 利用 SQL 来完成大部分任务。ODBC 为关系数据库编程提供统一的接口，用户可通过它对不同类型的关系数据库进行操作。但是由于 ODBC API 允许对数据库进行比较接近底层的配置和控制，属底层数据库接口，在Access应用中，要直接使用ODBC API访问数据库则需要大量VBA函数原型声明和一些烦琐的、底层的编程。

8.1.2　DAO

DAO(Data Access Objects，数据访问对象)是Visual Basic最早引入的数据访问技术，它既提供了一组基于功能的API函数，也提供了一个访问数据库的对象模型。在Access数据库应用程序中，开发者可利用其中定义的一系列数据访问对象（如Database、QueryDef、Recordset等)，实现对数据库的各种操作。因此，DAO最适用于单系统应用程序或小范围本地分布使用。

8.1.3　ADO

ADO（ActiveX Data Objects，动态数据对象)又称ActiveX数据对象，是Microsoft公司开发数据库应用程序面向对象的新接口。ADO扩展了DAO所使用的对象模型，具有更加简单、更加灵活的操作性能。也可以说ADO是基于组件的数据库编程接口，可以对来自多种数据提供者的数据进行操作。它属于应用层编程接口。

目前，ADO是对微软所支持的数据库进行操作的最有效和最简单直接的方法，是一种功能强大的数据访问编程模式。ODBC和DAO是早期连接数据库的技术，正在逐渐被淘汰。本节中将重点介绍如何在VBE环境中使用ADO对象模型的数据库访问接口来访问Access 2010数据库。

☑ 8.2　ActiveX数据对象(ADO)

ADO以OLEDB为基础，对OLEDB底层操作的复杂接口进行封装，使应用程序通过ADO极其简单的COM接口，就可以访问来自OLE DB数据源的数据，不论是关系数据库还是非关系数据库，也不论是本地数据库还是远程数据库。

与其他数据访问接口相比，ADO具有下列一些优点：

(1)ADO能够访问各种支持OLE DB的数据源，包括数据库和文本文件、电子表格、电子邮件等数据源。

(2)ADO采用了ActiveX技术，与具体的编程语言无关，任何使用如VC＋＋、Java、VB、Delphi等高级语言编写的应用程序都可以使用ADO来访问各类数据源。

(3)ADO将访问数据源的复杂过程抽象成几个易于理解的具体操作，并由实际对象来完成，因而使用起来简单方便。

(4)ADO对象模型简单易用，速度快，资源开销和网络流量少，在应用程序和数据源之间使用最少的层数，为应用程序和数据源之间提供了轻便、快捷、高性能的接口。

(5)ADO属应用层(高层)的编程接口，也可以在各种脚本语言(Script)中直接使用，特别适合于各种客户机/服务器应用系统和基于Web的应用，尤其在脚本语言中访问Web数据库是ADO的一大优势。

8.2.1 ADO 对象模型

在 ADO 2.1 之前，ADO 对象模型中有 7 个对象，主要包含 Connection、Recordset、Command、Parameter、Field、Property 和 Error。而在 ADO 2.5 以后，新加了 Record 和 Stream 两个对象。使用时，只需在程序中创建对象变量，并通过对象变量来调用访问对象方法、设置访问对象属性，这样就实现对数据库的各项访问操作。ADO 只需要 9 个对象和 4 个集合(对象)就能提供其整个功能。

ADO 对象模型如图 8-2 所示，它是一个分层的对象集合，这种层次结构表明了对象之间的相互联系。一个对象集合是由多个相同类型的对象组合在一起的，可以通过每个对象的名字属性或者集合中的成员编号对其进行访问和识别。

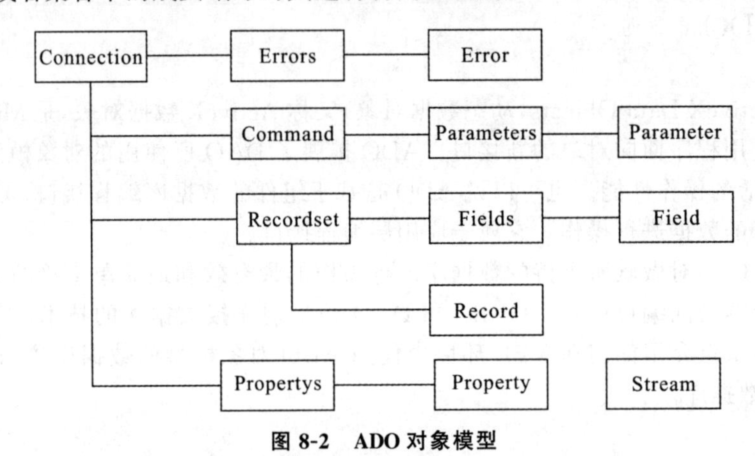

图 8-2 ADO 对象模型

ADO 对象模型中有关对象、集合的说明见表 8-1。

表 8-1 ADO 对象、集合说明

对象名称	功能说明
Connection	连接对象，用来建立数据源和 ADO 程序之间的连接
Recordset	记录集对象，从数据源获取的记录集合
Command	命令对象，对数据源执行特定的命令
Record	记录对象，表示来自记录集或提供者的一行数据，也可以表示为电子邮件、文件或目录
Error	错误对象，包含有关数据库访问错误的详细信息
Parameter	参数对象，表示基于参数化查询或存储过程的 Command 对象相关联的参数
Parameters	参数对象集合，包含 Command 对象的所有 Command 对象
Property	属性对象，表示 ADO 各项对象的属性
Propertys	属性对象集合，包含所有 Property 对象
Field	字段对象，表示记录集数据中的字段
Fields	字段对象集合，包含 Recordset 对象中所有 Field 对象
Stream	数据流对象，表示读取或写入二进制或文本数据的数据流

Connection、Recordset 和 Command 是 ADO 对象模型中的 3 个最核心对象，也是应用程序访问数据源时使用最多的 3 个对象。连接对象(Connection)用于建立应用程序和数据源的连接；记录集对象(Recordset)用于存储由数据源取得的数据集合，再由应用程序处理该 Recordset 对象中的记录。当创建了一个记录集对象时，一个游标也就自动创建了，查询所产生的记录将放在本地的游标中。命令对象(Command)用于对数据源中的数据进行各种操作，如查询、修改、插入和删除等。用命令对象执行一个查询子串，可以返回一个记录集合，以便进一步进行插入、修改、删除和筛选记录等操作。

要想在 VBA 程序中使用 ADO，必须首先添加对 ADO 的引用。要添加对 ADO 的引用，只需要在 VBE 窗口中选择“工具”→“引用”命令，在弹出的“引用”对话框中选择“Microsoft ActiveX Data Object 2.1 Library”选项即可。如图 8-3 所示。

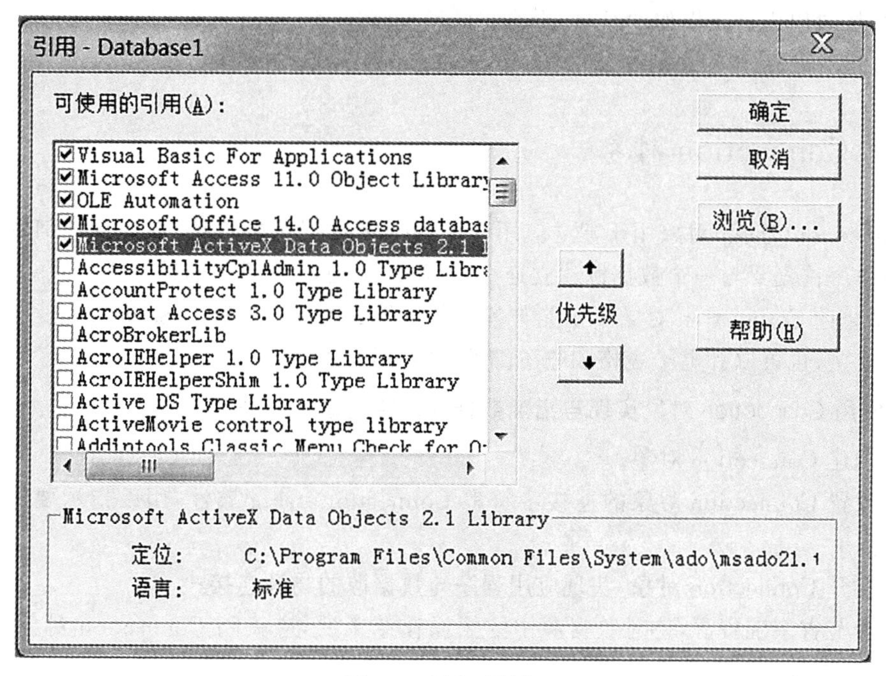

图 8-3　引用对话框

8.2.2　ADO 对象变量的声明

ADO 对象必须通过 VBA 程序代码来控制和操作。在代码中，必须设置对象变量，然后通过对象变量使用其下的对象或者对象的属性和方法。

声明对象变量的语句格式：

Dim 对象变量名称 As ADODB.对象类型

例如：

Dim con As New ADODB.Connection

Dim rec As New ADODB.Recordset

注意：ADODB 是 ADO 类型库的短名称，用于识别与 DAO 中同名的对象。例如，DAO

中有 Recordset 对象，ADO 中也有 Recordset 对象，为了能够区分开来，在 ADO 中声明 Recordset 类型对象变量时，用 ADODB.Recordset。总之，在 ADO 中声明对象变量时，一般都要用上“ADODB.”前缀。

8.3 ADO的主要对象

在 VBA 中利用 ADO 访问数据库的基本步骤为：首先使用 Connection 对象建立应用程序与数据源的连接，然后使用 Command 对象执行对数据源的操作命令（通常用 SQL 命令），接下来使用 Recordset 和 Field 等对象对获取的数据进行查询或更新操作，最后使用窗体中的控件向用户显示操作的结果，操作完成后关闭连接。

本节将重点介绍 Connection、Recordset 和 Command 3 个对象。

8.3.1 Connection 对象

Connection（连接）对象用于建立应用程序与指定数据源的连接，在使用任何数据源之前，应用程序首先要与一个数据源建立连接，然后才能对数据源中的数据进行下一步操作。应用程序通过 Connection 对象不仅能与各种各样的数据库（如 SQL Server、Access、Oracle 等）建立连接，也可以和电子表格和电子邮件等数据源建立连接。

1. 使用 Connection 对象实现与指定数据源连接的基本步骤

（1）创建 Connection 对象；

（2）设置 Connection 对象的连接字符串 ConnectionString 属性，用以指示要连接的数据源信息；

（3）打开 Connection 对象，实现应用程序与数据源的物理连接；

（4）为节省系统资源，待对数据源中数据操作结束后，应关闭 Connection 对象，实现应用程序与数据源的物理断开。

要建立应用程序与数据源的连接，首先要在应用程序中声明一个 Connection 对象，具体举例如下：

Dim con As ADODB.Connection

在 Connection 声明后，需实例化 Connection 对象后才能使用，具体语法如下：

Set 连接对象名＝New ADODB.Connection

例如：

Set con＝New ADODB.Connection

2. Connection 对象的常用属性

Connection 对象的常用属性有 ConnectionString、DefaultDatabase、Provider 和 State 等。

（1）ConnectionString 属性用来指定连接到数据源的信息。设置 ConnectionString 的语法如下：

连接对象名.ConnectionString＝"参数 1＝参数 1 值;参数 2＝参数 2 值;…"

语法中常见参数见表 8-2。

表 8-2　ConnectionString 属性常见参数

参　数	语　法
Provider	指定 Connection 对象的提供者名称
Dbq	指定数据库的物理路径
Driver	指定数据库的类型(驱动程序)
DataSource	指定数据源
FileName	指定要连接的数据库
UID	指定连接数据源时的用户 ID
PWD	指定连接数据源时用户的密码

(2)DefaultDatabase 属性用来指定 Connection 对象的默认数据库。例如,要连接教学管理系统数据库,可以用如下代码设置 Connection 对象的 DefaultDatabase 属性值。

con.DefaultDatabase＝"教学管理系统.accdb"

(3)Provider 属性指定 Connection 对象的提供者名称。例如,要与 Access 2010 数据库连接时,可以设置 Provider 属性值为"Microsoft.ACE.OLEDB.12.0"。

(4)State 属性用于返回当前 Connection 对象打开数据库的状态。例如,Connection 对象已经打开数据库,则该属性值为"adStateOpen"或 1,否则为"adStateClosed"或 0。

3. Connection 对象的常用方法

Connection 对象的常用方法有 Open、Close 和 Execute。

(1)使用 Connection 对象的 Open 方法可以创建与数据库的连接,其语法格式为:

连接对象名.Open ConnectionString,UseID,Password,Options

说明:其中 ConnectionString 为必选项,其他项为可选项。如果 ConnectionString 连接字符串中已包含 UseID 和 Password 两个参数,则 Open 方法这两个参数可省略。如果已设置 Connection 对象的 ConnectionString 属性值,则 Open 方法后的参数均可省略。

打开当前数据库的连接也可修改为以下代码:

连接对象名.Open CurrentProject.Connection

(2)待数据源中数据操作结束后,应关闭 Connection 对象,实现应用程序与数据源的物理断开,以节省系统资源的开销。其语法如下:

连接对象名.Close

说明:使用 Close 方法只是关闭应用程序与数据源的物理连接,而 Connection 对象并未从内存中释放,要从内存中释放 Connection 对象的语法如下:

Set 连接对象名＝Nothing

(3)Execute 方法可用于执行指定的 SQL 语句,其语法格式如下:

连接对象名.Execute CommandText,RecordsAffected,Options

说明:其中,CommandText 用于指定将执行的 SQL 命令;RecordsAffected 是可选参数,用于返回操作影响的记录数;Options 也是可选参数,用于指定 CommandText 参数的运算方式。

例 8-1 连接数据库。建立与 Access 2010 数据库的“教学管理系统.accdb”的连接，利用 Connection 对象与该数据库连接的程序段如下：

方法 1：

```
Dim con as ADODB.Connection                  '创建连接对象
Set con=New ADODB.Connection                 '初始化连接对象
con.ConnectionString="Provider=Microsoft.ACE.OLEDB.12.0;Data Source=
D:\Access2010\教学管理系统.accdb"             '设置连接字符串
con.Open                                     '打开连接
    ⋮
con.Close                                    '关闭连接
Set con=Nothing                              '释放连接对象
```

方法 2：

```
Dim con as ADODB.Connection
Set con=New ADODB.Connection
con.Open "Provider=Microsoft.ACE.OLEDB.12.0;Data Source=D:\Access2010\教学管理系统.accdb"
    ⋮
con.Close
Set con=Nothing
```

方法 3：

如果打开当前数据库的连接：

```
Dim con as ADODB.Connection
Set con=New ADODB.Connection
con.Open CurrentProject.Connection
    ⋮
con.Close
Set con=Nothing
```

8.3.2 Recordset 对象

Recordset(记录集)对象用于存储来自数据库中基本表或命令执行结果的记录全集。Recordset 对象中的数据在逻辑上由每行的记录和每列的字段组成，每个字段又表示为一个 Field 对象。Recordset 对象所指的当前记录均为记录全集中的单个记录。可以使用 Recordset 对象进行数据操作，如移动记录、添加记录、删除记录、查询记录等。

Recordset 对象是 ADO 对象中最灵活、功能最强大的一个对象，利用它可以在应用程序中完成对数据源的大部分操作。

类似于 Connection 对象，使用 Recordset 对象，也需要先声明并初始化一个 Recordset 对象，具体举例如下：

```
Dim res as ADODB.Recordset
Set res=New ADODB.Recordset
```

1. Recordset 对象的常用属性

Recordset 对象的常用属性有 ActiveConnection 属性、AbsolutePosition 属性、RecordCount 属性、BOF 属性、EOF 属性、Filter 属性和 State 属性等。

(1)ActiveConnection 属性:通过设置 ActiveConnection 属性使得打开的数据源链接与 Connection 对象相关联。该属性值为有效的 Connection 对象或包含 ConnectionString 参数的连接字符串。

(2)AbsolutePosition 属性:返回 Recordset 对象当前记录的序号位置。

(3)RecordCount 属性:返回 Recordset 对象中记录的个数。

(4)BOF 和 EOF 属性:当 BOF 属性为"True"时,记录指针在 Recordset 对象的第一条记录之前;当 EOF 属性为"True"时,记录指针在 Recordset 对象的最后一条记录之后。

(5)Filter 属性:用于指定记录集的过滤条件,只有满足这个条件的记录才会显示出来,具体语法如下:

记录集对象名.Filter=条件

(6)State 属性:用于返回当前记录集的操作状态。

2. Recordset 对象的常用的方法

Recordset 对象的常用的方法有 Open、AddNew、Delete、Update、Move、Close 等。

(1)Open 方法

创建 Recordset 对象之后,可以通过 Recordset 对象的 Open 方法获取来自数据源的记录集,其语法如下:

记录集对象名.Open Source,ActiveConnection,CursorType,LockType,Options

说明:Source 参数为数据源,可以是有效的 Connection 对象名、SQL 语句、数据库表名等。ActiveConnection 参数可以是有效的 Connection 对象名或包含 ConnectionString 参数的连接字符串。CursorType 参数是确定应用程序打开 Recordset 对象时使用的游标类型,参数值及说明见表 8-3。LockType 参数用以确定应用程序打开 Recordset 对象时应使用的锁定类型,参数值及说明见表 8-4。Options 参数用以指定应用程序打开 Recordset 对象的命令字符串类型,参数值及说明见表 8-5。

表 8-3　CursorType 参数

常量	参数值	说明
AdOpenForwardOnly	0	仅使用前向类型游标,只能在记录集中向前移动(默认值)
AdOpenKeySet	1	使用键集类型游标,可以在记录集中向前或向后移动,但禁止查看或访问其他用户添加或删除的记录
AdOpenDynamic	2	使用动态类型游标,可以在记录集中向前或向后移动,允许查看其他用户所做的添加、更新或删除
AdOpenStatic	3	使用静态类型游标,可以在记录集中向前或向后移动,其他用户所做的添加、更新或删除不可见

表 8-4　LockType 参数

常量	参数值	说明
AdLockReadOnly	0	只读,无法更改数据(默认值)
AdLockPessimistic	1	保守式锁定,指编辑记录时立即锁定数据源的记录
AdLockOptimistic	2	开放式锁定,只在调用 Update 方法时锁定数据源的记录
AdLockBatchOptimistic	3	开放式批量更新

表 8-5　Options 参数

常量	参数值	说明
AdCmdUnknown	−1	执行的字符串命令类型为未知
AdCmdText	1	执行的字符串是一个命令文本(默认值)
AdCmdTable	2	执行的字符串是一个表名
AdCmdStoredProc	3	执行的字符串是一个存储过程

(2)AddNew 方法

AddNew 方法指的是在 Recordset 对象中添加一条新记录,具体语法如下:

记录集对象名.AddNew

(3)Delete 方法

Delete 方法指的是删除 Recordset 对象中当前记录,具体语法如下:

记录集对象名.Delete

(4)Update 方法

Update 方法指的是把 Recordset 对象中更新的记录保存到数据库中,具体语法如下:

记录集对象名.Update

说明:当用 AddNew 方法新增记录或对 Recordset 对象中的记录内容进行修改后,都需要通过 Update 方法将更新的数据保存到数据库中。

(5)记录定位方法

当打开一个非空 Recordset 对象时,当前记录首先定位在第一条记录,可根据以下方法将记录指针移动到指定位置。记录定位语法见表 8-6。

表 8-6　记录定位语法

语法	说明
记录集对象名.Move±N	当前指针相对移动 *N* 条记录
记录集对象名.MoveFirst	当前指针移动到 Recordset 对象的第一条记录
记录集对象名.MoveLast	当前指针移动到 Recordset 对象的最后一条记录
记录集对象名.MoveNext	当前指针向前移动一条记录(向记录集的底部)
记录集对象名.MovePrevious	当前指针向后移动一条记录(向记录集的顶部)

说明:由于移动记录指针有向前与向后的各种方法,为保证记录指针移动的正常进行,在 Recordset 对象的 Open 方法中应提前设置好 CursorType 参数。

(6)Close 方法

Close 方法指的是用来关闭一个已打开的 Recordset 对象,并且释放其所申请的资源。使用 Close 方法只释放相关的系统资源,Recordset 对象并未从内存中释放,还可以直接使用该对象的 Open 方法再次打开 Recordset 对象。如果需要从内存中完全释放,应设置 Recordset 对象为 Nothing,具体举例如下:

```
res.Close
Set res=Noting
```

例 8-2　获取学生表记录。在 Access 2010 数据库的"教学管理系统.accdb"中,利用 Recordset 对象获取"学生"数据表中的记录。

方法 1:利用 Connection 对象与"教学管理系统.accdb"建立连接,再利用 Recordset 对象获取数据表记录集。

```
Dim con as ADODB.Connection
Dim res as ADODOB.Recordset
Set con=New ADODB.Connection
Set res=New ADODB.Recordset
con.Open "Provider=Microsoft.ACE.OLEDB.12.0;Data Source=D:\Access2010\教学管理系统.accdb"
res.Open "Select * From 学生",con,adOpenKeyset,adLockReadOnly
…
res.Close
Set res=Nothing
con.Close
Set con=Nothing
```

方法 2:设置 Connection 对象的 ConnectionString 属性为" CurrentProject.Connection",即表示连接的是当前数据库。

```
Dim con as ADODB.Connection
Dim res as ADODOB.Recordset
Set con=New ADODB.Connection
Set res=New ADODB.Recordset
con.Open CurrentProject.Connection
res.Open "Select * From 学生",con,1,1
…
res.Close
Set res=Nothing
con.Close
Set con=Nothing
```

方法 3:直接使用 Recordset 对象建立内部数据库连接,将 Recordset 对象 Open 方法的 ActiveConnection 参数用连接字符串 ConnectionString 属性值表示。

```
Dim res as ADODOB.Recordset
```

```
Set res=New ADODB.Recordset
res.Open "Select * From 学生","Provider = Microsoft. ACE. OLEDB. 12.0; Data
Source=D:\Access2010\教学管理系统.accdb",1,1
…
res.Close
Set res=Nothing
```

例 8-3 查询女学生信息。在 Access 2010 数据库的"教学管理系统.accdb"中,从"学生"数据表中获取性别为女的记录集。

```
Dim res as ADODOB.Recordset
Set res=New ADODB.Recordset
res.Open "Select * From 学生 Where 性别='女'",CurrentProject.Connection
…
res.Close
Set res=Nothing
```

例 8-4 新增课程记录。在 Access 2010 数据库的"教学管理系统.accdb"中,在"课程"数据表中新增一条数据,新增记录的字段内容依次是:课程号,K0019;课程名称,高级语言程序设计;课程类别,必修课;学分,4。

```
Dim res As ADODB.Recordset
Set res=New ADODB.Recordset
res.Open "select * from 课程",CurrentProject.Connection,2,2
res.AddNew
If res.EOF Then
res("课程号")="K0019"
res("课程名称")="高级语言程序设计"
res("课程类别")="必修课"
res("学分")="4"
res.Update
rs.Close
Set rs=Nothing
```

说明:Recordset 对象包含一个 Fields 集合,每个字段都有一个 Field 对象,引用 Recordset 对象记录当前的某一字段数据,具体语法如下:

记录集对象名.Fields(字段名).value

或直接简化为:记录集对象名(字段名)

如:res("课程号")="K0019",表示将数据"K0019"赋予当前记录的课程号字段。

8.3.3 Command 对象

Command(命令)对象用以定义并执行针对数据源的具体命令,即通过传递指定的 SQL 命令来操作数据库,如建立数据表、删除数据表或修改数据表结构等。应用程序也可通过

Command 对象查询数据库，并将 Command 对象的运行结果返回给 Recordset 对象，以便进一步执行如增加、删除、更新、筛选记录等操作。

类似于 Connection 对象和 Recordset 对象，在使用 Command 对象之前，也需要先声明并初始化一个 Command 对象，举例如下：

```
Dim com As ADODB.Command
Set com=New ADODB.Command
```

1. Command 常用的属性

Command 常用的属性有 ActiveConnection 属性、CommandText 属性和 State 属性。

（1）ActiveConnection 属性：该属性是一个可读可写的属性，用来指示 Command 对象通过哪个 Connection 对象操作数据库，其值可以是有效的 Connection 对象变量或包含 ConnectionString 参数的连接字符串。通过设置 ActiveConnection 属性使已打开的数据源链接与 Connection 对象相关联。在将该属性有效设置之前，不得调用 Command 对象的 Execute 方法，否则将会产生错误。

（2）CommandText 属性：该属性是一个字符串属性，用来设置或返回 Command 对象所要执行的命令，表示 Command 对象要对数据源下达的命令，通常设置为能够完成某个特定功能的 SQL 语句、数据表名或存储过程名等。

（3）State 属性：该属性用于返回 Command 对象的运行状态。如果 Command 对象处于打开状态，则值为“adStateOpen”（值为 1），否则为“adStateClosed”（值为 0）。

2. Command 最主要的方法

Execute 方法是 Command 对象的最主要方法，用以执行一个由 CommandText 属性指定的查询、SQL 语句或存储过程的命令。

（1）对于返回记录集的 Command 对象，该方法的调用格式如下：

Set 记录集对象名=命令对象名.Execute(RecordsAffected,Parameters,Options)

（2）对于不返回记录集的 Command 对象，该方法的调用格式如下：

命令对象名.Execute RecordsAffected,Parameters,Options

说明：RecordsAffected 参数为长整型变量，返回操作所影响的记录个数；Parameters 参数为数组，为 SQL 语句传送的参数值；Options 参数为长整型值，标识 CommandText 的属性类型。这几个参数为可选参数。

要将 Command 对象从内存中完全释放，也应设置该对象为 Nothing，语法如下：

Set 命令对象名=Nothing

例 8-5　修改学生信息。在 Access 2010 数据库的“教学管理系统.accdb”中，将“学生”数据表里的学号 980314 的学生的生源地从“江西南昌”修改为“福建厦门”。

```
Dim con As ADODB.Connection
Dim com As ADODB.Command
Set con=New ADODB.Connection
Set com=New ADODB.Command
con.Open CurrentProject.Connection
com.ActiveConnection=con
```

```
com.CommandText="Update 学生 Set 生源='福建厦门' Where 学号='S01019'"
com.Execute
MsgBox "已修改完成!"
con.Close
Set com=Nothing
Set con=Nothing
```

说明:为了让 Command 对象命令正常执行,需要确保当前数据库不被其他用户锁定。选择菜单"文件"中的"选项",在"客户端设置"的"高级"选项中更改"默认打开模式"为"共享","默认记录锁定"为"不锁定",并将"使用记录级锁定打开数据库"选项取消。

☑ 8.4 VBA 在 Access 中的数据库编程实例

在 Access 数据库应用系统开发中,有些具体功能是通过交互式操作或宏无法完成的,需要使用 VBA 语言编写程序来完成。本节将通过几个实例来介绍在 Access 中利用 VBA 进行数据库编程的具体方法和技巧。

例 8-6 查询教师信息。打开"教学管理系统.accdb",设计"查询教师信息"窗体,运行界面如图 8-4 所示。要求实现:窗体运行时,在职称文本框中输入职称等级,单击"查询"按钮后将所有该职称的教师姓名显示在列表框中。

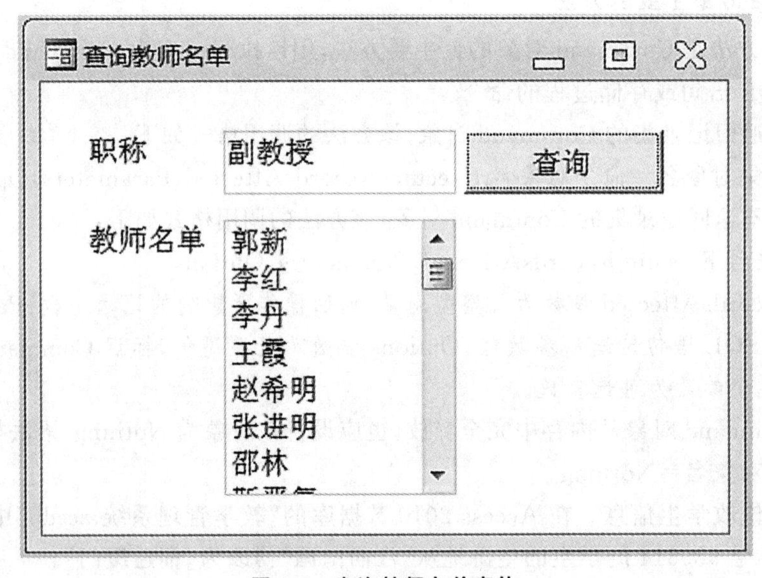

图 8-4 查询教师名单窗体

主要操作步骤如下:

(1)创建空白窗体,设置窗体属性的记录选择器、导航按钮、分割线均为否,滚动条为两者均无,设置窗体标题为"查询教师名单"。

(2)在已创建的窗体上添加文本框 Text1、列表框 List1,将对应标签修改为"职称"和"教师名单",添加命令按钮 Command1,将标题设置为"查询"。

(3)对“查询”按钮 Command1 的 Click 事件编写如下代码：

```
Private Sub Command1_Click()
  Dim res As ADODB.Recordset
  Set res=New ADODB.Recordset
  Dim mySQL As String
  Dim n As Integer
  mySQL="SELECT 姓名 FROM 教师 WHERE 职称='" & Text1 & "'"
  res.Open mySQL,CurrentProject.Connection
  n=List1. ListCount          '列表框项目数量
  If n>0 Then
    For i=1 To n
      List1. RemoveItem(0)'清空,编号从 0 开始
      Next
  End If
  Do While Not res.EOF()
    List1. AddItem res("姓名")
    res.MoveNext
  Loop
  res.Close
  Set res=Nothing
End Sub
```

例 8-7　学生成绩查询。打开“教学管理系统.accdb”,设计“学生成绩查询”窗体,运行界面如图 8-5 所示。要求实现:窗体运行时,在组合框里选择学生学号,将该学生的所有选课门数和平均成绩各自显示在对应的文本框中。

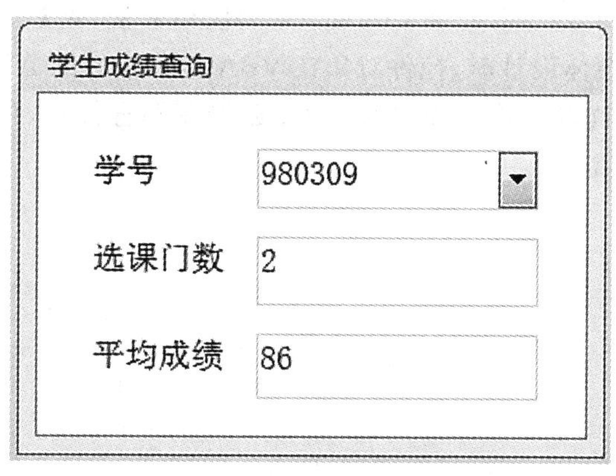

图 8-5　学生成绩查询窗体

主要操作步骤如下：

(1)创建空白窗体,设置窗体属性的记录选择器、导航按钮、分割线均为否,滚动条为两者均无,设置窗体标题为“学生成绩查询”。

(2)在已创建的窗体上添加组合框 Combo1,将对应的标签改为“学号”,添加两个文本框 Text1、Text2,将对应标签修改为“选课门数”和“平均成绩”。

(3)打开组合框 Combo1 的属性列表,设置行来源类型为“表/查询”,行来源输入 SQL 语句“Select 学生.学号 From 学生;”。

(3)对组合框 Combo1 的 Change 事件编写如下代码:

```
Private Sub Combo1_Change()
  Dim res As ADODB.Recordset
  Set res=New ADODB.Recordset
  Dim mySQL As String
  mySQL="Select count(*)as 总门数,avg([成绩])as 平均成绩 From 选修 Where 学号='" & Combo1. Value & "'"
  res.Open mySQL,CurrentProject.Connection
  If Not res.EOF() Then
    Text1. Value=res("总门数")
    Text2. Value=res("平均成绩")
  End If
  res.Close
  Set res=Nothing
End Sub
```

☑ 本章小结

本章简单介绍了常见的数据库访问接口 ODBC、DAO 和 ADO。重点介绍了 ADO 三个主要对象 Connection、Recordset 和 Command 的使用方法,通过列举有针对性的实例详细说明在 Access 2010 窗体设计时,控件对象在 VBA 编程中借助 ADO 对象操作 Access 数据库的编程技巧。希望读者能够熟练掌握 VBA 数据库编程技巧,使自己的面向对象程序设计能力有一个综合提高。

参考文献

[1]鄂大伟.数据库应用技术教程——Access 关系数据库(2010 版)[M].厦门:厦门大学出版社,2017.

[2]教育部考试中心.全国计算机等级考试二级教程——Access 数据库程序设计[M].北京:高等教育出版社,2011.

[3]吴靖等.数据库原理及应用(Access 版)[M].第 3 版.北京:机械工业出版社,2014.

[4]何玉洁等.数据库原理及应用[M].第 2 版.北京:人民邮电出版社,2012.

[5]刘卫国.Access 数据库基础与应用[M].第 2 版.北京:北京邮电大学出版社,2013.

[6]巫张英.Access 数据库基础与应用教程[M].北京:人民邮电出版社,2009.

[7]施伯乐,丁宝康,汪卫.数据库系统教程[M].3 版.北京:高等教育出版社,2008.

[8]张强,杨玉明.Access 2010 中文版入门与实例教程[M].北京:电子工业出版社,2011.

[9]张成叔,黄春华.Access 数据库程序设计[M].第 5 版.北京:中国铁道出版社,2015.

[10]高雅娟.Access 2010 数据库实例教程[M].北京:北京交通大学出版社,2013.

[11]科教工作室.Access 2010 数据库应用[M].第二版.北京:清华大学出版社,2011.

[12]李雁翎.Access 2010 基础与应用[M].第三版.北京:清华大学出版社,2014.

[13]戚晓明.Access 数据库程序设计[M].第 2 版.北京:清华大学出版社,2015.

[14]Roger Jennings 著.深入 Access 2010(Microsoft Access 2010 in Depth)[M].李光杰,周姝嫣,张若飞,译.北京:中国水利水电出版社,2012.